품질/안전/환경 관리

KB146539

Quality / Safety / Environment Management

건설관리학 총서 4

품질/ 안전/ 환경 관리

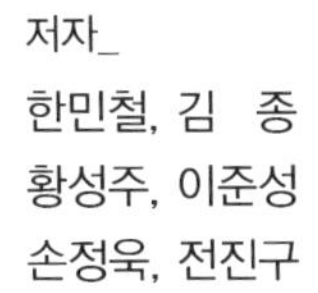

저자_
한민철, 김 종
황성주, 이준성
손정욱, 전진구

씨아이알

건설관리학 총서

발·간·사

'과골삼천(踝骨三穿)'

다산 정약용 선생께서 저술에만 힘쓰다 보니, 방바닥에 닿은 복사뼈에 세 번이나 구멍이 뚫렸다는 말입니다. 이것은 마음을 확고하게 다잡고 "부지런하고, 부지런하고 부지런하라."라는 말로 풀이되는데, 다산 정약용 선생은 그의 애제자인 황상에게 이것을 '글'로 써주었습니다. 그것이 바로 '삼근계(三勤戒)'입니다. 이 한마디의 '글'은 황상 인생의 모토가 되어 그의 삶을 변화시켰습니다. 위 이야기처럼 본 건설관리학 총서가 대학생들의 삶을 변화시키는 '글'이 되기를 진심으로 바랍니다.

2019년 '한국건설관리학회'가 창립 20주년을 맞습니다. 그러나 20년의 역사에도 불구하고 아직 건설관리학의 전반을 망라하는 건설관리학 총서가 없다는 것은 그동안 큰 아쉬움이었습니다. 몇몇 번역서가 있지만 우리나라의 현실을 충분히 반영하지 못한 것이 안타까웠습니다. 이에 우리 집필진은 글로벌 표준을 근간으로 하고, 우리나라의 현실을 반영한 건설관리학 총서를 집필하였습니다. 우리는 PMI (Project Management Institute)의 PMBOK(Project Management Body of Knowledge)을 참조하여 총서의 구성을 설정하고, 건설관리 프로세스의 흐름을 중심으로 내용을 기술하였습니다. 이와 함께 우리나라 현실을 반영하고, 현업에서 두루 활용되고 있는 실무적인 내용을 추가하여 부족한 부분을 보완하였습니다.

본 총서는 다음과 같이 4권으로 구성되어 있습니다. 제1권은 계약 관리, 클레임 관리, 리스크 관리, 제2권은 설계 관리, 정보 관리, 가치공학 및 LCC, 제3권은 공정 관리, 생산성 관리, 사업비 관리, 경제성 분석 그리고 제4권은 품질 관리, 안전 관리, 환경 관리입니다. 위 네 권의 책은 건설의 계획, 설계, 시공 그리고 운영 및 유지 관리에 이르는 건설사업 전반의 프로세스를 아우릅니다.

본 총서는 여러 저자들의 재능기부로 완성되었습니다. 모든 저자들이 건설관리학 총서를 발간한다는 역사적인 취지에 공감하고 기꺼이 집필에 참여해주셨습니다. 적절한 보상도 없이 많은 시간과 노력을 기울여주신 저자들께 한국건설관리학회를 대신하여 심심한 감사의 말씀을 드립니다.

본 총서는 대학생 교육을 위한 교재로 집필되었습니다. 본래 한 권의 책으로 발간하려 하였으나, 저술되어야 하는 분야가 광범위하고, 각 분야가 전문적으로 독립되어 있어서 한 권으로 발간하는 것이 불가능하였습니다. 또한 책 내용을 수정, 보완하는 데 대용량의 한 권의 책은 민첩성이 떨어져 효과적인 교재 관리가 어렵다고 판단하였습니다. 이런 숙고의 과정을 통하여 네 권으로 구성된 총서가 발간되었습니다.

본 총서의 집필은 온정권 무영CM 대표, 장갑수 가람건축 대표 그리고 김형준 목양그룹 대표의 후원으로 시작되었습니다. 건설관리학 분야 후학 양성의 필요성을 절감하고 건설관리학의 발전과 확산에 일조하고자, 건설관리학 총서 저술팀이 확정되지도 않은 상태에서도 오직 학회만을 믿고 기꺼이 후원해주셨습니다. 세 분께 한국건설관리학회의 이름으로 큰 감사의 말씀을 드립니다.

현재 건설관리학 총서는 초판 수준으로 아직 부족한 부분이 많습니다. 우리 저자들은 지속적으로 책의 내용을 수정, 보완해나갈 것입니다. 이 책으로 공부하는 대학생들이 건설관리학 분야에 흥미와 관심을 갖게 되기를 기대해봅니다.

한국건설관리학회 9대 회장 **전재열**

한국건설관리학회 10대 회장 **김용수**

교재개발공동위원장 **김옥규, 김우영**

교재개발총괄간사 **강상혁**

contents

안전 관리 황성주 · 이준성 · 손정욱

환경 관리 전진구

part I

품질 관리

한민철·김 종

chapter 01

개 요

1.1 품질의 정의

품질에 대하여 한마디로 정의하기는 어렵지만 기초적인 품질 표준을 규정하는 KS Q ISO 9000[1]에 따르면 품질(Quality)이란 고객, 이해관계자의 필요(Needs)와 기대의 충족을 통해 가치를 제공하는 행동, 활동 및 프로세스라고 규명하고 있다. 하지만 구체적인 의미는 시대의 급속한 변화, 시장의 글로벌화, 새로운 기술의 출현 및 사용하는 환경에 따라서 서로 다른 의미로 해석되는 경우가 많아지고 있다.

최근에는 사용자가 만족하는 제품의 효율성 및 유용성이 강조되고 있어 제품 자체의 물리화학적인 제품 품질의 의미를 벗어나, 그 제품에 대한 서비스의 질, 사용 적합성, 신뢰성 등도 포함시키는 포괄적 품질 개념이 사용된다.

[표 1] **품질에 대한 다양한 견해 및 관점[2]**

구분	Deming	Juran	Crosby	일본
정의	시방에 대한 일치	용도에 대한 부합	요구 조건에 대한 일치	목표를 둘러싼 일관성
시스템	예방	예방	예방	예방
실행 기준	무결점	품질 비용의 최소화	무결점	무결점
측정	직접측정	품질 비용 데이터	불일치에 의한 비용	비용분석
상위 관리자의 역할	리더십과 참여	리더십과 참여	리더십과 참여	개선
작업자들의 역할	개선 유지	적당한 참여	적당한 참여	적당한 참여

1) KS Q ISO 9000:2015 : KS(Korea Industrial Standards)는 한국산업규격, ISO 9000은 ISO 9000 시리즈에 있는 개념을 도입한 것, 2015는 2015년도에 개정된 것을 의미한다.
2) 이승현, 건축 텍스트북 건축공사관리 14장 품질관리, (사)대한건축학회, 2010.

표 1에서는 품질에 대한 연구자들의 다양한 견해 중 대표적인 품질에 대한 정의 및 관점을 살펴보고 있다.

오늘날 대부분의 기업들은 적합한 품질을 얻는 데 제품 자체보다는 프로세스에 초점을 맞추고 있다.

모든 기업과 조직은 제품이나 서비스에 있어 최고의 품질을 얻기 위해 노력한다. 위에서 여러 가지 품질의 정의를 보았는데, 오늘날은 고객이 주인인 시대이므로 품질을 다음과 같이 정의하면 좋을 것이다.

“품질은 고객에 대한 가치부가(Value-add)를 통하여 얻어지며, 고객만족(Customer Satisfaction)의 정도를 나타내는 제품이나 서비스의 총체적 특성이다.”

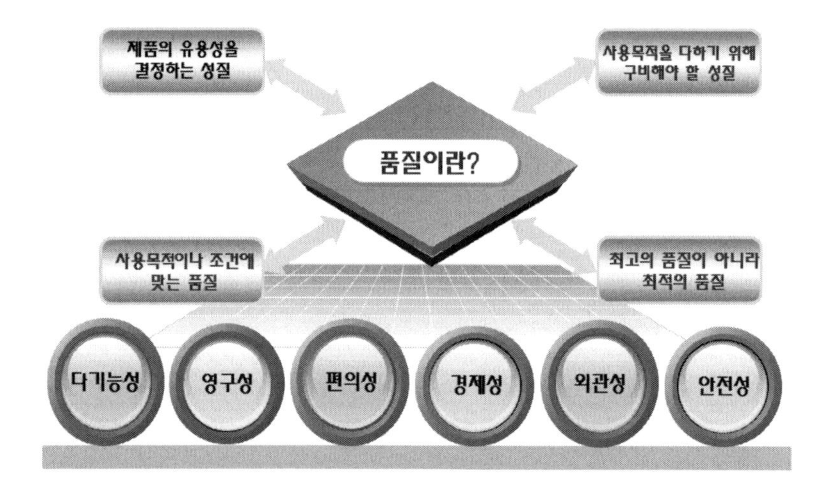

[그림 1]
품질의 총체적 특성

1.2 품질의 종류

다양한 관점에서 품질을 논할 수 있지만 다음과 같이 4가지의 품질로 구분할 수 있다.

먼저, 요구품질이란 사용자들이 제품에 대하여 원하는 바를 얼마나 정확하게 파악하는가를 나타내는 것이다. 즉, 요구품질은 고객만족을 위한 첫 단계라고 할 수 있다. 아무리 완벽하게 설계하고 제품이나 서비스를 제공한다고 하여도 품질에 문제가 있다면 소비자로부터 외면당할 수밖에 없다. 기업은 사용자들의 요구품질을 파악하기 위하여 시장조사, 경쟁회사 제품 분석, 기술 변화 인지, 판매자 의견 수렴, 서비스 제공자 설문조사 등 다양한 정보를 활용할 수 있다.

설계품질이란 제품의 특성, 성능, 크기, 외관 등을 규정지어주는 품질규격을 말한다. 설계품질을 결정할 때에는 소비자가 요구하는 품질인 시장품질, 공장가동능력, 기술의 수준, 제품의 가격, 경쟁사의 제품품질 등을 종합적으로 고려하여 품질을 기획하거나 설계하여야 한다.

제조품질이란 적합품질이라고도 말하며, 이것은 생산 과정에서 제조된 제품이 '설계품질에 어느 정도 적합한가'를 나타내는 품질이다. 제품제조 과정인 생산 단계에서 품질이 불균일하게 생산되면, 품질의 변화나 산포가 발생한다. 공장에서 말하는 품질 향상이란 이 품질을 말하는 것으로 기술적·경제적으로 가능한 범위 내에서 설계품질에 일치하도록 제조하는 노력이 제조 분야에서의 품질 관리 활동이다.

마지막으로, 서비스 품질이란 소비자가 제품을 올바르게 사용할 수 있도록 사용방법을 전달해주는 서비스와 제품 사용상 문제가 생겼을 때 애프터서비스 등을 의미한다. 제품 자체가 아무리 좋은 품질을 구비하고 있다고 해도, 사용자가 제품을 올바르게 사용할 수 있도록 도와주고, 제품이 고장 나거나 사용상 애로사항이 발생할 경우, 최적의 애프터서비스를 제공하지 않는다면 그 제품에 대한 소비자의 만족을 높일 수 없을 것이다. 최근에는 품질의 의미를 소비자 위주로 생각하는 경향이 짙어짐에 따라 서비스의 품질이 매우 중요한 의미를 갖게 되었다.

앞에서 품질의 의미를 4가지로 분류하여 정리하였으나, 품질이란 용어를 사용할 때에는 한 가지만의 의미로 사용하는 것보다 두 가지 이상의 복합적인 의미로 사용되는 경우가 많아지고 있다. 품질 관리 분야의 세계적인 석학인 쥬란(Juran)[3]은 품질이란 "사용 적합성, 용도에 대한 부합"이라고 말한다. 즉, 사용자가 제품을 사용할 때 그 제품에서의 요구사항이 얼마나 만족, 충족되느냐를 말하는 것이다. 소비자의 만족을 얻으려면 소비자의 원하는 요구사항을 정확히 파악하고, 설계 및 제조에서의 철저한 관리, 또한 그 제품에 대한 최적의 서비스가 필요하다. 사용 적합성이란 앞에서 정의한 4가지 품질의 내용을 모두 포함한다고 말할 수 있다.

제품의 성질을 규정하는 요소 또는 그 품질을 평가할 때 지표가 되는 요소를 품질특성이라고 한다. 즉, 품질특성은 제품의 유용성의 측정 기준으로, 콘크리트재료의 강도, 목재의 치수, 조립품의 성능, 수명을 나타내는 내구성 등이다. 품질특성을 측정한 값은 품질특성치 또는 데이터를 의미한다.

1.3 품질 관리의 사이클

품질 관리의 관리라는 말은 영어의 매니지먼트(Management)와 컨트롤(Control)의 뜻을 모두 포함하고 있다. 매니지먼트는 경영이나 품질의 어떤 정해진 목표를 달성하기 위하여 조직이나 기업을 만들어 그 활동을 계획, 지시하고 통제하는 것을 말하고, 컨트롤은 어떤 표준을 설정한 후 그것에 대비시키면서 어떤 행동을 제어하여 나가는 것을 의미한다. 매니지먼트는 컨트롤보다 넓은 의미로 해석되는 관리의 행위로서 기업에서는 상부 관리층으로 올라갈수록 매니지먼트의 업무가 많아지고 하부 관리층으로 내려갈수록 컨트롤의 업무가 많아진다.

---

3) Juran, J.M., Managerial Breakthrough, McGraw-Hill, New York, 1964.

관리의 의미는 시대의 변천과 더불어 강조하는 내용이 달라지고 있다. 과거에는 품질을 통제하는 컨트롤의 의미가 뚜렷했으나, 근래에는 품질의 계획, 조직활동의 통제면에 중점을 두는 매니지먼트의 의미가 강조되고 있다. 쥬란(Juran)은 저서[4]에서 "관리란 표준을 설정하고 이것을 달성하기 위한 온갖 활동을 말한다."라고 정의하고 있다. 이것은 매니지먼트와 컨트롤을 모두 포함시키는 의미로 해석된다고 생각할 수 있다.

데밍(Deming)[5]은 관리의 기능을 그림 2를 통해 설명하고 있으며, 이를 데밍 사이클(Deming cycle)이라고 부른다. 데밍 사이클에서는 품질을 중요시하는 견해와 품질에 대한 책임감을 바탕으로 먼저, 계획 단계인 설계를 시작으로 제조라는 실시 단계를 거쳐, 제품의 검사, 판매라는 검토 단계를 넘어, 최종적으로 소비자에 대한 서비스와 의견을 알아보는 조사 단계로 가게 된다. 조사·서비스의 결과를 바탕으로 재설계가 행해지고 제조방법이 변경, 조정되고 검사·판매의 방법으로 개선하게 된다. 이와 같은 개선활동을 조치라고 볼 수 있으며, 이 사이클이 계속 돌아가면서 끊임없는 관리 활동이 이루어지게 된다.

데밍 사이클의 개념을 간략히 줄여서 계획(Plan) – 실시(Do) – 검토(Check) – 조치(Action)를 반복하는 것이 관리라는 관점에서, 그림 3과 같이 그려서 이것을 데밍의 관리 사이클(Control Cycle)이라고 부르고 있다. 영문의 첫 글자를 따서 PDCA 사이클이라고 부르기도 하며, 이 PDCA 사이클은 품질의 계속적인 개선활동을 중요시하는 개념에 기초하고 있다.

---

4) Juran, J.M., Quality Control Handbook, 3rd ed., McGraw-Hill, New York, 1974.
5) Deming, W.E., Elementary Principles of Statistical Control of Quality, Union of Japanese Scientists and Engineers, Tokyo, 1950.

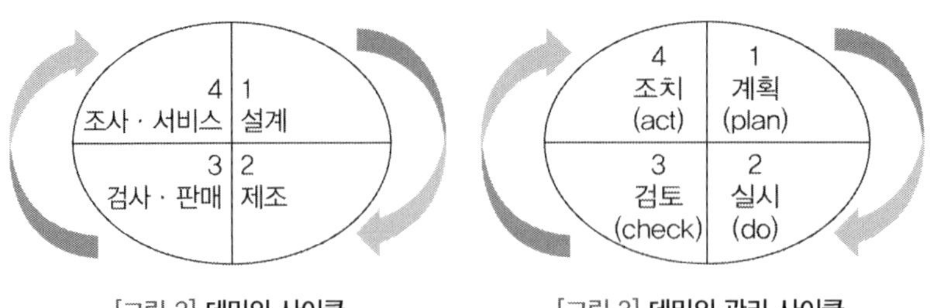

[그림 2] **데밍의 사이클** [그림 3] **데밍의 관리 사이클**

관리의 사이클의 구성 요소는 다음의 4가지로 되어 있고, 이 중 3단계인 검토 단계에서는 품질 결과치에 대한 분석·평가가 행해지는 통계적 품질 관리 활동이 중요한 역할을 하게 된다.

① Plan : 시스템과 그 프로세스의 목표를 수립하고, 고객의 요구사항과 기업의 방침에 따라 결과를 제공하는 데 필요한 자원을 확립하고, 리스크와 기회를 파악한다. (제품 규격, 작업표준, 생산 계획)
② Do : 계획된 것을 실행한다. (규격, 표준에 의한 작업 실시)
③ Check : 계획된 활동에 대비하여, 프로세스와 실시한 결과를 측정, 해석 및 평가하고 그 결과를 보고한다. (검토, 계측, 측정)
④ Action : 평가한 결과가 계획에 비해 차이가 있으면 필요한 수정조치를 취한다. (검토결과에 따라 조치)

1.4 품질 관리와 통계적 품질 관리

품질 관리(Quality Control, QC)란 수요자가가 요구하는 모든 품질을 확보·유지하기 위하여 기업이 품질 목표를 세우고, 이것을 합리적이고도 경제적으로 달성할 수 있도록 수행하는 모든 활동을 말한다.

통계적 품질 관리란(Statistical Quality Control : SQC) 품질 관리의 일부분으로 통계학의 통계적 수법을 활용하여 수행하는 품질 관리를 말하며, 품질 관리의 중요한 부분이 된다.

다음은 품질 관리 분야의 권위자들의 정의와 한국산업규격(KS)의 정의를 살펴보면, 먼저 쥬란(Juran)은 품질 관리란 "품질특성을 측정하여 표준과 비교하며 그 차이에 대하여 조치를 취하는 통계적인 체계"라고 말한다.

데밍(W.E. Deming)은 통계적 품질 관리란 "보다 유용하고 시장성 있는 제품을 보다 경제적으로 생산하기 위하여 생산의 모든 단계에서 통계적 수법을 응용한 것이다."라고 정의하고 있다.

파이겐바움(Figenbaum)[6]은 효과적인 품질 관리는 "설계에서 시작하여 제품이 사용자의 손에 들어가 만족을 얻었을 때 끝나야 한다."는 넓은 의미의 품질 관리를 강조하고, 종합적 품질 관리(Total Quality Control : TQC)란 용어를 제안하였다. TQC란 "소비자가 충분한 만족을 할 수 있도록 양질의 제품을 가장 경제적인 방법으로 생산할 수 있도록 사내 각 부문이 품질 개발, 품질 유지 및 품질 향상의 노력을 종합적으로 조정하는 효과적인 시스템이다."라고 정의하고 있다.

한국산업규격(KS Q ISO 9000 : 2015)의 품질 관리란 "품질요구사항(명시적인 니즈 또는 기대, 일반적으로 묵시적이거나 의무적인 요구 또는 기대)을 충족하는 데 중점을 둔 품질 경영의 일부이다."라고 정의하고 있다. 품질 경영이란 "품질에 관하여 조직을 지휘하고 관리하기 위해 조정되는 모든 활동이며, 품질 경영에는 품질 방침과 품질 목표의 수립 그리고 품질 기획, 품질 보증, 품질 관리 및 품질 개선을 통해서 이러한 품질 목표를 달성하기 위한 프로세스의 수립이 포함될 수 있다."라고 명시하고 있다.

위의 여러 가지 정의를 살펴보면 다소 의미의 범위 차이가 있음을 확인할 수 있다. 먼저, 데밍(Deming)의 SQC가 가장 좁은 의미의 품질 관리 활동이고, 쥬란(Juran)의 QC는 좀 더 넓은 의미에서 품질

---

6) Feigenbaum, A.V., Total Quality control, 3rd edition, McGraw-Hill, New York, 1983.

관리라고 보았고, 마지막으로 파이겐바움(Feignbaum)의 TQC는 가장 넓은 의미로 경영 전반에 걸친 기업의 체계를 통해서 본 품질 관리라고 할 수 있다.

최근에는 전 세계가 ISO 9000 시리즈에 기준하여 품질 및 품질 관리 정의를 하고 있고, 한국산업규격(KS)도 ISO와 통일되어가고 있다. 최근의 품질 관리의 개념은 TQM(Total Quality Management : 전사적 품질 경영)적인 이념에 바탕을 두어 경영의 수단으로 전사적으로 수행하고, 구체적인 실행 방안에서는 SQC적인 사고와 기법을 활용하는 활동으로 인식되어가고 있다.

1.5 품질 관리의 역사

품질 관리는 영국의 통계학에서 1920년대에 시작된 것으로 보고 있으며, 세계 최초의 QC(Quality Control)는 1924년 벨연구소의 슈하트(Shewhart)[7] 박사가 통계학 이론을 응용한 관리도(Control Chart)를 발표하고 그 이론을 집대성한 것이 효시가 되었다. 그 이후 1939년 제2차 세계대전 반발 시 막대한 군수물자를 대량으로 제조하기 위해서 품질상의 문제를 관리하고자 미정부가 여러 가지 기법을 연구함으로써 품질 관리 활동이 크게 확산되기 시작하였다. 1942년 미육군성은 ASA(American Standards Association)에 의뢰하여 슈하트 박사의 관리도법을 군수산업에 적용하여 빠른 속도로 대량생산을 유도하였다.

일본의 품질 관리의 발전은 데밍(Deming)과 쥬란(Juran)과 같은 미국 학자들의 도움이 컸다고 한다. 1950년대 초반 데밍(Deming)과 쥬란(Juran)이 일본을 방문하여 동경 강의를 처음 시작하였다. 그

7) KS Q ISO 7870-2(2014) 슈하트 관리도.

후 1950~53년 사이에 수차례 일본을 추가적으로 방문하여 SQC의 강습회를 통해 일본 산업에 QC를 보급시켰다. 그 결과 일본에서는 여러 공장에서 관리도를 응용한 통계적 방법을 활용하는 새로운 품질 관리 개념이 발전하게 되었다. 1960년대 일본의 QC는 "기업의 모든 구성원이 참여하여야 소기의 목적을 달성할 수 있다."는 사고를 근거로 전사적 품질 관리(TQC)를 급속히 보급·확산시켜, 일본 고유의 방식으로 발전하게 되었다. 이 품질 관리 개념은 여러 기업이나 제조업체에 도입되어 많은 성과를 냈으며, 한발 더 나아가 오늘날 품질 경영(Total Quality Management)의 개념까지 발전하였다.

국내의 품질 관리의 역사는 선진국의 품질 관리 기술이 도입된 것으로 6.25 전쟁 이후 미국 원조로 이룩된 기간산업공장의 건설 이후이다. 1955년 9월 미국 국무성의 국제개발처(AID) 자금을 지원받아 충주 비료공장이 건설되면서 이에 참여한 한국 기술자들이 미국인 기술자들로부터 품질 관리에 대한 지식을 얻을 수 있었던 것으로 유추된다. QC 보급 활동이 시작된 것은 1959년 한국산업표준 규격협회(현재 한국표준협회)가 창립된 후부터이고, 1961년에 공업표준화법이 제정되어 공포되면서 활발히 전개되었다. 1963년에는 KS 표시제도를 실시하고 한국이 ISO에 가입하였다. 1967년 정부는 KS 표시제도의 효율적인 활용을 위해 우리나라 특유의 품질 관리 제도를 실시하였는데, 이 제도는 산업 전반에 걸친 품질 관리의 도입과 품질향상에 핵심적인 역할을 수행하였다. 1970년대 초반에 수출 실적이 크게 신장되기 시작하여 1973년에 공산품 품질 관리법을 제정하여 수출상품의 품질 보증 제도를 적극 권장하고, 표준화와 품질 관리 운동을 범산업적으로 전개시켰다. 1975년 공업진흥청은 1975년을 '품질 관리의 해'로 정하고 품질의 고급화, 생산성 향상, 원가 절감 및 자원 절약을 통한 국제 경쟁력 강화를 목표로 전 산업인에게 품질 관리를 인식시키는 데 큰 역할을 하였다. 1992년 ISO 시리즈가 도입되면서 품질 관리의 개념이 경영 조직 시스템 전체가 협력하여 표준화를 실행하며 전사적이고, 종합적인 품질 관리를 실시하여야 한다는 품질 경영의 개념으로 전환되었다.

한국산업규격은 1961년 공포 이후 수차례 개정되어오다가 2001년에 ISO 9000 시리즈의 내용과 유사하게 개정되었고, 2006, 2007, 2012, 2015년까지 개정되어 현재는 KS Q ISO 9000 : 2015로 사용되고 있다.

1.6 품질 관리 운동의 변천

품질 관리의 개념은 시간과 더불어 변화하여 그 시대적인 요청에 의해 새로운 품질 관리 운동이 전개되어 제품의 품질 향상에 큰 공헌을 하였다.

먼저, 통계적 품질 관리(Statistical Quality Control)는 관리도와 샘플링 검사를 시작으로 통계적 방법을 이용한 품질 관리 운동이었다.

전사적 품질 관리(Total Quality Control)는 기업의 품질 관리를 기업의 모든 구성원들이 함께 참여하는 운동으로 제품의 품질은 기업 전반에 걸쳐 일어나는 모든 활동의 영향을 받는다. 따라서 품질 관리에는 설계의 관리, 자재의 관리, 애프터서비스의 관리(After Service Control) 등이 포함된다.

신뢰성(Reliability) 운동은 설계 단계에서 복잡한 전자제품의 품질 문제를 해결하는 것이 가장 중요한 것으로 간주되었다.

제품보증 운동(Product Assurance)은 사용자 제일주의 의식이 발생하면서, 제품의 결함이나 문제로 소비자가 피해를 입었을 때에 생산자에게 책임을 담당하게 하는 제품 책임 개념, 제품의 보수 용이성, 신뢰성, 각종 품질 보증 활동 등을 강조했다.

무결점(Zero Defect) 운동은 제품을 만들 때 결점을 전혀 없게 하자는 정신적 동기부여 운동으로 작업자 한 사람 한 사람이 주의를 기울여 작업하면서 무결점에 도달할 수 있다는 정신적 자세를 강조한 운동이었다.

사회적 품질 관리(Social Quality Control) 운동은 제품이 사회에 미치는 영향을 충분히 고려하여 제품 책임의 대책을 세운 품질 관리 운동으로 공해문제, 지구온난화 및 사회 안전성 문제를 고려하였다.

전사적 품질 경영(Total Quality Management)은 ISO 9000 시리즈에서 품질 보증을 위하여 기업에서 전사적으로 실시하는 품질 경영을 강조하였으며, 현재 TQM이 앞의 TQC를 대신하여 널리 사용되고 있다.

6시그마(Six Sigma)는 미국의 Motorola에서 시작한 과학적 품질 경영의 전략으로 6시그마에서는 통계적 수단을 광범위하게 활용하고 있으며, 완벽에 가까운 제품이나 서비스를 개발하고 제공하려는 목적으로 정립된 품질 경영 기법이다.

[그림 4]
품질 관리 운동의 변천

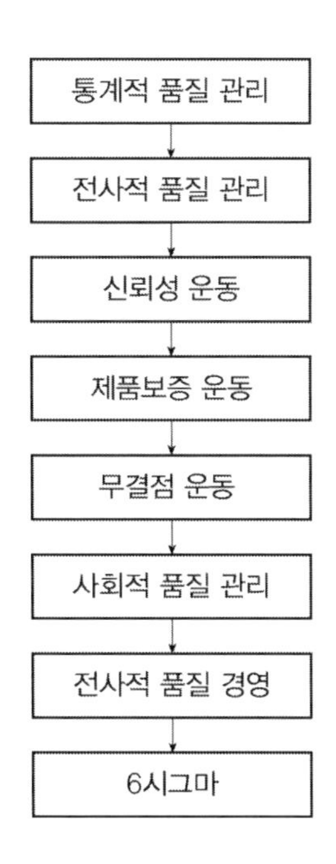

chapter 02

품질 관리의 통계적 수법

2.1 개요

건설 공사 현장에서는 품질 관리를 위하여 많은 데이터들이 수집 관리되는데, 이와 같은 데이터는 현상의 파악, 작업의 조절, 작업의 관리, 작업의 해석·개선, 재료·제품의 검사 등 정보를 얻는 데 사용된다. 데이터를 분석할 때 가급적이면 경험이나 개인적인 생각에 의해 판단하지 말고, 사실을 객관적으로 나타내는 데이터를 합리적으로 측정 수집하고 이를 근거로 통계적 수법(Statistical Method)에 의거하여 판단하는 것이 바람직하다.

데이터를 히스토그램에 의하여 나타내는 경우 편차의 크기 및 중심적 위치를 알 수 있다. 그러나 데이터수가 두 종류 이상의 데이터 집단을 비교할 경우 분포의 상태를 그림으로 표현하기 위한 방법으로 히스토그램은 부적당하다. 이때 분포의 상태를 수치로서 표현하면 편리할 수 있다.

2.1.1 통계적인 취급의 차이에 따른 분류

1) 계량치(Continuous data)

데이터의 수치가 원리적으로 연속적인 함수로 되어 있는 값을 의미하며 양의 의미를 내포하고 있는 데이터이다. 계량치는 콘크리트의 강도, 성토 재료의 입도, 함수량, 비중 등과 같은 양의 크기를 나타낼 수 있으며, 연속량으로 측정되지 않더라도 점수의 데이터(재료의 시험 성적 및 성능의 점수 등)는 계량치로 간주한다.

2) 계수치(Discrete data)

수의 의미를 내포하는 데이터로 개수로 셀 수 있는 품질특성 값이며, 데이터의 수치 자체가 원리적으로 이산되는 값(연속적이지 않고 끊어지는 값)이다. 계수치는 공시체의 수, 코어의 수, 부적합품의 수, 부적합수 등과 같이 수의 크기를 나타내는 데이터로 0, 1, 2, 3, … 와 같이 양의 정수치로 잡는 것이 보통이며, 이외에 우열의 데이터, 순위의 데이터 등도 계수치로 간주한다.

3) 순위

데이터를 순번으로 나타내는 수를 말한다.

4) 층별치

모집단을 몇 개의 층으로 나누는 값으로, 즉 모집단을 원료별, 기계별 등 특징이 확실한 모수(모집단의 특성을 나타내는 값)적인 원리로 구분하는 값이다.

2.1.2 데이터의 사용 목적에 의한 분류

1) 현상 파악을 목적으로 하는 데이터

품질 관리에서는 문제인식을 가지고 현상을 파악하여 문제점이 어디에 있는가를 명백히 파악하고, 찾아내는 것이 중요하다. 이처럼 현상 파악을 위하여 과거의 데이터 혹은 새로 취한 데이터를 말한다.

2) 통계 해석을 목적으로 하는 데이터

품질 관리를 개선 또는 유지하기 위하여 해당 품질의 특성과 관련이 있는 요인들과의 인과관계를 통계적으로 파악하는 것으로 통계 해석 활동을 목적으로 하는 데이터를 말한다.

3) 검사를 목적으로 하는 데이터

개개 제품의 양호·불량 또는 로트의 합격·불합격의 판정을 내리기 위한 검사를 목적으로 하는 데이터를 말한다.

4) 관리를 목적으로 하는 데이터

공정의 중요한 품질특성을 측정하여 공정의 이상 유무를 판단하고, 공정이 정상적으로 유지되도록 관리하는 목적으로 하는 데이터를 말한다.

5) 기록을 목적으로 하는 데이터

제품의 내구성 및 품질을 확인하기 위하여 기본적인 데이트를 수집 정리해둘 경우가 있는데, 이처럼 향후 장래에 사용할 목적으로 하는 데이터이다.

2.1.3 측정 데이터의 수량적 특성

1) 중심적 경향의 특성(그 특성의 크기를 표현하는 값)

중심적 위치를 표시하는 방법으로는 평균치가 일반적이지만 메디안($\tilde{x}$: 중앙값)도 잘 이용된다.

① 산술평균($\bar{x}$) : 보통 평균치는 원테이터보다 한 자리 아래까지 구한다.

$$\bar{x}=\frac{x_1+x_2+x_2+\cdots+x_n}{n}=\frac{1}{n}\sum_{i=1}^{n}x_i \qquad (1)$$

계산 예) 5개의 데이터 45, 53, 57, 49, 60의 평균치를 구하라.

$$\bar{x}=\frac{45+53+57+49+60}{5}=\frac{264}{5}=52.8$$

② 중앙값(Median)($\tilde{x}$) : 중앙값은 n개의 데이터를 크기의 순으로 배열하여 중앙에 위치한 값이라는 뜻으로 중앙치라고도 한다. 이 값은 데이터 집단에서 중심성향을 나타내므로 대푯값으로 사용될 수 있다. 데이터의 값이 홀수이면 중앙에 위치하는 데이터이고, 데이터 수가 짝수이면 중앙에 위치하는 두 개의 데이터의 평균치이다. 중앙값은 데이터의 개수(n)가 홀수인 경우는 식 (2)와 같이 구하고, 데이터의 개수가 짝수인 경우에는 식 (3)과 같이 구한다.

이와 같이 중앙값은 크기 순위를 나열하는 것만으로 구할 수 있어 계산이 간단하나 중앙의 값만 사용하므로 평균에 비하여 전체의 데이터를 활용하는 효율성이 약간 떨어진다. 그러나 동떨어진 데이터가 있는 경우에 그 영향을 받지 않는다는 장점이 있다. 데이터의 수가 너무 많으면 중앙의 값을 찾는 것이 용이하지 않고 효율도 떨어지므로 n의 크기가 10 미만인 경우에 많이 사용된다.

$$\tilde{x} = \frac{(n+1)}{2}\text{번째에 위치한 값} \quad (2)$$

$$\tilde{x} = \frac{\left[\left(\frac{n}{2}\right)\text{번째 값} + \left(\frac{n}{2}+1\right)\text{번째 값}\right]}{2} \quad (3)$$

계산 예

1) 5개의 데이터 45, 53, 57, 49, 60의 메디안을 구하라.

45, 49, 53, 57, 60 → $\tilde{x} = \frac{(5+1)}{2} = 3\text{번째 위치한 값}\ \ \tilde{x} = 53$

2) 4개의 데이터 53, 57, 49, 60의 메디안을 구하라.

60, 57, 53, 49 → $\tilde{x} = \frac{(2\text{번째 값} + 3\text{번째 값})}{2}\ \ \tilde{x} = \frac{(57+53)}{2} = 55$

③ 최빈값(mode) : 전체 데이터에서 가장 자주 나오는 값을 말하며, 대표치로 양적 자료, 질적 자료에 쓰인다. 최빈값은 변량이 모두 다른 경우에는 존재하지 않고, 자료에 따라서는 최빈값이 2개 이상일 수도 있으며, 변량의 개수가 적으면 자료 전체의 특징을 잘 반영하지 못할 수도 있다는 단점이 있다.

2) 흩어짐과 분산

① 편차제곱합 또는 변동(S) : 각 특성치와 평균치의 차를 제곱하여 합한 것을 말한다.

$$S = (x_1 - \bar{x})^2 + (x_2 - \bar{x})^2 + \cdots (x_n - \bar{x})^2$$

$$= \sum_{i=1}^{n} (x_i - \bar{x})^2 = \sum_{i=1}^{n} x_i^2 - \frac{\left(\sum_{i=1}^{n} x_i\right)^2}{n}$$

$$= \sum_{i=1}^{n} x_i^2 - CT$$

를 사용하는 것이 편하다. 여기서

$$CT = \frac{\left(\sum_{i=1}^{n} x_i\right)^2}{n}$$

을 수정항(Correction term)이라 부르고, CT로 줄여 쓴다.

증명

$$S = \sum_{i=1}^{n} (x_i - \bar{x})^2 = \sum_{i=1}^{n} x_i^2 - 2\sum_{i=1}^{n} x_i \cdot \bar{x} + n(\bar{x})^2$$

$$= \sum_{i=1}^{n} x_i^2 - 2\sum_{i=1}^{n} x_i \left(\frac{\sum_{i=1}^{n} x_i}{n}\right) + n\left(\frac{\sum_{i=1}^{n} x_i}{n}\right)^2$$

$$= \sum_{i=1}^{n} x_i^2 - \frac{2\left(\sum_{i=1}^{n} x_i\right)^2}{n} + \frac{\left(\sum_{i=1}^{n} x_i\right)^2}{n}$$

$$= \sum_{i=1}^{n} x_i^2 - \frac{\left(\sum_{i=1}^{n} x_i\right)^2}{n}$$

계산 예

5개의 데이터 45, 53, 57, 49, 60의 편차제곱합을 구하라.

$$\bar{x} = 52.8$$

$$S = (45 - 52.8)^2 + (53-52.8)^2 + (57-52.8)^2 + (49-52.8)^2 + (60-52.8)^2 = 144.8$$

② 불편분산(s^2) : 평균편차 제곱합으로서 편차제곱의 합을 데이터의 수로 나누어 데이터 1개당의 산포의 크기로 표시한 것이다. 불편분산은 편차제곱합 S를 n-1로 나눈 것을 말한다. 여기서 n-1을 S의 자유도(Degrees of freedom)라 부르고 ϕ라는 기호로 표시한다.

$$V = \frac{S}{n-1} = \frac{S}{\phi} = \sum_{i=1}^{n}(x_i - \bar{x})^2/(n-1)$$

계산 예

5개 데이터 45, 53, 57, 49, 60 불편분산을 구하시오. 앞에 계산으로부터 S=144.8.

$$V = \frac{S}{n-1} = \frac{114.8}{5-1} = 24.13$$

참고 제곱합 S를 n으로 나눈 값 $\frac{S}{n}$를 분산으로 정의하기도 한다. 그러나 이것은 모집단의 분산의 불편추정량이 아니므로 자주 쓰이지는 않는다. 참고적으로 n이 매우 크면 $\frac{S}{n}$나 $\frac{S}{n-1}$나 큰 차이가 없다.

③ 표준편차(s) : 분산의 제곱근으로 데이터 1개당의 산포를 평균치와 같은 단위로 나타낸 것이다.

$$s = \sqrt{V} = \sqrt{\frac{S}{n-1}} = \sqrt{\frac{S}{\phi}} = \sqrt{\frac{\sum_{i=1}^{n}(x_i - \overline{x})^2}{n-1}}$$

계산 예

5개 데이터 45, 53, 57, 49, 60 불편분산의 제곱근을 구하시오.

$$\sqrt{V} = \sqrt{24.13} = 4.91$$

④ 변동계수(CV) : 표준편차를 평균치로 나눈 값으로 보통 백분율로 표시한다. $(CV)^2$ 상대분산이라 한다. 일반적으로 다음의 변동계수값에 따라 품질 관리 상태를 평가한다.

변동계수	품질 관리 상태
10% 이하	우수
10~15%	양호
15~20%	보통
20% 이상	부적합품

$$CV = \frac{s}{\overline{x}} \text{ 또는 } \frac{s}{\overline{x}} \times 100(\%)$$

계산 예

5개 데이터 45, 53, 57, 49, 60 변동계수를 구하시오. 앞의 계산으로부터 s =4.91, $\overline{x}$ =52.8.

$$CV = \frac{s}{\overline{x}} \times 100 = \frac{4.91}{52.8} \times 100 = 9.30\%$$

⑤ 범위(R : range) : 데이터 중에서 최대치와 최소치의 차이를 범위라 한다.

$$R = x_{\max} - x_{\min}$$

계산 예

5개 데이터 45, 53, 57, 49, 60 변동계수를 구하시오.

$$R = x_{\max} - x_{\min} = 60-45 = 15$$

예제

보통 포틀랜드 시멘트의 압축강도를 표준사를 이용하여 10회 실험한 결과는 다음과 같다. 이 데이터를 이용하여 시멘트 강도의 변동계수를 구하라 (측정값 : 41.7, 48.0, 44.7, 42.8, 39.7, 40.0, 38.9, 42.2, 42.7, 41.9).

풀이

① 산술평균($\bar{x}$) : $\bar{x} = \dfrac{x_1 + x_2 + x_2 \cdots + x_n}{n} = \dfrac{1}{n}\sum_{i=1}^{n} x_i$

$= (41.7+48.0+44.7+42.8+39.7+40.0+38.9+42.2+42.7+41.9)/10$
$= 42.26$

② 중앙값($\tilde{x}$) : $\tilde{x} = \dfrac{\left[\left(\dfrac{n}{2}\right)\text{번째 값} + \left(\dfrac{n}{2}+1\right)\text{번째 값}\right]}{2}$ (짝수의 경우)

순위대로 나열 : 38.9, 39.7, 40.0, 41.7, 41.9, 42.2, 42.7, 42.8, 44.7, 48.0
$(41.9 + 42.2)/2 = 42.05 \fallingdotseq 42.1$

③ 변동(S) : $S = (x_1 - \bar{x})^2 + (x_2 - \bar{x})^2 + \cdots (x_n - \bar{x})^2$

$$= (41.7-42.26)^2 + (48.0-42.26)^2 + (44.7-42.26)^2 + (42.8-42.26)^2 + (39.7-42.26)^2 + (40.0-42.26)^2 + (38.9-42.26)^2 + (42.2-42.26)^2 + (42.7-42.26)^2 + (41.9-42.26)^2 = 62.78$$

④ 불편분산(V) : $V = \dfrac{S}{n-1} = \dfrac{S}{\phi} = \sum_{i=1}^{n}(x_i - \bar{x})^2/(n-1)$

$= 62.78/9 = 6.98$

⑤ 표준편차(s) : $s = \sqrt{V} = \sqrt{\dfrac{S}{n-1}} = \sqrt{\dfrac{S}{\phi}} = \sqrt{\dfrac{\sum_{i=1}^{n}(x_i - \bar{x})^2}{n-1}}$

$= \sqrt{6.98} = 2.64$

⑥ 변동계수(CV) : $CV = \dfrac{s}{\bar{x}}$ 또는 $\dfrac{s}{\bar{x}} \times 100(\%)$

$= 2.64/42.26 \times 100 = 6.25\%$

⑦ 범위(R : range) : $R = x_{\max} - x_{\min} = 48.0 - 38.9 = 9.1$

2.2 통계적 품질 관리 방법

품질 관리(QC)란 사용자 우선 원칙에 입각하여 공사의 목적물을 경제적으로 만들기 위해 실시하는 관리 수단을 말하며, 현장 조건에 맞는 적정한 기법(Tool)을 선정하여 시행하여야 한다. 이러한 기법은 문제의 원인에 대해 각 구성원들과 명확한 언어로 의견을 교환함으로써 문제의 원인과 문제의 유형을 분류할 수 있으므로, 본 장에서는 가장 보편적으로 사용되는 7가지 도구(Seven tools of QC)에 대하여 간단히 요약하면 다음과 같다.

- 히스토그램(Histogram) : 계량치의 데이터가 어떠한 분포를 하고 있는지 알아보기 위하여 작성하는 그림으로 일종의 막대그래프
- 특성요인도(Causes-and-Effects Diagram) : 결과(특성)에 원인(요인)이 어떻게 관계하고 있는가를 한눈으로 알 수 있도록 작성한 그림
- 파레토도(Pareto Diagram) : 부적합품 등 발생 건수를 분류 항목별로 나누어 크기 순서대로 나열해놓은 그림으로 중점적으로 처리해야 할 대상 선정 시 유효
- 체크시트(Check Sheet) : 계수치의 Data가 분류 항목이 어디에 집중되어 있는가를 알아보기 쉽게 나타낸 그림 또는 표
- 관리도(Control Chart) : 공정의 상태를 나타내는 특정치에 관해서 그려진 Graph로서 공정의 관리 상태 및 안전 상태로 유지하기 위하여 사용
- 산점도(Scatter Diagram) : 대응하는 두 개의 짝으로 된 Data를 Graph 용지 위에 점으로 나타낸 그림으로 품질특성과 이에 영향을 미치는 두 종류의 상호 관계 파악
- 층별(Stratification) : 집단을 구성하고 있는 많은 Data를 어떤 특징에 따라서 몇 개의 부분집단으로 나누는 것

QC적 문제 해결 순서의 각 단계에서 사용되는 QC 7가지 도구의

내용을 종합해보면 다음 표 2와 같다.

[표 2] QC 도구에 따른 단계별 특성[8]

단계 \ 기법			파레토도	특성 요인도	체크 시트	히스토그램	산점도	관리도	그래프	층별
1	테마 선정		■	□	□	□		□	■	
2	현상 파악 및 목표 설정	현상 파악	■	□	□	□		□	■	□
		목표 설정	□			□		□	■	□
3	활동 계획의 작성								■	
4	요인의 해석	요인특성 관계 조사		■			□			□
		과거상황 현상조사	□		□	■		■	■	□
		층별	□	□	□	■	■	□	□	□
		시간적 변화 관찰						■	□	□
		상관관계 파악	□				■		□	□
5	대책의 검토와 실시			■					□	
6	효과의 확인		■		□	■		■	□	□
7	표준화와 관리의 정착				■	□		■	■	□

* ■ : 매우 유효한 것 □ : 유효한 것

2.2.1 히스토그램(Histogram)

히스토그램이란 길이, 무게 강도 등과 같이 계량치와 데이터가 어떠한 분포를 하고 있는지 알아보기 위해 작성하는 그림으로 도수분포표를 작성한 후에 이것을 막대그래프로 표현한 것이다.

히스토그램을 작성하면 데이터만으로 알아보기 어려운 평균이나 산포의 크기도 알 수 있으며, 데이터가 얻어진 공정이 어느 정도 안정되어 있는가를 대체로 판별할 수 있다. 안정된 공정은 거기에서 얻어진 데이터의 히스토그램이 대체적으로 종을 엎어놓은 것과 같은 좌우대칭 형태를 나타내고 있다. 그림 5는 공정에 이상이 있는 히스

8) 배기태, 현장의 품질관리 기법, 한국품질재단 연재기사 제11권 제5호 2008.10.

토그램을 나타낸다.

(a)의 낙도형은 떨어져 있는 섬 모양을 가지는 경우로, 떨어져 있는 부분이 이상이 있다고 생각되므로 그 원인을 규명하여 조처를 취할 필요가 있다.

(b)의 쌍봉우리 형은 두 개의 산 모양을 가지므로, 이질의 집단이 섞여 있거나 2대의 서로 성능이 상이한 기계로 만들어진 제품이 섞여 있다든지 할 때에 흔히 생긴다.

(c)의 이가 빠진 형은 작업자의 측정법에 잘못된 버릇이 있거나 측정자가 의식적으로 또는 무의식적으로 특정한 구간의 값을 피한 경우에 일어난다. 이러한 상태는 시정될 수 있도록 조처를 취해야 한다.

(d)의 절벽모양의 히스토그램은 한쪽으로 끊어진 형태로, 산포가 커서 부적합품이 많은 경우에 규격에 맞추기 위하여 전수검사한 후 어떤 경계치 이하 또는 이상의 제품은 버리고 나머지 제품만을 가지고 데이터를 수집했을 때 이런 현상이 자주 발생한다. 이것은 산포가 커서 공정능력이 나쁜 공정을 의미하므로 공정능력을 좋게 하도록 원인을 규명하여 조처를 취하는 것이 필요하다.

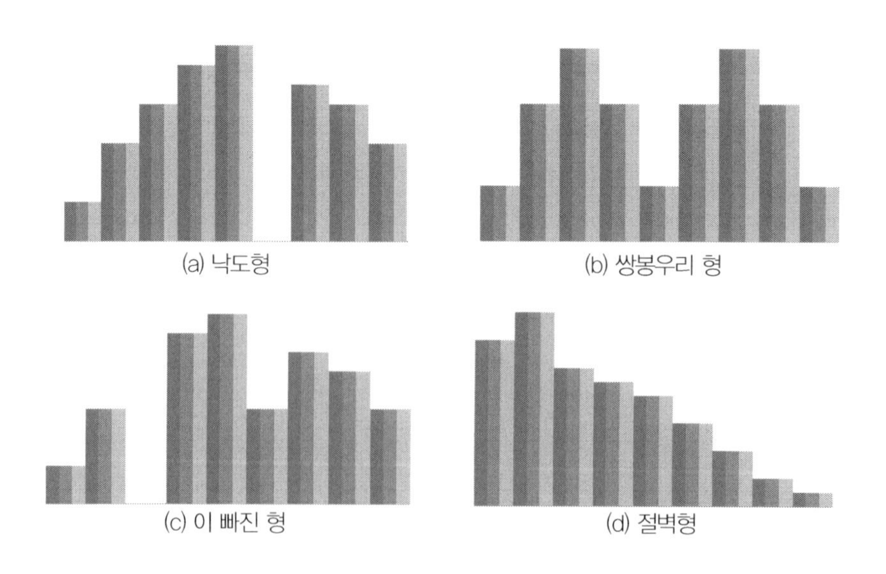

[그림 5] **공정 이상에 따른 히스토그램**

2.2.2 특성요인도(Causes-and-Effects Diagram 또는 Characteristic diagram)

특성요인도란 결과에 원인이 어떻게 관계하고 있는가를 한눈으로 알 수 있도록 작성한 그림이다. 그 모양이 그림 6과 같이 생선뼈의 모양을 닮았다는 점에서 생선뼈 그림(Fish-bone diagram)이라고도 부른다. 이것은 일본의 이시가와 가오루(Ishikawa Kaoru)가 1953년 일본의 가와사키(Kawasaki)제철에서 품질 관리를 할 때 처음으로 사용되었다고 알려져 있다.

특성요인도는 많은 의견을 한 장의 그림으로 정리하여 표현하는 데 유용한 방법이다. 특성요인도의 작성 방법은 다음의 순서에 따르는 것이 보통이다.

- 해당 품질특성을 정한다. 예로 제품의 치수, 부적합품률 등 품질 자체를 나타내는 것 외에도 작업공 수, 소요시간, 납기일, 능률, 안전 등 작업의 결과를 나타내는 것이면 모두가 특성으로 취급할 수 있다.
- 큰 가지가 되는 화살표를 왼쪽에서 오른쪽으로 긋고 그 끝에 앞에서 정한 품질특성의 결과를 적는다(그림 6(a)).
- 요인을 중간 가지로 작성하여 ☐ 의 모양으로 두른다(그림 6(b)). 중간 가지에 의한 요인은 4M(Material, Machine, Man, Method)을 사용하여도 좋고, 또는 공정명을 공정의 순서대로 왼쪽에서 오른쪽으로 차례로 기입하여도 좋다.
- 각 요인마다 보다 작은 요인을 작은 가지에 적어 넣는다(그림 6(c)). 필요하면 작은 가지를 향해서 새끼 가지를 적어 넣는다. 가장 말단의, 조처를 취할 수 있는 요인까지 기입한다.
- 특성요인도를 작성한 목적, 시기, 작성자 등을 기입하면 특성요인도의 작성이 완료된다.

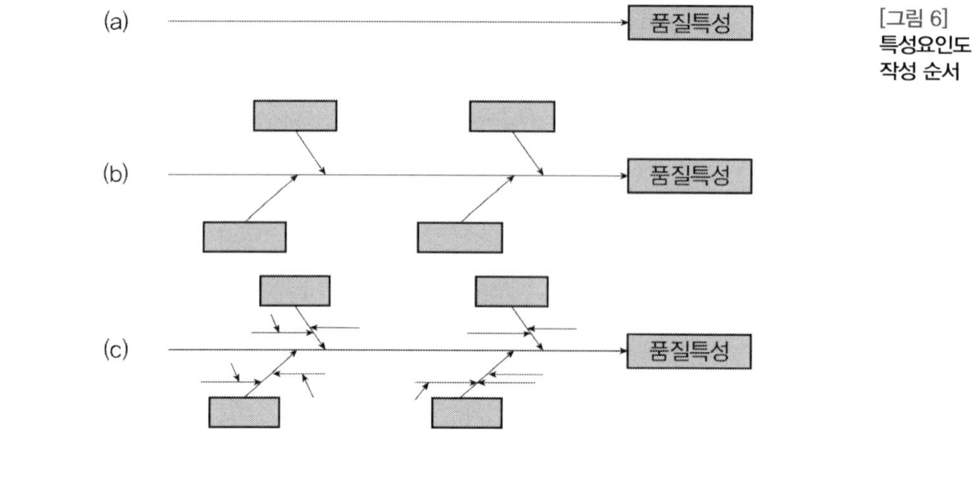

[그림 6]
특성요인도 작성 순서

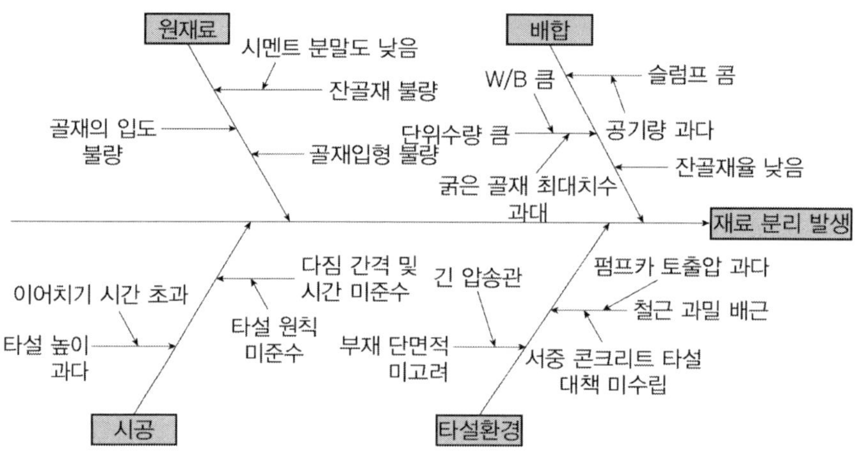

[그림 7]
콘크리트 재료 분리 발생 특성요인도서

2.2.3 파레토도(Pareto Diagram)

이탈리아의 경제학자 Pareto가 1987년에 소득분포곡선으로 그림 8과 같은 형태를 갖는 곡선 $y = kx^{-a}$을 발표하였다. 여기서 x는 소득의 크기이고 y는 x 이상의 소득을 가진 사람의 점유비율(x 이상 소득자의 누계백분비)이며, k와 a는 상수이다. 이것은 소득 분포의 불균형을 나타내는 경험적 경제법칙인 20:80 이론(전체 인구의 20%가 부의 80%를 차지한다)으로 알려져 있다. 이와 같은 곡선을 파레토 곡선(Pareto curve)이라 말한다.

쥬란(Juran)은 파레토 곡선을 수정 보완하여 QC 수법으로 제안하여 오늘날의 파레토도가 탄생하게 되었다. 파레토도는 불합격품, 고장, 부적합품 등의 발생 건수 또는 손실금액을 분류 항목으로 나누어 크기의 순서대로 나열해놓은 그림으로 어디에서 문제가 발생했고, 그 영향은 어느 정도인지를 파악할 수 있다.

파레토도의 작성 방법은 먼저, 표 3 잔골재 체가름 시험 데이터 집계표와 같이 데이터를 분류하여 정하고, 수집한다. 이때 데이터 수에 대한 %, 누적도수, 누적 %를 계산한다. 그림 9와 같이 막대그래프를 그리고, 그림 10과 같이 누적도수를 꺾은선으로 기입하고, 데이터의 기간, 기록자, 목적 등을 기입하여 파레토도의 작성을 완성한다.

[그림 8]
경제학자 파레토의 소득분포곡선

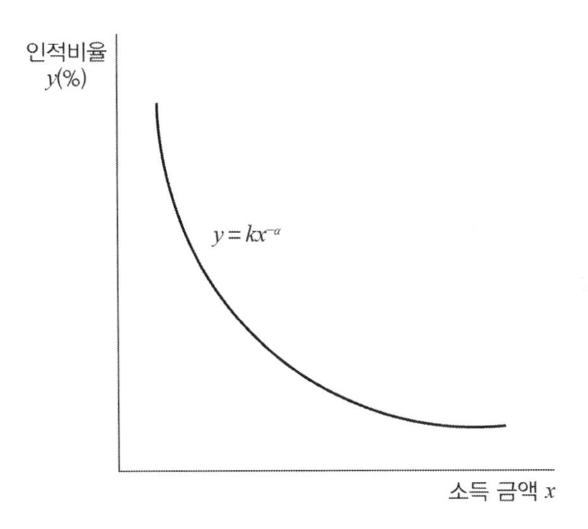

[표 3] **잔골재 체가름 시험 데이터 집계표**

체 크기(mm)	각 체에 남은 양		각체에 남은 누적량	
	질량(g)	백분율(%)	질량(g)	백분율(%)
0.15	26	5.2	26	5.2
0.3	79.5	15.9	105.5	21.1
0.6	163.5	32.7	269	53.8
1.2	124.5	24.9	393.5	78.7
2.5	70.0	14	463.5	92.7
5	36.5	7.3	500	100

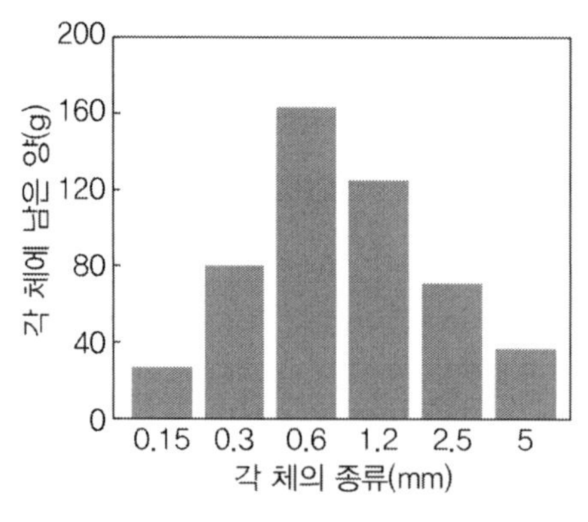

[그림 9] **분류 항목별 막대그래프**

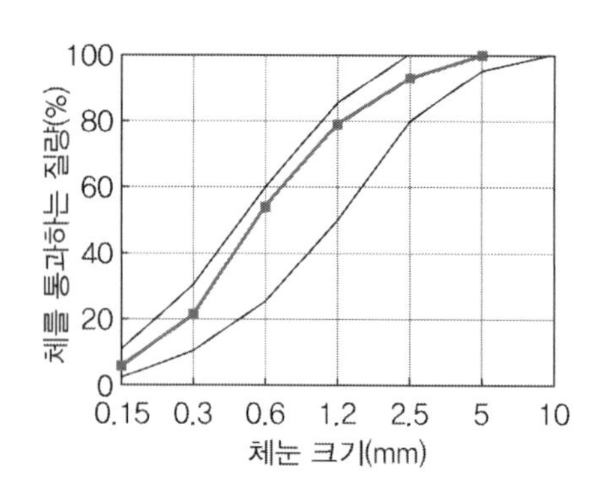

[그림 10] **누적도수 꺾은선그래프**

2.2.4 체크시트(Check Sheet)

체크시트란 주로 계수치의 데이터로 부적합품수, 부적합수와 같이 수를 계수하여 데이터가 분류 항목 중 어디에 집중되어 있는가를 알아보기 쉽게 나타낸 그림 또는 표를 말한다. 체크시트는 데이터에 대한 기록용지 역할을 하며, 기록이 끝난 다음에는 데이터가 어디에 집중되어 있는가를 비교·검토함으로써 문제점 또는 원인이 어디에 있는가를 판단할 수 있게 도와준다. 따라서 품질 관리 시 부적합품이나 부적합의 발생 원인 및 문제점을 기록하거나 그 원인 조사하는 데 사용된다. 또한 파레토도를 그리기 위하여 데이터를 수집하는 과정에서 이 체크시트가 많이 활용되기도 한다.

표 4 체크시트에 의하면, 콘크리트 침하균열 23개로 전체 균열의 25%를 차지하였으며, 아파트동별로는 101동이 균열이 가장 많이 발생하였고, 103동이 균열이 가장 적게 발생한 것을 알 수 있다.

[표 4] **아파트동별 균열 발생 체크시트**

균열 종류 \ 아파트동	101동	102동	103동	104동	105동	계
건조수축균열	卌 /	卌	/	//	///	17
소성수축균열	//	///	//	卌	//	14
자기수축균열	///	//	//	//	卌	14
침하균열	卌	卌 /	/	卌 /	卌	23
휨균열	///	/	//	//	//	10
수화열균열	卌	//	///	/	///	14
계	24	19	11	18	20	92

2.2.5 산점도(Scatter Diagram)

산점도란 서로 대응되는 두 개의 짝으로 된 데이터를 그림 12와 같이 그래프용지 위에 점으로 나타낸 그림을 말한다.

x가 커지면 y도 커진다는 관계를 양의 상관이 있다고 하고, x가 커지면 y는 작아진다는 관계를 음의 상관이 있다고 한다.

서로 대응관계에 있는 측정치에 의하여 산점도를 그려 양자의 관계를 조사할 때에, 만약 한쪽의 측정치가 변하면 다른 측정치가 이것에 따라 변화하는 관계가 있는 경우, 이들 사이에는 상관이 있다고 말하고 이와 같은 상관관계를 통계적으로 해석하는 방법을 상관분석(Correlation analysis)이라고 한다. 두 확률변수 X, Y 간의 상관관계를 알고자 할 때에는 두 변수에 대한 크기 n의 확률표본을 취한 후, 얻어진 n개의 데이터로부터 두 변수 간의 관련성을 찾게 된다.

$$(x_i,\ y_i),\ i = 1, 2, 3,\ \cdots, n$$

산점도의 작성 방법은 먼저, 상관관계를 조사하려는 두 종류의 특성 또는 원인의 데이터(X, Y)를 모은다. 다음으로 그림 11과 같이 데이터 각각에 대한 최대치와 최소치를 구하고, 좌표축과 눈금을 정한다. 그림 12와 같이 특성치를 그래프 위에 타점하고, 필요한 사항들을 기입하여 완성한다.

[표 5] **슈미트햄머 반발도에 대한 콘크리트 압축강도값 데이터**

No.	X(반발도)	Y(압축강도)	No.	X(반발도)	Y(압축강도)
1	16.4	0.6	15	53.1	22.2
2	33.7	7.4	16	54.2	27.8
3	37.9	12.4	17	55.1	30.6
4	46.2	21.2	18	56.8	32.5
5	52.8	26.3	19	13.8	1.2
6	56.2	30.6	20	23.2	3.2
7	58.4	33.8	21	28.4	6.2
8	60.5	35.8	22	33.6	9.3
9	63.6	38.2	23	37.2	9.9
10	19.7	3.0	24	38.0	11.4
11	29.0	6.4	25	41.3	14.1
12	35.6	14.7	26	44.3	15.7
13	39.8	18.1	27	46.7	18.4
14	46.3	21.0	28	48.1	20.1

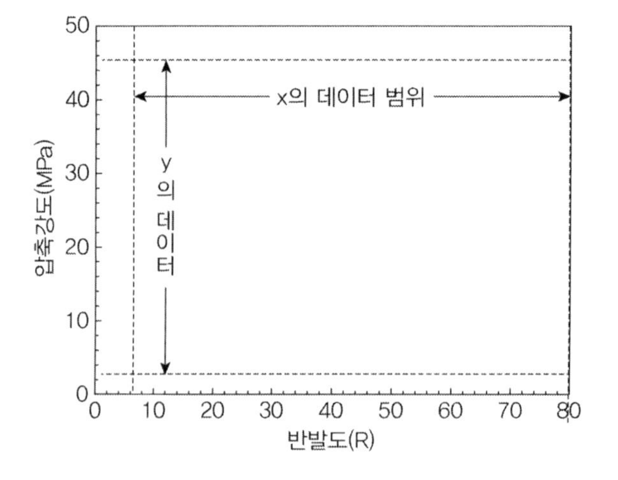

[그림 11] **산점도의 가로측과 세로측 눈금 그래프**

[그림 12]
반발도에 대한 콘크리트 압축강도값의 산점도

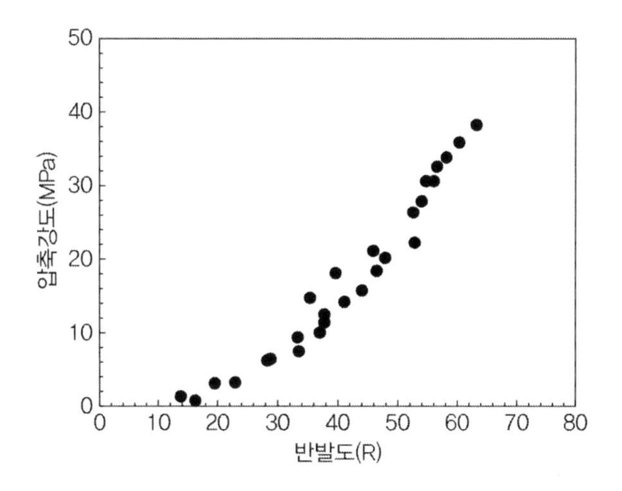

그림 13은 x와 y 간의 상관관계를 보여주고 있다. x가 커질 때 y도 커지면 '양의 상관이 있다'고 하고, x가 커질 때 y가 작아지면 '음의 상관이 있다'라고 한다. 그림 13(b)와 같이 일정한 경향이 없는 것은 '상관이 없다'라고 판독한다.

[그림 13]
x와 y 간의 상관관계

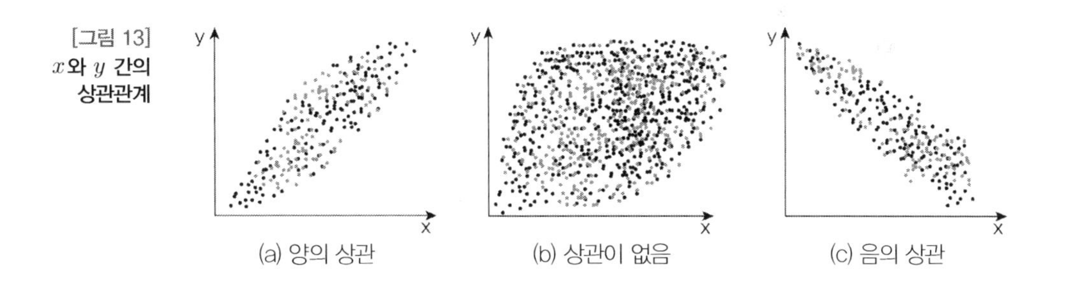

2.2.6 층별(Stratification)

층별이란 집단을 구성하고 있는 많은 데이터를 어떤 특징에 따라서 몇 개의 부분집단으로 나누는 것을 말한다. 측정치에는 반드시 산포가 있다. 따라서 산포의 원인이 되는 인자에 관하여 층별하면 산포의 발생 원인을 규명할 수 있게 되고, 산포를 줄이거나, 공정의 평균을 좋은 방법으로 계산하는 등 품질 향상에 도움이 된다. 일반적으로 행해지는 층별 방법의 예를 들면 다음과 같다.

먼저, 작업자를 층별로 나누게 되면 조별, 숙련도별, 경험 연수별, 남녀별, 연령별, 신입자와 책임자 등으로 구분할 수 있다. 기계설비의 경우 가공기계별, 라인별, 위치별, 구조별, 신구기계별 등으로 구분할 수 있으며, 원재료의 경우 구입처별, 구입시기별, 상표별, 수입로트별, 저장장소별 등으로 구분할 수 있다. 작업 방법의 경우는 작업 방법별, 작업조건별, 로트별, 측정 방법별 등으로 구분할 수 있으며, 시간의 경우는 오전 오후별, 주간 야간별, 계절별, 일별, 월 초·중·말 등으로 구분 가능하고, 마지막으로 환경의 경우는 기온, 습도, 맑음, 흐림, 바람의 유무, 조명의 명암 등으로 층별로 구분할 수 있다.

예를 들어, 아파트 공사 후 하자 보수비가 4,100만 원 발생하였는데, 그림 14는 101동과 102동 동별시공에 따른 하자 보수비를 층별로 나타낸 것이다. 공사형태에 따라 전체 보수비에서 동별 작업팀에 따른 보수비로 층별하였을 때, 상대적으로 101동 작업팀이 불량의 원인인 것을 쉽게 확인하여 알 수 있다.

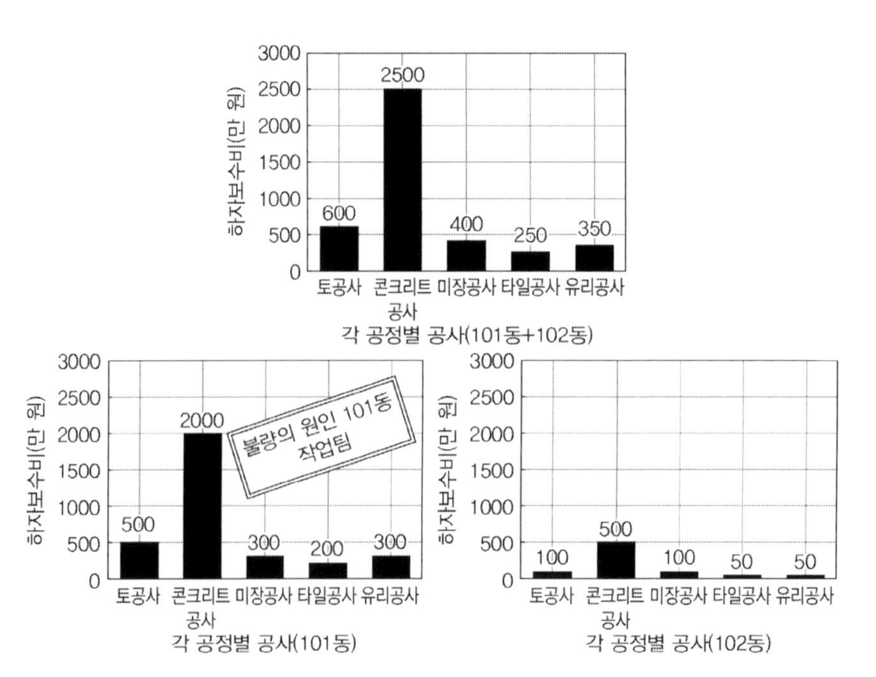

[그림 14]
작업 형태별 작업팀 불량 건수 층별

2.2.7 각종 그래프

그래프(Graph)는 데이터의 내용과 경향 등을 한눈에 볼 수 있도록 표시한 그림이다. 그래프는 데이터를 도형이나 선으로 나타내어 수량의 크기를 비교하거나 데이터의 연계성, 연속성 등을 나타낼 수 있다. 그래프는 한눈에 내용을 대략적으로 파악하는 기능 이외에도 각각의 데이터를 비교할 수 있고, 데이터의 변화 추세와 상관관계 및 회귀분석 등을 할 수 있다.

그래프의 작성 요령은 단번에 그 그래프가 무엇을 뜻하는 것인가를 알 수 있도록 표현해야 된다. 또한 간략하고, 명확하게 작성하되 예를 들어 데이터의 특성에 따라 연관성이 있으면 꺾은선그래프로 연관성이 없으면 막대그래프로 그려서 표현한다.

[그림 15] **각종 그래프**

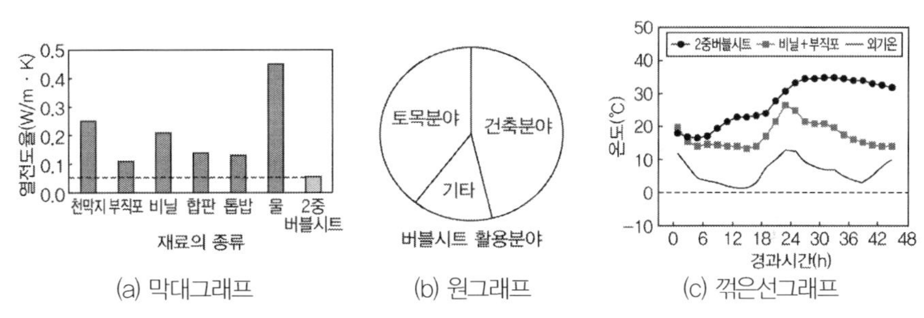

(a) 막대그래프 (b) 원그래프 (c) 꺾은선그래프

2.2.8 신품질 관리의 7가지 도구

1) 친화도(Affinity Diagram)

친화도는 다량의 아이디어를 유사성이나 연관성에 따라 묶는(grouping) 방법이다. 이 기법을 이용하면 자연스런 연관관계에 따라 다양한 아이디어나 정보를 몇 개의 그룹으로 분류할 수 있다. 친화도를 사용하는 일반적인 용도는 다음과 같다.

- 여러 가지 아이디어나 생각들이 정돈되지 않은 상태로 있어서 전체적인 파악이 어려울 때, 이를 이해하기 쉽도록 정리한다.

• 브레인스토밍 등을 통해 도출된 많은 아이디어들을 연관성이 높은 것끼리 묶어서 정리한다.

품질	제조비	안전 및 환경	매출
• 순도 • 고객 이탈률 • 색깔 • 클레임 건수 • 공정능력지수 • 재작업률	• 유지비 • 자재비 • 1인당 작업시간 • 원자재 활용률 • 초과조업비	• 재해율 • 이직률 • 환경관리비	• 생산량 • 조업률 • 가동률

[그림 16]
경영성과지표의 친화도

2) 연관도(Relations Diagram)

연관도는 인과관계를 설명함으로써 복잡한 문제의 여러 다른 측면의 연결 관계를 분석하는 데 큰 도움을 준다. 연관도를 사용하면 요인이 복잡하게 연결된 문제를 정리하기 좋고, 계획 단계에서부터 문제를 넓은 시각에서 관망할 수 있다. 또한 중요 항목이 잘 파악될 수 있다는 특징이 있다.

연관도는 다음과 같은 경우에 유용하다.

• 형식에 얽매이지 않고 자유롭게 표현할 수 있으므로 특성요인도에서는 표현이 곤란하다고 생각되는 복합한 원인 사이의 인과관계를 정리하는 데 유용하다.

• 작성의 과정에서 새로운 발상의 전환을 얻거나 선정한 원인과 그 대책에 대해서 참가자의 의견일치를 얻는 데 도움이 된다.

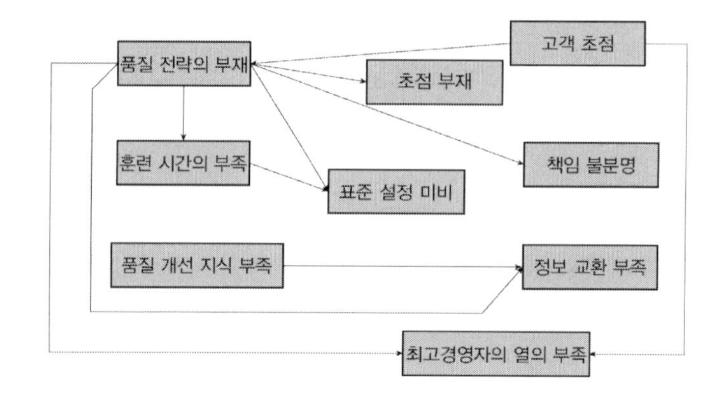

[그림 17]
품질 경영과 관련된 주요 과제의 연관도

3) 계통도(Tree Diagram)

계통도는 설정된 목표를 달성하기 위해 목적과 수단의 계열을 계통적으로 전개하여 최적의 목적달성 수단을 찾고자 하는 방법이다. 그림 18은 계통도의 기본개념을 나타낸 것으로 목적을 달성하기 위한 수단을 찾고, 또 그 수단을 달성하기 위한 하위 수준의 수단을 찾아나가게 된다. 따라서 상위 수준의 수단은 하위 수준의 목적이 된다. 계통도는 다음과 같은 경우에 유용하다.

- 문제 해결을 위한 수단을 논리적·계통적으로 전개하기 쉬우므로 누락의 방지나 새로운 수단의 발상을 얻고 싶은 경우에 유용하다.
- 전개한 수단이 일관성이 있도록 배열되도록 하기 위해 관계자의 설득이나 합의의 형성에 도움이 된다.

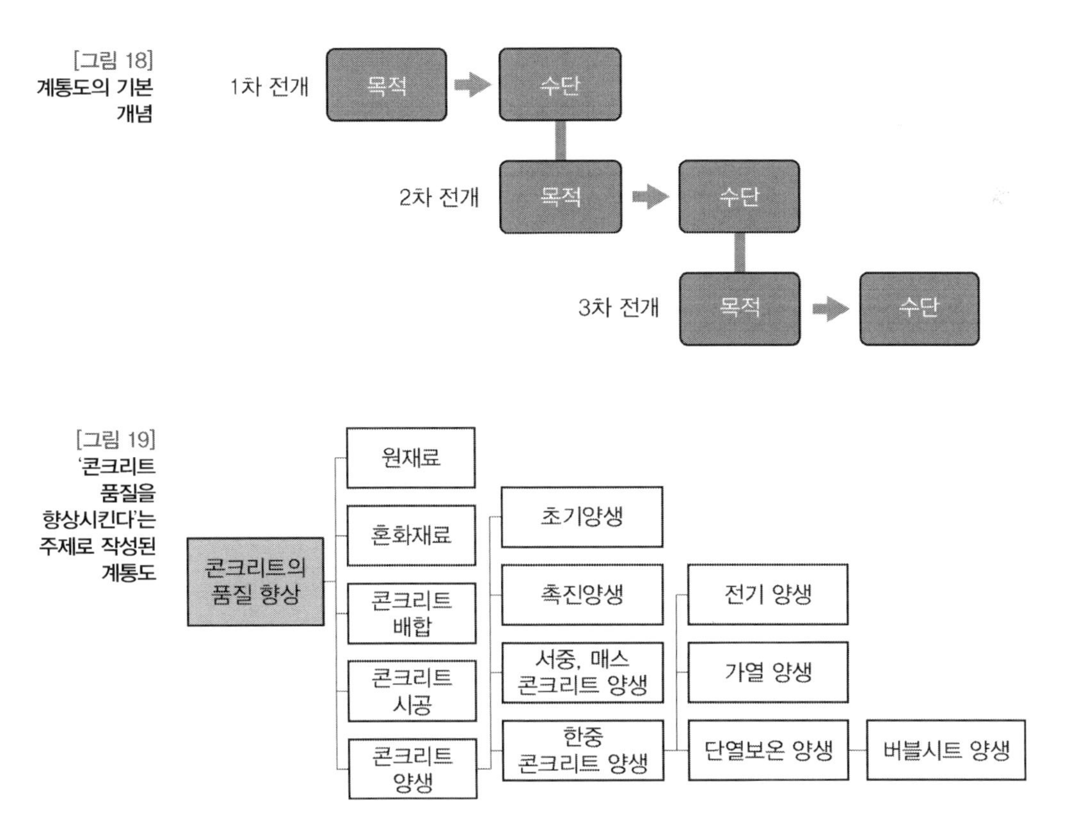

[그림 18] 계통도의 기본 개념

[그림 19] '콘크리트 품질을 향상시킨다'는 주제로 작성된 계통도

4) 매트릭스도(Matrix Diagram)

매트릭스도는 두 개 또는 그 이상의 특성, 기능, 아이디어 등의 집합에 대한 관련 정도를 행렬(matrix) 형태로 표현하는 기법이다. 여러 가지 개선 과제 중 품질 개선팀이 우선적으로 추진해야 할 과제를 선택하고자 할 경우 등에 많이 사용된다. 매트릭스도는 이용하는 매트릭스의 형태로부터 L형, T형, Y형, X형, C형, P형 등의 6종류가 있다.

매트릭스도는 다음과 같은 때에 유용하다.

- 많은 목적이 있고 이것에 많은 해결 수단이 대응하여 양자가 복잡하게 서로 얽혀 있는 문제의 관계 정리에 유용하고, 전체의 구성을 한눈으로 파악할 수 있다.
- 현상, 원인, 대책과 같은 세 종류 이상의 항목 요소를 정리하여 문제의 소재를 명확히 하고 싶은 경우에 도움이 된다.

[표 6] **건축 재료에 따른 시공 요소에 대한 매트릭스도**

건축 재료 수단 / 시공 요소	철근콘크리트 구조	철골구조	벽돌구조	목조구조
공사 비용	▣	■	□	▣
공사 기간	▣	■	▣	■
내구성	■	■	□	▣
내진성	■	■	□	▣
내화성	■	▣	▣	□

* ■ : 높음 ▣ : 보통 □ : 낮음

[표 7] **구조체 균열보수 성능 요소에 대한 매트릭스도**

수지 / 성능	에폭시계	폴리에스테리계	폴리우레탄계	고무·아스팔트계
접착성	◎	○	○	△
연질성	△	△	◎	○
내구성	◎	○	○	×
내수성	◎	○	○	△
내알칼리성	◎	×	○	△
수축성	×	○	△	○
작업성	○	○	○	◎
경제성	△	○	○	◎

* ◎ : 우수 ○ : 양호 △ : 가 × : 불가

5) 매트릭스데이터 해석도(Matrix Data Analysis)

매트릭스데이터 해석도는 매트릭스데이터를 쉽게 비교해볼 수 있도록 그림으로 나타낸 것이다. 즉, L형 매트릭스의 각 교점에 수치데이터가 배열되어 있는 경우 그들 데이터 간의 상관관계를 단서로 하여 그들 데이터가 갖는 정보를 한 번에 가능한 한 많이 표현할 수 있는 몇 개의 대표특성을 구함으로써 전체를 보기 좋게 정리하는 방법이다.

이 방법은 주성분 분석이라 불리는 다변량 해석(Multivariate Analysis)의 한 수법으로 신품질 관리 7가지 도구 중에서 유일한 수치데이터 해석법이다.

또한 마케팅 분야에서 제품이나 서비스의 포지셔닝(positioning)을 결정하기 위해 자주 사용한다. 이 경우 소비자들의 인식에 대한 설문조사를 실시하고, 요인 분석(factor analysis)한 결과를 그래프로 표현한다.

[그림 20] **포틀랜드 시멘트 종류별 구성 화학 성분 비율**

시멘트 종류	C_3S	C_2S
1종 보통포틀랜드	51	25
2종 중용열	43	35
3종 조강	64	11
4종 저열	38	37
5종 내황산염	54	26

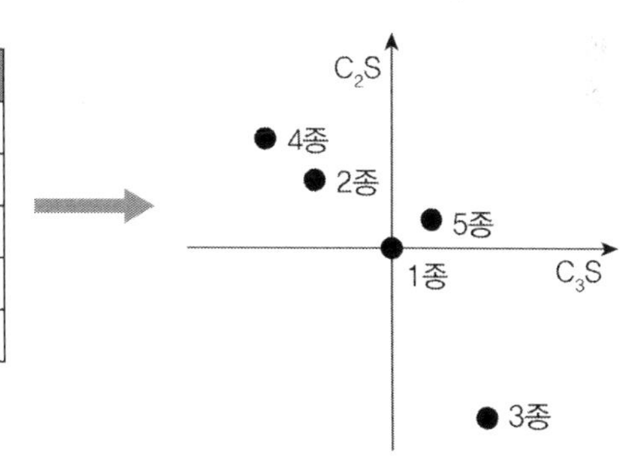

6) 네트워크도(Network Diagram)

네트워크도는 어떠한 임무를 완수하거나 목표를 달성하기 위해서 여러 가지 활동이나 단계를 거쳐야 할 경우, 필요한 활동들의 선후관계를 네트워크로 표시하고 그 일정을 관리하기 위한 프로젝트 관리 기법이다. 화살도(Arrow Diagram) 또는 활동네트워크도(Activity

Network Diagram)라고도 한다.

다음과 같은 경우에 유용하다.

- 상세하고 치밀한 계획을 세우고자 하거나, 계획 단계에서 납기를 고려한 최적 일정 계획을 세우고자 할 때 도움이 된다.
- 계획의 전모를 파악하고 실행 단계에서의 계획 변경이나 한 가지 작업의 지연 등이 전체 계획에 미치는 영향을 올바르게 파악하고자 할 때 유용하다.

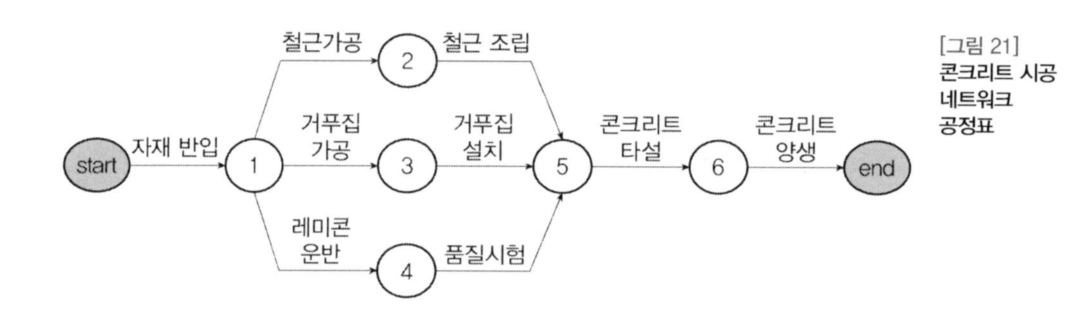

[그림 21] **콘크리트 시공 네트워크 공정표**

7) PDPC(Process Decision Program Chart)

어떠한 목표 달성을 위해 미리 계획을 수립하고, 계획대로 진행될 수 있도록 노력하더라도 사전에 예기치 못했던 일이 발생한다든지 상황이나 여건이 변하여 당초 계획대로 진행될 수 없는 경우가 허다하다. 과거에 경험하지 못했던 새로운 프로젝트의 경우 계획된 시간 내에 성공적으로 임무를 완수하기까지에는 많은 불확실성이 존재한다. 프로젝트의 진행 과정에서 발생할 수 있는 여러 가지 우발적인 상황들을 상정하고, 그러한 상황들에 신속히 대처할 수 있는 대응책들을 미리 점검하기 위한 방법이다. 과정결정 계획도법이라고도 한다. 축차전개형 PDPC 및 강제연결형 PDPC의 두 종류가 있다.

PDPC법은 다음과 같은 불확정 요소를 포함하는 경우의 일정 진척 관리에 유용하다.

- 연구개발과 같이 실행 과정에서 불확정한 사태가 예측되어 이것에 대해서 즉흥적으로 해결 방책을 독파하고 싶은 경우에 유용하다.
- 영업의 수주 활동과 같이 사용자 및 경합 타사의 속셈을 살피면서 적절한 임전즉흥적인 대책을 실시하여 수주에 연결하고 싶은 경우에도 도움이 된다.

[그림 22]
PDPC법에 의한 콘크리트 품질 개선 방안

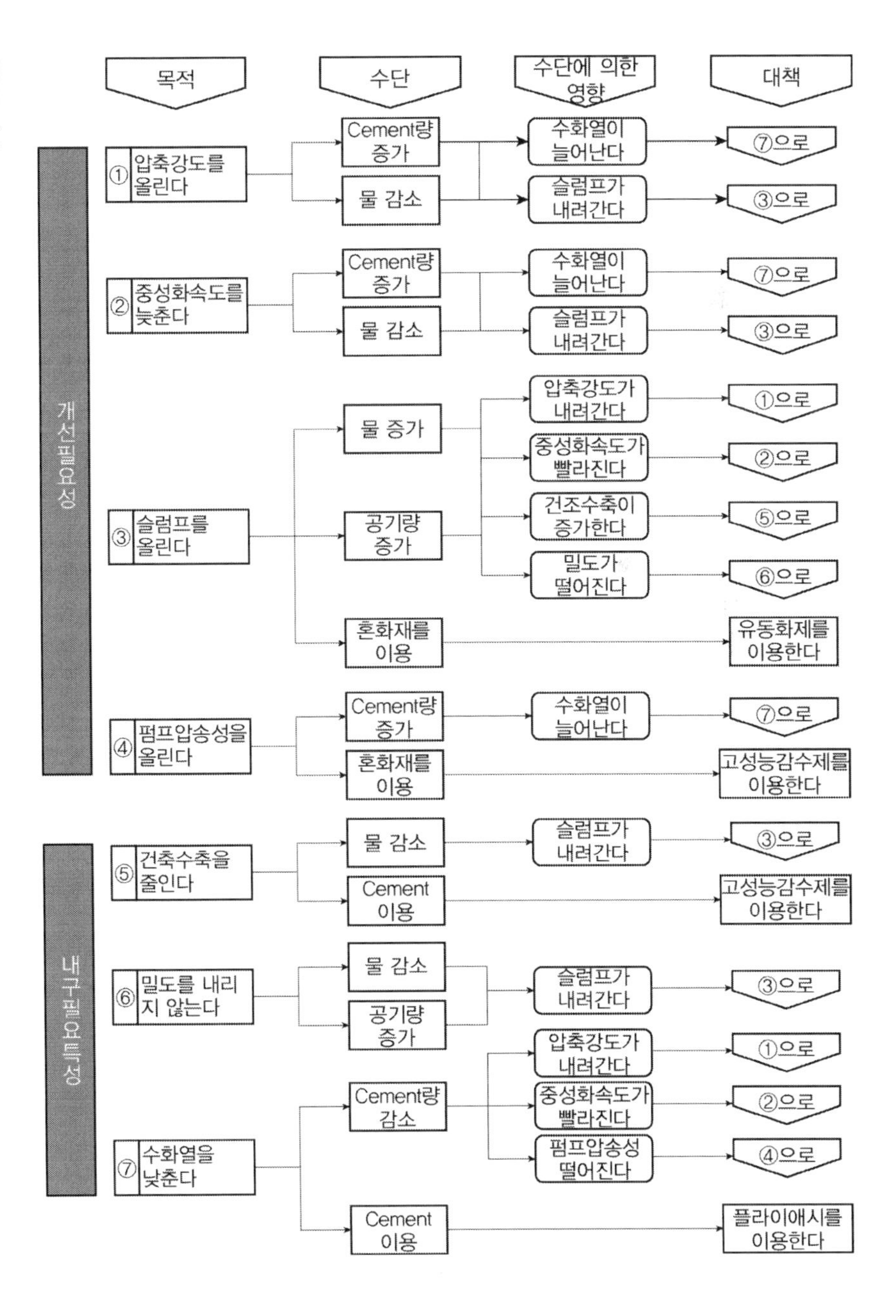

2.3 관리도(Control Chart)

2.3.1 품질의 산포

공장에서 제품을 만들 때, 설계 품질에 부합되는 제품을 만들어내는 일은 매우 중요하다. 그러나 동일한 공정과 동일한 원료로 제품이 생산한다고 할지라도 품질은 경과 연수에 따라 기계나 장비의 마모, 원자재 변동, 작업 환경 변화, 작업자의 숙련도 등의 복합적인 원인에 의하여 품질 변동(산포)이 발생한다. 그 원인을 살펴보면 일반적으로 다음 두 가지로 크게 분류된다.

먼저, 우연원인(Chance cause)은 생산조건이 엄격하게 관리된 상태하에서도 발생되는 어느 정도의 불가피하게 변동을 주는 원인으로, 작업자 숙련도의 차이, 작업 환경의 차이, 식별되지 않을 정도의 원자재 및 생산설비 등의 제반 특성의 차이 등에 의하여 발생되는 것을 말한다.

이상원인(Assignable cause)은 작업자의 부주의, 부적합품 자재의 사용, 생산설비상의 이상 등에 의하여 발생되는 변동을 말하며, 이 원인들은 만성적으로 존재하는 것이 아니고, 산발적으로 발생하여 품질 변동을 일으키는 원인이다. 이상원인은 품질의 변동에 크게 영향을 미치는 원인으로서 우선적으로 제거해야 된다.

품질 변동이 발생 시 원인을 조사하여 우연원인과 이상원인으로 구별하여 이상원인은 현장에서 즉시 조치를 취하여 더 이상 재발하지 않도록 하고, 우연원인에 대해서는 유지 내지 더 줄일 수 있도록 생산 설비의 개선, 작업 방법의 개선, 작업자의 교육과 훈련 및 작업 환경의 개선 등을 통하여 점차적으로 품질 향상을 꾀하도록 하여야 한다.

2.3.2 관리도의 개요

통계적 품질 관리는 관리도법과 더불어 시작되었다고 할 만큼, 관리도법은 통계적 품질 관리의 중추적인 역할을 담당하고 있다. 관리도란(Control chart)란 말은 1924년에 Bell 전화 연구소에 근무하던 슈하트(W.A. Shewhart)에 의하여 처음으로 소개되었고, 1931년에 출간된 그의 저서는 오늘날의 관리도법의 기초적 이론을 제시해주고 있다.

우리나라에 관리도법이 쓰이기 시작한 것은 1963년에 한국공업규격으로 KS 3201(관리도법)이 제정되어, KS표시 허가공장을 중심으로 일반 생산공장에 파급되면서부터라고 말할 수 있다. 한국공업규격이 한국산업규격으로 변경되었다.

공정의 상태를 나타내는 품질특성치를 이용하여 품질 변동에 영향을 미치는 원인을 신속히 판별하여, 이상원인에 대하여는 조치를 취하여 공정을 관리 상태로 유지시킬 수 있는 통계적 수법이 있다면 매우 유용할 것이다. 이러한 필요성에 부합되는 방법이 관리도이다.

관리도란 우연원인으로 인한 산포와 이상원인으로 인한 산포를 구분할 수 있도록 중심선의 상하에 관리한계선(관리상한선, 관리하한선)을 결정한 다음, 여기에 공정의 상태를 나타내는 품질특성치(측정치, 데이터)를 타점하여 관리한계선 밖으로 나가거나 어떤 특별한 패턴이 있으면 고정에 이상원인이 존재하고, 그렇지 않으면 우연원인에 의한 산포만이 존재한다는 것을 시간에 따라 한눈에 알아볼 수 있도록 그린 일종의 그래프이다.

관리도를 사용하는 주요 목적은 공정의 상태에 대하여 이상 유무를 신속히 찾아내어 이상원인으로 인한 부적합품이 대량 생산되기 전에 미리 필요한 조치를 취하여 관리된 상태로 유지하도록 함으로써 우수한 품질의 제품을 생산하는 데 있다.

2.3.3 관리한계선

관리도에서는 공정이 정상 상태에 있을 때, 품질특성의 평균치에 해당하는 선을 중심선(Center line : CL)이라 하고, 중심선에서 3σ 위에 있는 관리한계선을 관리상한(Upper control limit : UCL), 중심선에서 3σ 아래에 있는 관리한계선을 관리하한(Lower control limit : LCL)이라고 한다.

2.3.4 관리 상태의 판정

품질이 관리 상태에 있다고 판단하기 위해서는 관리한계선을 벗어난 점이 없거나 혹은 점의 배열에 아무런 패턴이 없어야 한다. 만일 관리한계선을 벗어난 점이 있거나, 점의 배열에 어떤 패턴이 있을 경우에는 공정에 어떤 문제가 발생하였을 가능성이 있으므로, 그 원인을 탐구하여 반드시 조치를 취해주어야 한다. 점의 배열의 패턴은 다음의 경우 말한다.

- 중심선의 한쪽에 런이 길이(Length of run)가 긴 것이 나타난다.
- 경향(Trend)이 나타난다.
- 주기성(Cycle)이 나타난다.
- 점이 관리한계선에 접근하여 연속해서 여러 개 나타난다.
- 층화(Stratification)현상이 나타난다.

1) 런(Run)

중심선의 한쪽에 연속해서 나타난 점의 군을 런(Run)이라고 부른다. 런의 길이(Length of run)란 한쪽에 연속되는 점의 수를 말하고, 런의 수(Number of run)란 하나의 관리도상에 나타난 점의 수를 말한다. 런이 길이가 7 이상인 경우 공정에 이상이 있다고 판단하고 조치를 취해야 한다. 그림 23에서 런의 수는 모두 8개이고, 가장 긴 런의 길이는 4이므로 런 현상이 발생하였다고 할 수 없다. 물론, 런의 길이가 7 이상이 아니더라도 중심선에 대하여 같은 쪽에 연속 11점 중 적어도 10점 이상이 같은 쪽에 있으면, 이상이 있다고 판단한다.

[그림 23]
런의 길이와 런의 수

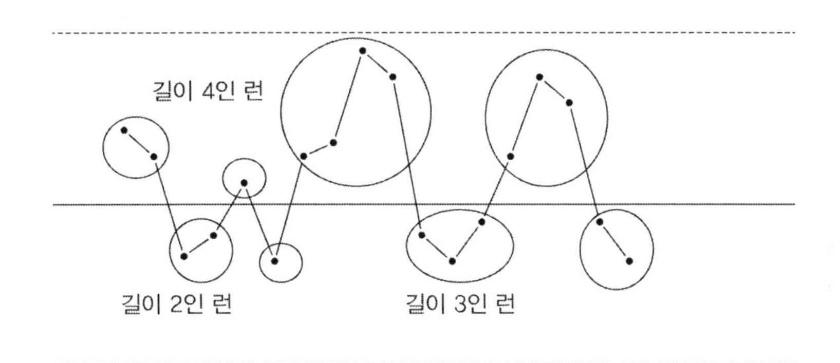

2) 경향(Trend)

경향이란 점이 점점 올라가거나(Runs up), 내려가는(Runs down) 상태를 말한다. 이는 생산공정이 어떤 원인에 의하여 지속적으로 영향을 받는다는 의미이다. 예를 들면, 공구의 점진적 마모, 냉각수의 온도 변화 등에 의하여 발생할 수 있다. 경향이 나타날 때 결국에는 관리한계선을 벗어나는 점이 발생할 가능성이 매우 높으므로 미리 조치를 취해주는 것이 바람직하다.

[그림 24]
런의 경향

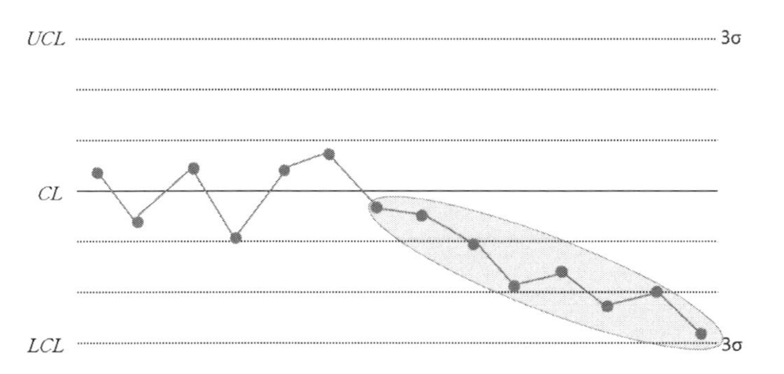

3) 주기성(Cycle)

어떤 요인이 주기적으로 공정에 영향을 미쳐서 품질특성치가 일정한 패턴으로 상하로 변동하는 경우에 주기성이 있다고 한다. 주기성이 나타나면 주기적인 변동의 원인이 무엇인가를 확인함과 동시에, 관리 목적에 따라 시료 채취 방법, 데이터를 얻는 방법 등을 재검토해보아야 한다.

주기성은 단기 주기와 장기 주기로 구분될 수 있다. 단기 주기성은 일반적으로 관리도상에 명확히 나타날 수 있다. 그러나 장기 주기성은 관리도 한 장으로 판명되기는 힘들다. 장기 주기를 확인하기 위해서는 계절적인 영향, 일평균, 주평균 및 월평균으로 몇 장의 관리도보다는 한 장의 함축된 데이터를 분석하는 것이 효과적이다.

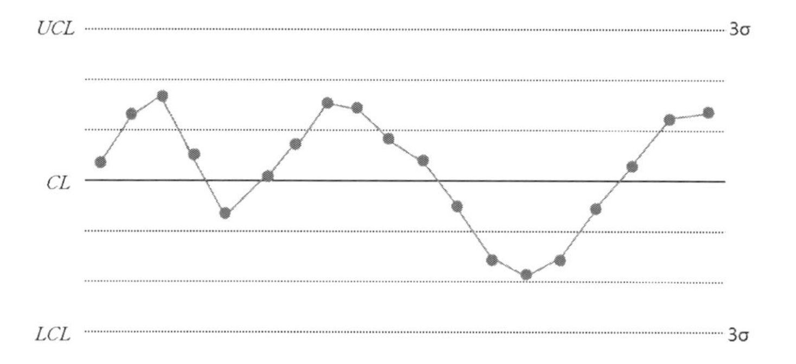

[그림 25]
런의 주기성

4) 점이 관리한계선에 접근해서 나타날 경우

관리 상태의 분포에서 생각해보면, 점이 관리한계선 가까이 나타날 확률은 아주 작다. 따라서 점이 한계선 근처에 잇따라 나타날 확률은 더욱 적으므로 다음과 같은 경우에는 무언가 이상원인이 생겼다고 판단할 수 있다. 먼저, 연속된 3점 중 2점 이상이 2σ와 3σ 사이 발생한 경우, 또는 연속된 5점 중 4점 이상이 1σ와 3σ 사이 발생한 경우, 마지막으로 연속된 8점이 1σ 이상에서 발생한 경우이다.

예를 들어, 연속된 3점 중 2점이라는 것은 그림 26과 같은 경우를 말한다.

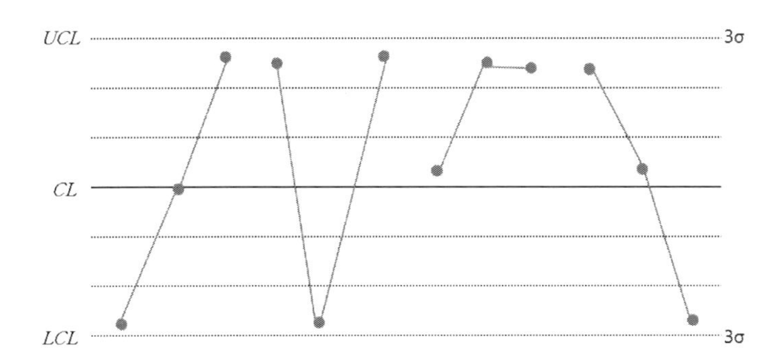

[그림 26]
런의 점이 관리한계선에 접근한 경우

5) 층화현상

점들이 중심선 근처에서 계속해서 나타나는 현상을 층화(Stratification)라 한다.

연속해서 15개의 점이 1σ 범위 내에서 나타날 경우를 말한다. 이 경우 공정이 관리 상태에 있고 매우 안정되어 있다고 잘못 판단하는 일이 없도록 주의하여야 한다. 만일 공정이 관리 상태에 있고 공정 개선에 의한 품질 향상의 결과라면 관리한계선을 다시 수정하여야 한다. 그러나 관리한계선의 계산이 틀렸거나, 인위적으로 측정치를 조작하였거나, 혹은 측정시스템의 구별력이 없는 경우에도 이런 현상이 발생할 수 있다는 것을 알아야 한다.

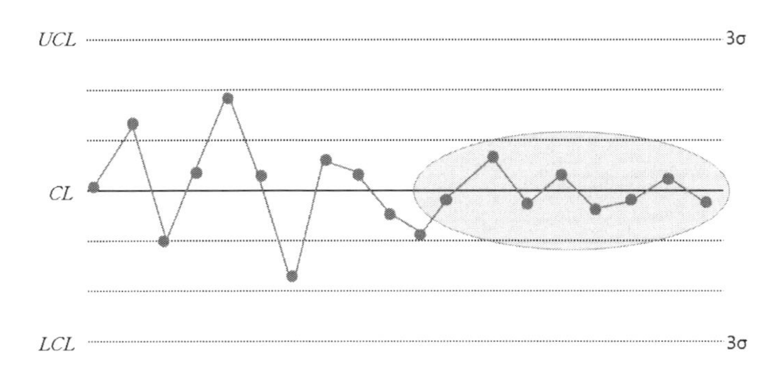

[그림 27]
런의 층화 현상

2.4 관리도의 종류

관리도는 다음 표와 같이 계량형 관리도와 계수형 관리도로 분류할 수 있다.

[표 8] **계량형 관리도의 종류**

관리도의 종류	데이터의 종류	적용 이론
$\bar{x}-R$(평균치 범위) 관리도	길이, 무게, 강도, 시간	정규분포
x(개개의 측정치) 관리도	화학성분, 압력	정규분포
$\tilde{x}-R$(중위수와 범위) 관리도	수율, 원단위	정규분포
$\bar{x}-\sigma$(평균치와 표준편차) 관리도	생산량, 강도	정규분포
Rs(인접한 두 측정치의 차) 관리도	순도, 화학성분, 전류, 전압	정규분포

[표 9] **계수형 관리도의 종류**

관리도의 종류	데이터의 종류	적용 이론
P(부적합품률) 관리도	제품의 부적합품률	이항분포
Pn(부적합품개수) 관리도	부적합품개수	이항분포
C(부적합수) 관리도	부적합수(크기가 같을 때)	프와송 분포
U(단위당 부적합수) 관리도	단위당 부적합수(단위가 다를 때)	프와송 분포

계량형 관리도(Control chart for variables)란 계량치의 품질특성에 관한 관리도로 온도, 압력, 압축강도, 인장강도, 무게 등이 대표적인 계량치이다. 계수치와 비교할 때, 계량치는 측정 대상이 되는 품질특성에 대하여 양적 표현을 하게 되므로 보다 많은 정보를 얻을 수 있는 장점이 있다. 그러나 측정기기나 장비의 구입비나 유지비가 많이 들고, 측정에 필요한 인력과 시간이 많이 요구되는 것이 단점이다. 따라서 일반적으로 계량형 관리도에서 취급되는 시료의 크기는 계수형 관리도에서 요구하는 시료의 크기보다 매우 작다.

계량형 관리도에는 다음과 같은 것들이 알려져 있다. 즉, 평균값($\bar{x}$)의 관리도, 범위(R)의 관리도, 개개의 측정값(x)의 관리도, 인접한 두 측정값의 차(R_s)의 관리도, 중앙값($\tilde{x}$)의 관리도, 표준편차(σ)의 관리도, 최댓값-최솟값($L-S$)의 관리도, Cusum 관리도, 가중평균관리도 등이다. 그러나 실무에서 많이 사용되는 계량형 관리도는 두 개의 관리도를 합쳐서 만든 $\bar{x}-R$ 관리도, $x-R_s$ 관리도 및 $\tilde{x}-R$ 관리도가 많이 사용된다.

계수형 관리도(Control charts for attributes)란 제품 품질을 계량치로 측정할 수 없는 경우, 제품의 품질을 부적합개수, 부적합품률, 균열개수 등과 같이 계수치 데이터로 품질특성 나타낸 관리도이다.

또한 계량치 데이터라도 층별하여 계수적으로 해석할 경우 계수치를 병용하여 계수형 관리도를 사용할 수도 있다. 계량치의 경우에는 보통 모집단의 분포가 정규분포를 이루는 것으로 가정하지만, 계량치의 경우에는 일반적으로 이항분포 또는 포아송분포라고 가정한다.

계수형 관리도로 많이 사용되는 것은 P(부적합품률)관리도, Pn(부적합품개수)관리도, C(부적합 수)관리도 및 U(단위당 부적합 수)관리도이다.

2.4.1 $\bar{x}-R$ 관리도

계량치의 관리도 중에서 가장 중요한 것이 $\bar{x}-R$ 관리도로서 공정의 상태에 대해 가장 많은 정보를 얻게 되므로 널리 사용된다. $\bar{x}$ 관리도는 주로 분포의 평균치 변화를 나타내고, R 관리도는 분포의 폭, 즉 공정의 산포변화를 보기 위해 사용되지만 보통은 이 두 관리도를 함께 붙여서 쓴다. 품질특성이 정규분포를 하게 되면, 이 분포는 평균값과 표준편차에 의하여 완전히 결정되므로, 평균값과 표준편차를 동시에 관리하게 되면 결국은 품질특성의 분포를 관리하는 결과가 된다. 주 관리 대상으로 길이, 무게, 시간, 성분과 같이 데이터가 연속적인 계량치인 경우에 사용된다. $\bar{x}-R$ 관리도의 작성 방법은 다음과 같다.

1) 데이터를 수집한다.

측정치 개수를 3~5 정도에서 시료를 약 20개 안팎으로 채취하여 측정한다.

2) 측정 시간순 혹은 로트순으로 나열한다.

3) 데이터의 군 구분을 한다.

군의 크기(샘플의 크기)를 n으로 군의 수는 k로 표시한다. 군 구분에 대해서는 군 내에 이질의 데이터를 포함하지 않도록 보통 시간순, 측정순에 따라 n을 3~5개가 되도록 한다.

4) 데이터시트의 준비

얻어진 데이터는 표 10과 같은 데이터 시트에 기입한다. 데이터 시트에는 품명, 시료의 채취 방법, 측정 방법 등 후에 원인을 규명할 때 필요하다고 생각되는 사항을 기록해두어야 한다.

5) 평균치 $\overline{x}$의 계산

평균값은 $\overline{x} = \frac{\sum x_i}{n}$에 의하여 구한다. 단, 측정값 x의 단위보다 한 자리 더 취하는 것이 좋다.

6) 범위 R의 계산

$R = x_{\max} - x_{\min}$에 의하여 구한다.

[표 10] **예시표($\overline{\chi}-R$ 관리도의 자료표(date sheet))**

명칭		현장소음	현장명	00신축공사	공사 기간	
품질특성		소음	측정 단위	데시벨	작업 인원	
규격	최대	65	측정기 명	휴대용 소음계	검사원 성명인	
	최소	–				

측정 월	측정 일	위치별 측정치					계 Σx	평균치 $\bar{x}$	범위R	적요
		x_1	x_2	x_3	x_4	x_5				
2018년 11월	1	64.1	62.4	64.2	63.4	63.1	317.2	63.44	1.8	
	2	66.4	65.1	64.8	65.0	65.9	327.2	65.44	1.6	
	3	64.8	66.1	65.8	63.4	65.6	325.7	65.14	2.7	
	4	63.7	64.8	63.2	63.2	63.3	318.2	63.64	1.6	
	5	64.1	64.1	63.7	63.8	64.5	320.2	64.04	0.8	
	6	64.4	64.2	64.4	63.1	64.6	320.7	64.14	1.5	
	7	64.3	64.4	63.4	63.6	64.1	319.8	63.96	1.0	
	8	64.7	64.7	64.8	62.4	65.6	322.2	64.44	3.2	
	9	64.8	64.2	64.5	62.4	63.9	319.8	63.96	2.4	
	10	64.6	63.9	64.7	64.4	65.4	323.0	64.60	1.5	
	11	61.3	63.2	62.8	62.5	62.8	312.6	62.52	1.9	
	12	64.6	64.4	64.5	64.5	64.9	322.9	64.58	0.5	
	13	65.2	64.0	64.9	65.2	65.0	324.3	64.86	1.2	
	14	65.0	65.5	65.8	65.0	65.3	326.6	65.32	0.8	
	15	64.1	64.2	64.2	65.2	64.1	321.8	64.36	1.1	
	16	66.4	64.0	64.7	64.1	65.3	324.5	64.90	2.4	
							계	165.34	26.0	

$\bar{x}$ 관리도

$UCL = \bar{\bar{x}} + A_2\bar{R}$

$= 64.33 + (0.58)(1.63) = 65.28$

$LCL = \bar{\bar{x}} - A_2\bar{R}$

$= 64.33 - (0.58)(1.63) = 63.38$

R 관리도

$UCL = D_4\bar{R}$

$= (2.11)(1.63) = 3.44$

$LCL = D_3\bar{R} = 0.0$

(관리하한선은 없다.)

$\bar{\bar{x}} = 64.33,\ \bar{R} = 1.63$

n	A_2	D_4	D_3
4	0.73	2.28	0.0
5	0.58	2.11	0.0

* 비고 : 위의 관리도를 판단해볼 때, 측정일 2일, 3일, 14일에서는 $\bar{x}$의 값이 관리한계선을 벗어나고 있으므로, 그 원인을 규명하여 조치를 취해야 한다. 그러나 R 관리도는 아무 이상이 없으므로 산포는 관리 상태에 있다고 판정할 수 있다.

7) 총평균 $\bar{\bar{x}}$의 계산

$\bar{\bar{x}} = \dfrac{\Sigma\bar{x}}{k}$에 의하여 구한다. 총평균 $\bar{\bar{x}} = \dfrac{\Sigma\bar{x}}{k}$도 측정값 x의 단위보다 한 자리 아래까지 취하는 것이 좋다.

8) 범위의 평균치 $\overline{R}$의 계산

$\overline{R} = \frac{\sum R}{k}$ 에 의하여 구한다.

9) 관리한계의 계산

① $\overline{x}$ 관리도

- CL= $\overline{\overline{x}}$
- UCL= $\overline{\overline{x}} + A_2\overline{R}$
- LCL= $\overline{\overline{x}} - A_2\overline{R}$

② R관리도

- CL= $\overline{R}$
- UCL= $D_4\overline{R}$
- LCL= $D_3\overline{R}$

* A_2, D_3, D_4는 n에 따라 정해지는 정수이다.

10) 관리한계선 및 점의 기입

관리도 용지를 준비하고, $\overline{x} - R$ 관리도의 CL, UCL, LCL을 그리고, 또한 각 시료군의 $\overline{x}$와 R을 기입한다. 관리한계선을 벗어나는 점은 잘 구별될 수 있도록 표시를 한다(예: ◉, ◎).

11) 관리 상태의 판정

특성치가 중심선을 중심으로 2σ 한계선 내에 랜덤하게 배열하고 있는 경우 관리 상태에 있다고 해도 좋다. 특성치가 중심선의 상하에 교대로 랜덤으로 분포하지 않고 중심선의 같은 측에 점이 연속해서 나타나든지, 점이 위 또는 아래로 연속적으로 이동해가도록 된 경우에는 주의가 필요하다. 관리 상태의 판정은 $\bar{x}$관리도와 R 관리도를 별도로 판정을 내린다.

다음 그림 28은 압축강도 관리도의 일예이다.

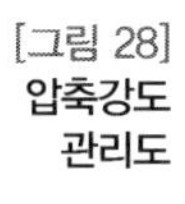
[그림 28]
압축강도 관리도

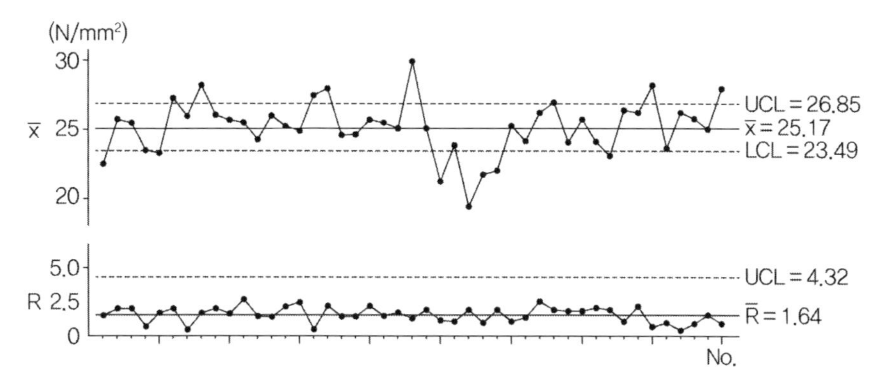

2.4.2 x 관리도(개개의 측정 값)

1) 개요

x 관리도는 제품의 품질을 관리할 목적으로 개개의 측정값을 하나하나의 점으로 기입하는 관리도를 말하며, x 관리도에서는 한 개의 측정값이 얻어지면 곧 관리도에 점으로 기록되므로, 측정값으로부터 공정의 안전 상태의 판정 및 조치까지 시간적인 지연이 없는 것이 특징이다.

보통 공정의 평균의 변화를 탐지하는 데는 x 관리도보다 $\bar{x}$ 관리도가 효율적이나 $\bar{x}$ 관리도를 쓰기 어려운 경우에는 x 관리도를 사용하여야 한다.

x 관리도는 실제로 다음과 같이 두 경우로 나누어 다른 종류의 관리도와 병용하여 사용되고 있다.

① 합리적인 군으로 나눌 수 있는 경우

$\bar{x}-R$ 관리도가 사용될 때, 확인하여 넘기기 어려운 원인을 재빨리 발견하

여 제거하려고 할 경우에는 x 관리도를 사용한다. 이 경우에 $\overline{x}-R$ 관리도를 병용하여 흔히 사용한다. 이를 $x-\overline{x}-R$ 관리도라고 부른다.

② 합리적인 군으로 나눌 수 없는 경우

이 경우에는 $\overline{x}-R$ 관리도를 사용할 수 없는 경우로 x 관리도만이 사용될 수 있으며 다음과 같은 때이다.

- 1로트 또는 1배치(batch)로부터 1개의 측정값밖에 얻을 수 없을 때
- 측정값을 얻는 데 시간이나 경비가 많이 들어 정해진 공정으로부터 현실적으로 1개의 측정값밖에 얻을 수 없을 때 이 경우에는 x 관리도와 병행하여 R_s(인접한 두 측정치의 차) 관리도를 흔히 같이 사용하는데 이를 $x-R_s$ 관리도라고 부른다.

2) $x-R_s$ 관리도

- 일련의 개개의 수치는 가급적 20개 이상이 있어야 한다.
- 첫 번째 수와 두 번째 수치의 차를 계산한다.

  $R_s=|x_i-x_{i+1}|$
- 원데이터(x)의 평균치($\overline{x}$)를 구한다.
- 범위의 평균을 구한다($\overline{R_s}$).
- $\overline{R_s}$에 2.66을 곱하여 $\overline{x}$에 ±하여 관리한계를 구한다.

- 중심선 $\bar{x}$
- 관리상한 (UCL) = $\bar{x}+2.66\overline{R_s}$
- 관리하한 (UCL) = $\bar{x}-2.66\overline{R_s}$
- 여기서 2.66은 n = 2일 때의 E_2의 값임
- R_s의 계산

서로 인접한 두 측정치의 차 R_s(이동범위)를 계산한다.

$R_{si}=|(i$번째 측정치$)-(i+1$번째의 측정치$)|$

R_s의 평균치 $\overline{R_s}$를 계산한다.

$$\overline{R_s}=\frac{R_{s1}+R_{s2}+\cdots+R_{s(k-1)}}{k-1}$$

예제 1

표 11은 S레미콘 공장의 호칭강도 30MPa의 데이터를 나타낸 것이다. 이 공장에서는 KS F 4009에 근거하여 출하된 콘크리트의 검사를 행하는데, 로트의 크기가 450m^{3}로 하고 동일강도의 콘크리트량 150m^{3}마다 1회 시험을 하고 3회 시험결과를 로트의 판정치로 간주하고 있다. 표 3.5의 총 45회, 15 로트의 시험결과를 KS F 4009의 강도 판정 기준으로 검토하면 각 시험결과의 호칭강도의 85%(30 × 0.85 = 25.5MPa) 이상이 되고, 각 로트의 평균치도 호칭강도 이상이 되어야 합격으로 간주한다. 로트의 강도 조사 목적은 로트의 적합을 판정하는 것인데, 출하 지점에서 품질의 변동을 통계적으로 파악하기 위하여 표 11의 데이터를 토대로 x 관리도를 작성하시오.

해설

[절차 1] 데이터를 수집한다.
[절차 2] 이동범위 Rs를 계산한다.
이동범위 Rs를 계산한다.

R_{si} = |(제i-1번째의 측정치)-(제i번째 측정치)|

- 첫 번째의 측정치(3월 2일)

$\bar{x}$ = 31.9, R_s = 없음

- 두 번째의 측정치(3/3)

$\overline{x_2}$ = 35.1, $\overline{x_1}$ = 31.9, R_s = |35.1-31.9| = 3.2

- 세 번째의 측정치(3/5)

$\overline{x_3}$ = 34.5, $\overline{x_2}$ = 35.1, R_s = |34.5-35.1| = 0.6

⋮

⋮

- 45번 째 측정치(5월 9일)

$\overline{x_{45}}$ = 37.3, $\overline{x_{44}}$ = 34.3, R_s = |37.3-24.3| = 3.0

앞의 순서를 통해 얻어진 x관리도용 데이터 세트는 다음 표 11에 제시되어 있다.

[표 11] S 레미콘 공장의 출하콘크리트의 강도시험 결과치

로트 번호	채취 일자		시험체			1회 시험치		로트	
			No.1	No.2	No.3	x	판정	평균치	판정
1	3월 2일	1회	32.3	31.0	32.5	31.9	OK	33.8	OK
		2회	35.4	34.0	35.9	35.1	OK		
		3회	33.3	35.2	35.0	34.5	OK		
2	3월 7일	1회	32.8	33.1	32.3	32.7	OK	34.0	OK
		2회	33.1	33.2	31.4	32.6	OK		
		3회	35.6	36.7	37.6	36.6	OK		
3	3월 14일	1회	35.5	35.1	35	35.2	OK	36.0	OK
		2회	38.4	36.6	37.6	37.5	OK		
		3회	36.4	34.8	34.5	35.2	OK		
4	3월 18일	1회	34.1	35.1	35.8	35.0	OK	34.4	OK
		2회	36.3	34.4	33.5	34.7	OK		
		3회	34.1	33.8	32.7	33.5	OK		
5	3월 22일	1회	34.5	35.9	35.4	35.3	OK	34.6	OK
		2회	34.2	33.6	35.8	34.5	OK		
		3회	32.8	35.3	34.2	34.1	OK		
6	3월 28일	1회	36.7	37.1	36.5	36.8	OK	36.0	OK
		2회	38.1	35.8	37.9	37.3	OK		
		3회	34.3	34.4	32.9	33.9	OK		
7	4월 3일	1회	33.7	34.7	33.2	33.9	OK	34.5	OK
		2회	33.9	35.1	36.1	35.0	OK		
		3회	35.1	33.8	35.3	34.7	OK		
8	4월 7일	1회	34.7	35.1	33.3	34.4	OK	36.0	OK
		2회	39.7	39.5	38.3	39.2	OK		
		3회	34.3	35.5	33.6	34.5	OK		
9	4월 12일	1회	30.5	31.1	29.8	30.5	OK	30.8	OK
		2회	33.9	32.7	33.4	33.3	OK		
		3회	28.9	29.4	27.4	28.6	OK		
10	4월 15일	1회	30.6	31.5	30.9	31.0	OK	32.3	OK
		2회	32.1	31.7	30.2	31.3	OK		
		3회	34.9	34.1	34.7	34.6	OK		
11	4월 19일	1회	32.8	33.3	34.2	33.4	OK	35.1	OK
		2회	36.5	36.5	33.8	35.6	OK		
		3회	36.1	37.4	35.3	36.3	OK		
12	4월 25일	1회	34.5	33.2	32.6	33.4	OK	34.2	OK
		2회	33.9	35.8	35.5	35.1	OK		
		3회	34.2	34.3	33.5	34.0	OK		
13	5월 2일	1회	33.6	31.9	32.4	32.6	OK	34.6	OK
		2회	36.2	35.1	35.7	35.7	OK		
		3회	36.5	34.2	35.5	35.4	OK		
14	5월 8일	1회	37.7	38.0	37.2	37.6	OK	35.4	OK
		2회	32.6	33.5	33.0	33.0	OK		
		3회	35.8	35.5	35.3	35.5	OK		
15	5월 9일	1회	33.9	35.4	35.8	35.0	OK	35.5	OK
		2회	34.4	35.1	33.4	34.3	OK		
		3회	36.7	37.4	37.7	37.3	OK		

[절차 3] 관리선을 계산한다.

[중심선]

- x 관리도

$$\bar{x}=\frac{\sum x}{k}=\frac{1551.7}{45}=34.48$$

- R_s 관리도

[표 12] S 레미콘 공장에서 출하된 콘크리트 강도의 x−R_s 관리도 데이터

월 일	No	x	R_s	월 일	No	x	R_s	월 일	No	x	R_s
	1회	31.9	–		1회	36.8	2.7		1회	33.4	1.1
3월 2일	2회	35.1	3.2	3월 28일	2회	37.3	0.5	4월 19일	2회	35.6	2.2
	3회	34.5	0.6		3회	33.9	3.4		3회	36.3	0.7
	1회	32.7	1.8		1회	33.9	0		1회	33.4	2.8
3월 7일	2회	32.6	0.2	4월 3일	2회	35.0	1.2	4월 25일	2회	35.1	1.6
	3회	36.6	4.1		3회	34.7	0.3		3회	34.0	1.1
	1회	35.2	1.4		1회	34.4	0.4		1회	32.6	1.4
3월 14일	2회	37.5	2.3	4월 7일	2회	39.2	4.8	5월 2일	2회	35.7	3.0
	3회	35.2	2.3		3회	34.5	4.7		3회	35.4	0.3
	1회	35.0	0.2		1회	30.5	4.0		1회	37.6	2.2
3월 18일	2회	34.7	0.3	4월 12일	2회	33.3	2.9	5월 8일	2회	33.0	4.6
	3회	33.5	1.2		3회	28.6	4.8		3회	35.5	2.5
	1회	35.3	1.7		1회	31.0	2.4		1회	35.0	0.5
3월 22일	2회	34.5	0.7	4월 15일	2회	31.3	0.3	5월 9일	2회	34.3	0.7
	3회	34.1	0.4		3회	34.6	3.2		3회	37.3	3.0

$$\overline{R_s}=\frac{\sum R_s}{k-1}=\frac{83.7}{45-1}=1.90$$

[관리한계]

① x 관리도

- 상한 관리한계 : $UCL=\bar{x}+E_2\overline{R_s}=34.48+2.66\times 1.91=39.56$
- 하한 관리한계 : $LCL=\bar{x}-E_2\overline{R_s}=34.48+2.66\times 1.91=29.40$

② R_s 관리도

- 상한 관리한계 : $UCL=D_4\overline{R_s}=3.27\times 1.90=6.21$
- 하한 관리한계 : LCL = 고려하지 않는다.

[절차 4] 관리도를 작성한다.

- 종축에 x와 R_s를 기입하고 횡축에 측정번호를 기입한다.
- 관리도 용지에 측정치 x와 [절차 2]에 의해서 구한 R_s를 기입하고 점을 실선으로 연결한다.
- 다음으로 [절차 3]을 통해 구한 관리선을 기입한다.

[절차 5] 관리 상태의 판단 및 공정 관리에 응용

관리도가 작성된 후 관리 상태에 있는가, 아닌가의 판단을 수행하고 공정 관리에 활용하도록 한다. 기본적인 관리 방법은 $\overline{x}-R$ 관리도와 동일하게 수행한다.

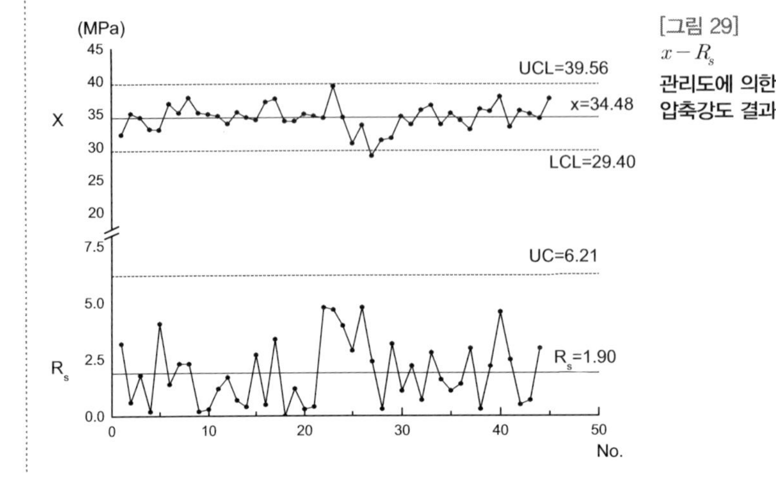

[그림 29] $x-R_s$ **관리도에 의한 압축강도 결과**

① 합리적인 군으로 나눌 수 있는 경우

x 관리도의 관리선을 다음 공식에 의하여 구한다.

- 중심선= $\overline{\overline{x}}$
- 관리상한(UCL)= $\overline{\overline{x}}+E_2\overline{R}_s$
- 관리하한(LCL)= $\overline{\overline{x}}-E_2\overline{R}_s$

여기서, $\overline{\overline{x}}=\dfrac{\Sigma\overline{x}}{k}$

$\overline{R}=\dfrac{R_1+R_2+\cdots+R_k}{k}$

E_2 : 시료의 크기 n에 의하여 정해지는 계수이다.

* 일반적으로 공정의 산포가 일정할 때는 x 관리도보다 $\overline{x}$ 관리도 쪽이 공정평균의 변화를 찾아내는 능력이 높다. 한편 가운데서 1점만이 극단으로 변화할 때와 같은 경우에는 x관리도가 공정의 변화를 조속히 포착하

는 데 도움이 된다.

② 수리

3σ 한계는 $E(x) \pm 3D(x)$이므로 통계량으로서 x를 대입하면,

UCL, LCL : $E(x) \pm 3D(x) = \bar{x} \pm 3\sigma(x) = \bar{x} \pm 3\frac{\overline{R}}{d_2} = \bar{x} \pm E_2 \overline{R}$

여기서, $E_2 = \frac{3}{d_2} = \sqrt{n}A_2$이다.

2.4.3 $\tilde{x} - R$ 관리도

1) 관리 대상의 범위

이 관리도는 평균치 $\bar{x}$를 계산하는 시간과 노력을 줄이기 위하여 $\bar{x}$ 대신에 $\tilde{x}$(메디안, 중앙치)을 사용한다. 여기서 $\tilde{x}$는 엑스 틸드(tilde)라고도 한다.

2) 공식

① $\tilde{x}$ 관리의 중심선

$$\frac{\Sigma \tilde{x}_i}{k}$$

여기서, $\Sigma\tilde{x}$ 메디안의 합, k : 시료의 수

② R 관리도의 중심선

$$\overline{R} = \frac{\Sigma R}{k}$$

여기서, $\Sigma \frac{R}{k}$: 범위의 합, k : 시료군의 수

③ $\tilde{x}$ 관리도의 관리한계는 다음공식에 따라 계산한다.

- 관리상한(UCL) = $\bar{\tilde{x}} + m_3 A_2 \bar{R}$
- 관리하한(LCL) = $\bar{\tilde{x}} - m_3 A_2 \bar{R}$

여기서 $m_3 A_2$는 시료의 크기 n에 따라 정해지는 값이다. R 관리도의 관리한계는 다음 공식에 따라 계산한다.

- 관리상한 UCL = $D_4 \bar{R}$
- 관리하한 LCL = $D_3 \bar{R}$

여기서 D_3, D_4는 시료의 크기 n에 따라 정해지는 값이다.
특히, n이 6 이하인 경우에는 R 관리도의 LCL은 생각하지 않는다.

3) 수리

$\tilde{x}$ 관리도의 관리한계선을 구하는 방법은 여러 가지가 있으나 일반적으로 사용되고 있는 것은 다음과 같다.

UCL, LCL : $\bar{\tilde{x}} \pm m_3 A_2 \bar{R}$

chapter 03

건설사업의 품질 관리

3.1 건설 공사의 주요 관리 분야

3.1.1 품질 관리

공기, 원가, 안전 및 환경 관리 조건을 만족시키면서 최종적으로 발주자와 시공자의 요구를 충족시키는 품질로 구조물을 구축해야 한다.

건축 품질 관리의 분류로서 건축주(발주처)의 요구를 파악하는 기획의 품질 관리, 입지 조건, 비용, 공사 기간의 산정 등의 설계의 품질 관리, 설계도서에 바탕을 두고 공사를 관리하는 시공의 품질 관리 마지막으로 유지 관리에 관한 애프터서비스의 품질 관리로 나누어볼 수 있겠다.

품질 관리를 활성화할 수 있는 방안으로는 기업체질 개선, 품질 관리적인 사고방식 고취, 건축물 전반에 대한 품질 관리의 확대, QC 분임조의 활동 및 품질 관리 기법의 활용이 있다.

[그림 31]
관리의 3대 목표

3.1.2 원가 관리

건설사업에서 원가 관리는 수주경쟁에서의 우위 및 채산성 확보 측면에서 다른 부문의 관리보다 한층 더 중요시되고 있다. 건설원가는 재료비, 노무비, 외주비, 경비로 구성되어 있으며 이를 건설원가의 4요소라 한다. 효과적인 원가 관리를 위해서는 과거 실적의 수집과 보고가 아닌, 해당 프로젝트에 대한 원가 목표 설정, 목표 달성을 위한 원가 계획, 그리고 완료 시점까지의 원가 예측을 통하여 필요한 개선 계획과 조치를 취하는 관리 활동이 요구된다. 정확화고 현실적인 원가 계획의 수립, 집행과 원가의 지속적인 비교·검토, 적절한 시기에 정확한 원가 산정 등이 필요하다.

원가 절감 방안으로 기획 단계에서는 표준원가 작성 및 LCC(Life Cycle Cost)를 검토하여 생산비와 유지 관리비 등을 고려한 최적비용을 산출하고, 설계 단계에서는 건축주의 요구에 합당하게 설계하여 부위별 표준단가를 적용하며, 설계자의 Cost 의식에 따른 Cost planning을 적절히 하여 부위별 합성단가를 자료화한다. 마지막으로 시공 단계에서는 품질을 확보한 바탕 위에 원가 절감, 실질적인 이익 확대를 위한 비용 절감 및 신기술·신공법을 도입함에 따른 관리기술을 향상을 유도하여야 한다.

3.1.3 공정 관리

공정 관리란 사업 관리(Project Management : PM) 관점에서 정해진 사업 공기 내에 품질을 확보하며, 계획된 예산을 초과하지 않도록 사업과 관련된 모든 업무를 논리적이며 체계적으로 관리하는 활동을 말한다. 공정 관리 목적은 공정의 합리화 추구로 공기 단축, 일정 계획이나 작업 할당의 적정화로 가동률 향상, 작업 일정, 순서 및 계획의 합리화로 공정 지연 방지, 시공 방법 개선으로 작업능률 향상, 공정 관리 적정화로 원가 절감 등을 추구해야 된다.

3.1.4 기타

품질 관리상 목표가 되는 관리는 공정 관리, 원가 관리 및 품질 관리로 이고, 수단이 되는 관리는 자원 관리, 설비 관리, 자금 관리 및 인력 관리로 구분하여 정리할 수 있다.

3.2 건설 공사의 관리 대상 및 목표

3.2.1 관리 대상(6M)

건설 공사 시 관리 대상은 흔히 6M으로 표시하는데, 여기서 6M은 Material(재료, 자재물자 또는 자원), Man(인력, 인원 또는 노무), Machine(기계, 장비설비, 시설 또는 기술), Method(공법, 기술), Money(자금, 원가), Memory(기억)을 말하는 것으로 실무 현장 관리 시 주요 관리 대상이다.

3.2.2 목표(5R)

건설 공사 시 목표가 되는 5R은 Right product(적절한 생산물), Right quality(적절한 품질 관리), Right quantity(적절한 수량), Right time(적절한 공정 관리), Right price(적정한 가격, 원가 관리)를 말하는 것으로 실무현장 관리 시 목표가 된다.

3.3 건설업 품질 관리의 특수성

3.3.1 건축 생산의 특수성

건설업은 일반 제조업과 달리 일품수주 형태의 조립업이며, 건축

설계 내용과 시공 조건이 상이한 경우가 많다.

3.3.2 품질 관리의 대한 인식 부족

품질 관리는 품질 관리 담당부서만 하면 된다는 고정관념, 시대가 변화하며 새로운 요구 조건에 따른 압박감과 반발, 데이터에 의한 관리보다 경험, 육감, 잘못된 현장관습 등이 올바른 품질 관리에 대한 인식을 저해한다.

3.3.3 다양한 환경적 영향

해당 건설 현장 시공 위치와 입지 조건이 다를 경우가 많으며, 사회적·환경적, 즉 5M(재료, 인력, 장비, 공법, 자금)의 품질 특성 및 관리의 다양성이 존재한다.

3.3.4 품질의 평가 기준

건설업은 품질과 원가와의 관계 정립이 구체적이 못하며, 건축주(발주처)별 품질에 대한 폭 넓은 견해차가 존재하나, 차별화된 시방서는 부재하다.

3.3.5 품질 관리 시스템의 부재

프로젝트 발굴 및 기획 단계에 설정된 품질특성 및 설계, 시공 단계별 또는 각 단계별로 품질에 대한 연계가 이루어지지 않으며, 공종별로 시공업체(협력업체)가 구분되어 협조가 어렵다. 재료 사용의 선정에서 시공까지 분업화로 분담하여 책임소재가 불명확하고, 품질 관리팀 및 품질 관리 책임자의 독립성이나 책임과 권한이 설정되어 있지 않는 경우가 많다.

3.4 건설 공사 품질 관리 활성화 방안

3.4.1 기업의 체질 개선

각 프로젝트별로 올바른 시방서를 작성하고, 원칙적인 시공 방법을 제시하고, 결과 중시의 품질 관리가 아닌 과정 중시(공사계획서에 따른 사전 준비, 시공 중 품질 관리 등)로 개선할 필요가 있다.

3.4.2 품질 경영 도입

각 프로젝트를 기획, 설계, 시공 및 유지 관리 등의 전 단계의 품질 관리 추구하고, 품질 계획, 개선, 관리, 보증 등 총체적인 활동을 추구해야 된다.

3.4.3 품질 관리 사고방식 고취

건설실무현장에서 공사 완료 후 검사만으로 부적합품 예방은 어려우므로, 원재료 및 시공 전 단계에서의 품질 관리가 필요하며, 또한, 전 작업과정에서의 품질 관리를 실시하여 품질 관리적 사고방식을 고취할 수 있다.

3.4.4 조직 체계 구성

각 부서 간 협력에 의해 문제를 개선하고 최고 경영자에서부터 사원에 이르기까지 QC에 관여 및 수행을 전사적 노력해야 된다.

3.4.5 과학적 관리기법 도입

경제적이고 사용기능이 좋을수록 사용자 입장에서는 만족도가 향상된다. 따라서, VE(Value Engineering), LCC(Life Cycle Cost) 기법의 도입이나 Software 기술 및 Cost Down 요소를 추진하여 과학적이고 합리적인 관리기법을 사용하여 차별화된 가치혁신을 추구해야 된다.

3.4.6 교육훈련 강화

새로운 품질 관리 기법 등에 대한 지속적인 교육훈련으로 품질 관리의 중요성과 방법을 훈련하여 혁신적인 제조원가와 품질 수준에 큰 변화를 추구할 수 있다.

3.5 올바른 건설 품질 관리

올바른 건설 품질 관리가 된다면, 건축물의 품질이 향상됨으로써 건축주(발주처)에 신뢰성을 높일 수 있고, 하자 및 부적합품 개수를 감소시켜, 노무 감소에 따른 비용 절감이 가능하며, 품질 향상을 위한 창조적인 신기술, 신공법 등의 적용으로 기업의 수익력, 경쟁력 증진 등을 극대화할 수 있다. 따라서 건설업에 가장 적합한 품질 관리 시스템을 연구 , 개발하는 지속적인 노력이 필요하다.

chapter 04

건설기술진흥법상에 의한 건설 공사의 품질 관리

4.1 현장품질시험

국내에서는 건설 공사를 시행 시 품질 확보를 위해 건설업자와 주택건설등록업자는 품질 관리 계획 또는 품질시험 계획에 따라 품질시험 및 검사를 하도록 정하고 있다. 또한, 품질시험 및 검사는 건설공사 현장에서 하여야 하며, 구조물의 안전에 중요한 영향을 미치는 시험의 품질시험을 실시할 때에는 발주자가 확인해야 한다.

품질시험 계획은 건설업자 또는 주택건설등록업자가 공사감독자 또는 건설사업 관리자의 확인을 받아 공사 착공 전 발주자에게 제출해야 하며, 발주자 또는 행정기관의 장은 품질 관리 계획 또는 품질시험 계획의 내용을 검토하고, 보안하여야 할 사항이 있는 경우 보완을 요구할 수 있으며, 품질시험 계획에 따라 품질 관리 업무를 적정하게 수행하고 있는지 여부를 확인해야 한다.

4.1.1 품질시험 및 검사기준

건설 공사에서는 품질 확보를 위해 관련 시험의 종류, 대상, 및 시험규모 등을 정하고 있다. 품질시험 및 검사는 한국산업표준(KS), 법규, 해당코드, 규격, 시방서, 작업지침서, 도면 또는 국토교통부장관이 정하여 고시하는 건설 공사 품질검사기준에 준하여 실시하고 있다.

건설 공사에 사용되는 모든 자재, 공정, 제품은 품질시험 및 검사 또는 다른 방법으로 검증될 때까지 사용되지 않도록 관리되어야 한다.

4.1.2 품질시험 실시 대상공사의 공사범위

품질시험을 실시하는 대상공사의 범위는 먼저, 총공사비가 5억 원 이상인 토목공사와 연면적이 661m^2 이상인 건축물의 건축공사 마지막으로 총공사비 2억 원 이상인 전문공사이다.

4.1.3 품질시험의 종류

1) 선정시험

- 선정시험은 설계 및 시공을 위하여 필요한 토질조사 시험, 유기물 함량시험, 골재원시험 및 기타 사전조사를 위한 시험이다.
- 적용 범위로 먼저 재료의 선정은 사용철근, 시멘트, 골재 및 기타 구조채, 수장재 등의 재료의 선정, 콘크리트 배합비 결정 등이 있다.
- 기초기반 및 토질조사는 보링테스트, 토질시험, 평판재하시험, 기초파일 지내력시험 등 시공과 적정시공법 선정해야 한다.
- 공사 규모가 현저하게 작거나 재료의 사용량이 적은 경우 또는 KS 표시품으로 인정을 받은 자재일 경우 시험을 생략할 수도 있다.

2) 관리시험

- 관리시험은 건설 공사에 사용되는 재료와 건설 공사의 설계도서 및 건설 공사의 품질 확보에 관한 관계 법령의 규정에 적합하게 이루어지고 있는지의 여부에 대한 시험이다.
- KS 표시품으로 인정을 받은 자재에 대해서는 생략이 가능하나, 시멘트, 철근, 강재 등 구조재료에 대해서는 시험을 실시하는 것이 바람직하다.
- 시험의 종류 중 콘크리트의 경우, 슬럼프, 공기량, 염화물량, 압축강도 등이 있고, 잔골재의 경우 입도분석시험, 0.08mm체 통과량 시험 등이 있다.
- 기성부분 및 준공시 검사조서에는 시험·검사·성과표를 첨부하여야 하고 검사시험시 성과표를 요구할 경우 제시하여야 한다.

3) 검사시험

- 검사시험은 건설 공사의 품질 확보 여부를 확인하기 위해 실시한 선정시험, 관리시험 등이 적정하게 실시되었는지를 확인하는 시험이다.
- 검사시험의 검정내용으로는 건설사업 관리자의 상근 상태 및 감리일지를 확인하고, 시공자 및 품잘관리자의 공사일지, 시험작업일지, 시험실 규모 및 시험기기의 보유 상태의 적정성, 반입 자재의 KS 규격품 사용 여부, 선정시험 및 관리시험이 실시 여부, 레미콘 송장, 콘크리트 공시체 양생조건, 압축강도 등을 확인한다.
- 검사방법은 먼저, 거래명세표 및 제작 사양서 등의 내용을 확인한다. 그리고 외형검사 및 시험은 외형상의 변형, 파손, 색상, 부식 여부 등을 육안으로 식별하며 제품의 특성에 따른 적합한 검사를 한다. 다량의 동일 자재나 공정은 랜덤 샘플링 방식으로 표본을 채취하여 검사를 시행하며, 공인기관 위탁 검사 및 시험은 제품의 특성상 공인기관의 검사가 요구될 경우 시행하며 관련 법규 및 기준에 적합한 방법으로 시행한다. 모든 검사 및 시험이 완료되면 해당 기록에 적부 판정을 명확히 표시하여야 하며, 합격된 자재, 공정 및 제품만 해당 공정에 투입되어야 한다.

4.2 현장 품질 관리 계획

4.2.1 품질 관리 계획 수립 대상

건설 공사 시 품질 관리 계획 수립 대상이 되는 공사는 먼저, 총공사비 500억 원 이상인 전면책임 감리대상 공사와 연면적 30,000m^2 이상인 다중이용 건축물 공사 마지막으로 공사계약에 품질 관리 계획 수립이 명시된 공사가 포함된다.

4.2.2 품질 관리 계획서 작성 내용

1) 건설 공사의 정보

① 품질 관리 계획서는 건설 공사 정보와 관련된 공사명, 공사금액, 공사기간, 공사 위치, 관련 주체, 공종 현황, 계약 특이사항 등 계약 일반 현황에 관한 요약 정보가 포함되어야 한다.

① 건설 공사에 적용되는 프로세스 간의 상호작용에 관한 관계도(프로세스, 맵 등)가 작성되어야 한다.

2) 현장 품질 방침 및 품질 목표 관리

① 시공자는 건설 공사의 목적과 발주자의 기대 및 요구에 적절한 현장 품질 방침 및 품질 목표를 정하고 문서화하여야 한다.

② 현장 품질 방침 및 품질 목표 관리 절차에는 다음의 사항이 포함되어야 한다.

- 현장조직 구성원의 현장 품질 방침과 품질 목표의 이해
- 품질 목표 추진 계획의 수립
  가. 품질 목표 달성을 위한 실행 담당자의 지정
  나. 품질 목표 달성을 위한 수단, 방법 및 일정 계획 수립 등
- 품질 목표 달성도의 주기적 확인 및 기타

3) 책임과 권한

① 시공자는 품질 관리 계획을 수립, 실행 및 유지할 수 있는 현장조직을 구성하여야 한다.

② 품질 관리 계획서에는 다음 사항을 포함하여 단위조직 및 공사 수행 구성원의 책임과 권한이 포함되어야 한다.

- 품질 관리, 공사, 공무, 관리 등 개별 단위조직에 대한 활동의 계획, 실행 및 유지, 모니터링
- 건설 공사에 영향을 미치는 발주자, 공사감독자 또는 건설사업 관리기술자, 하도급자 등 모든 조직과의 의사소통, 그리고 공사 관련자 간 공유영역에서 일어나는 문제의 해결

- 내부 및 외부 점검(감사, 품질 관리 적절성 확인 등) 결과
- 시정조치의 관리 및 기타

4) 문서 관리

① 시공자는 건설 공사 요구사항을 충족시키기 위하여 다음 문서를 관리하여야 한다.

- 품질 관리 계획서, 시공 계획서, 작업 절차서 등 내부 생성 문서
- 계약문서, 설계도서, 법규, 한국산업규격, 기술시방 등 외부출처 문서

② 문서를 관리하기 위한 절차에는 다음 사항이 포함되어야 한다.

- 문서의 작성, 검토, 승인, 등록, 배포, 개정 및 폐기 방법
- 문서의 유효본 검색 및 활용 가능성
- 필요한 경우 인터넷 등의 매체를 통한 전자문서 관리
- 보유하고 있는 구문서의 식별 및 기타

5) 기록 관리

① 시공자는 품질 관리 계획서 및 공사 목적물이 건설 공사 요구사항에 적합하다는 증거를 제공하기 위하여 기록을 작성하고 유지하여야 한다.

② 기록관리 절차에는 다음 사항이 포함되어야 한다.

- 법적 및 규제 요구사항을 충족하는 기록의 보유 기간 설정
- 기록의 식별, 보관, 보호, 처분, 기밀유지에 필요한 관리 방법
- 기록의 열람 및 검색 방법
- 해당되는 경우 인터넷 등의 매체를 통한 전자기록 관리
- 공사 관련자에게 제공하여야 할 기록의 종류, 시기 및 방법 및 기타

6) 자원 관리

① 시공자는 품질 관리 계획서 및 건설 공사 요구사항을 충족시키기 위하여 필요한 자원을 확보하여야 한다.

② 자원 관리 절차에는 다음 사항이 포함되어야 한다.

- 인적 자원의 관리

  가. 해당 업무 수행에 요구되는 자격 기준(학력, 교육훈련, 숙련도, 경험)의 결정 및 관리에 관한 사항

  나. 자격이 부여된 적격한 인원의 배치에 관한 사항 및 기타

- 물적 자원의 관리

  가. 건설 공사의 성공적인 수행을 위한 기반 구조와 작업 환경의 확보 및 유지 관리에 관한 사항

  나. 필요한 성능의 지속적인 유지 관리 사항 및 기타

7) 설계 관리(설계 책임이 있는 경우에만 적용)

① 시공자는 설계시공일괄입찰 등의 건설 공사에 대해 설계 책임이 있는 경우에 한정하여 설계를 관리하여야 한다.

② 설계 관리 절차에는 다음 사항이 포함되어야 한다.

- 설계 계획의 수립 및 관리
- 설계 입력 기준의 결정 및 문서화
- 설계 출력물의 산출
- 설계 검토의 수행
- 설계 검증의 수행
- 설계 타당성 확인의 수행 및 기타

8) 건설 공사 수행 준비

① 시공자는 계약문서, 설계도서, 관련된 법규정 및 규격 등에 따른 건설 공사 요구사항을 검토하고 건설 공사 수행을 준비하여야 한다.

② 건설 공사 수행 준비를 위한 절차에는 다음 사항이 포함되어야 한다.

- 건설 공사 요구사항의 검토

  가. 검토시기, 방법 및 책임자 지정

  나. 상충되거나 모호한 요구사항, 현장 실정과 부합되지 않는 요구사항의 해결 방법 및 기타

• 사전 준비

가. 건설 공사와 관련된 인허가 계획 및 이행

나. 건설 공사와 관련된 표지판 설치 계획 및 이행

다. 측량기준점 보호 및 확인 측량(필요한 경우에만 해당한다)

라. 가설시설물 설치 계획 및 이행

마. 현지 여건 조사 및 기타

9) 계약 변경 관리

① 시공자는 설계 변경을 포함한 계약 변경 사항을 관리하여야 한다.

② 계약 변경 관리 절차에는 다음 사항이 포함되어야 한다.

• 계약 변경의 요청 및 처리 방법

• 관련 문서의 수정과 관련 인원의 변경 요구사항 인식 방법 및 기타

10) 교육훈련 관리

① 시공자는 건설 공사를 수행하는 공사 참여자에 대하여 다음 사항을 포함한 교육훈련을 제공하여야 한다.

• 건설 공사 수행과 관련된 법령 및 품질 관리 계획의 요구사항 교육

• 작업 방법 및 절차, 검사 및 시험방법, 측량기법, 적용되는 신기술 또는 신공법 교육

• 품질 관리, 안전 관리 및 환경 관리 교육

• 견실시공 의식고취

• 그 밖에 필요한 사항

② 교육훈련 관리 절차에는 다음 사항이 포함되어야 한다.

• 교육훈련의 필요성 파악

• 자체교육, 위탁교육 등 교육훈련 계획의 수립

• 교육훈련의 실시(교육훈련 계획에 반영되지 않은 비정기 교육훈련을 포함한다)

• 교육훈련결과의 보고

• 교육훈련의 효과성 평가 및 기타

11) 의사소통 관리

① 시공자는 품질 관리 계획의 이행과 건설 공사 운영과 관련하여 다음 사항을 위한 내부 및 외부에서의 효과적인 의사소통 방안을 결정하여 실행하여야 한다.

- 건설 공사와 관련된 요구사항 및 정보의 교환
- 공사 관계자 간의 조직적 및 기술적 연계성
- 부적합 사항, 부적합 공사 등 당면한 문제의 해결
- 민원, 발주자, 공사감독자 또는 건설사업 관리기술자를 포함한 건설 공사 관계자의 불평 해결, 이에 대한 후속활동
- 비상시 대비 및 대응
- 공사 관련자 회의체 구성 및 기타

② 의사소통 관리 절차에는 다음 사항이 포함되어야 한다.

- 내부 및 외부 관계자로부터의 의견 접수 방법
- 의견의 검토방법 및 관련 조직에 전달하는 방법
- 결과의 문서화 및 회신 방법 및 기타

12) 기자재 구매 관리

① 시공자는 품질 요구사항을 충족하는 주요 기자재가 건설 공사 진행에 따라 적기에 투입되도록 관리하여야 한다.

② 기자재 구매 관리 절차에는 다음 사항이 포함되어야 한다.

- 기자재 수급 계획 수립
- 구매할 기자재명, 규격, 납기, 검사기준 및 관련 구매 정보를 포함한 발주서 작성 방법
- 발주 방법
- 구매한 기자재의 검사 및 시험, 또는 검증, 유지 관리 방법
- 부적합 기자재의 처리 방법
- 공장검사가 필요한 제작품의 경우, 검증 계획 및 출하 방법을 발주서에 명시 및 기타

13) 지급자재의 관리(지급자재가 있는 경우에만 적용)

① 시공자는 건설 공사에 투입되는 지급자재가 있는 경우 지급자재가 건설 공사 진행에 따라 적기에 투입되도록 관리하여야 한다.

② 지급자재 관리 절차에는 다음 사항이 포함되어야 한다.

- 지급자재의 파악 및 수급 계획
- 지급자재의 검사 및 시험 방법과 검증 결과 부적합한 경우 처리하기 위한 방법
- 보관 시 지급자재가 손상, 분실되거나 사용하기에 부적절한 것으로 판명된 경우, 보고를 포함한 지급자재의 처리 방법
- 지급자재의 입체 또는 대체 사용이 필요한 경우, 그 처리방법
- 잉여지급자재의 처리방법 및 기타

14) 하도급 관리

① 시공자는 공사 목적물의 건설 공사 요구사항에 대한 적합성에 영향을 미치는 공종을 하도급 처리할 경우, 하도급 공종의 품질을 보장하기 위한 관리를 하여야 한다.

② 하도급 공종을 관리하기 위한 절차에는 다음 사항이 포함되어야 한다.

- 하도급 계획 수립
- 하도급 계약 요구사항을 충족시킬 능력을 근거로 한 하도급업체의 평가 및 선정
- 하도급 계약과 관련된 요구사항의 결정(요구되는 절차, 사용되는 기자재와 장비에 관련된 보고 및 승인에 대한 사항, 인력의 자격 인정에 대한 사항 및 그 밖의 필요한 사항)
- 하도급 계약체결 방법
- 하도급자에게 제공하는 교육훈련, 품질 관련 절차서, 기자재, 정보 등 하도급자에 대한 지원업무 범위
- 하도급된 공종에 대한 검사 및 시험, 검증과 모니터링 방법
- 필요한 기록의 종류, 기록의 제출 시기 및 방법 및 기타

15) 공사 관리

① 시공자는 공사 목적물이 건설 공사 요구사항을 충족하도록 건설 공사 전반에 대해 관리하여야 한다.

② 건설 공사 관리 절차에는 다음 사항이 포함되어야 한다.

- 시공 관리(시공 계획을 포함한다)
- 필요한 경우 작업지침의 수립
- 공정 관리
- 공사 진도 관리(필요한 경우 부진공정 만회 대책 및 수정 공정 계획을 포함한다)
- 안전 관리 및 환경 관리
- 시공상세도, 준공도의 관리 및 기타

16) 중점 품질 관리

① 시공자는 품질 관리가 소홀해지기 쉽거나 하자 발생 빈도가 높으며, 부적합 공사로 판명될 경우 시정이 어렵고 많은 노력과 경비가 소요되는 공종 또는 부위에 대하여 중점 품질 관리를 하여야 한다.

② 중점 품질 관리 절차에는 다음 사항이 포함되어야 한다.

- 중점 품질 관리 대상의 결정
- 작업에 이용되는 장비에 대한 기준 및 승인
- 작업자에 대한 자격 기준 및 자격 인정
- 특정 방법, 절차의 사용 및 모니터링 및 기타

17) 식별 및 추적관리

① 시공자는 건설 공사 수행의 모든 단계에서 기자재와 공사 목적물에 대한 식별 및 추적이 가능하도록 관리하여야 한다.

② 식별 및 추적 관리 절차에는 다음 사항이 포함되어야 한다.

- 식별 대상의 결정 및 식별방법
- 추적 요구사항을 고려한 추적 대상의 파악, 추적의 범위, 정도 및 방법
- 기자재와 공사 목적물에 대한 검사 및 시험 상태의 식별 방법 및 기타

18) 기자재 및 공사 목적물의 보존 관리

① 시공자는 건설 공사를 수행할 때부터 공사 목적물을 인계할 때까지 기자재 및 공사 목적물이 분실, 손상 또는 열화되지 않도록 보존 관리하여야 한다.

② 기자재 및 공사 목적물 보존 관리 절차에는 다음 사항이 포함되어야 한다.

- 기자재의 운반 및 투입에 있어 필요한 특별한 취급방법
- 기자재의 고유한 특성의 유지를 위한 보관 장소 및 보관 방법, 반입과 반출 방법
- 공사 목적물의 인계 전까지 품질보호를 위한 방안
- 화재 및 보안 관리 사항 및 기타

19) 검사장비, 측정장비 및 시험장비의 관리

① 시공자는 공사 목적물이 건설 공사 요구사항에 적합하다는 것을 실증하기 위해 필요한 검사장비, 측정장비 및 시험장비를 관리하여야 한다.

② 검사장비, 측정장비 및 시험장비의 관리 절차에는 다음 사항이 포함되어야 한다.

- 필요한 검사 및 시험, 모니터링에 사용될 장비의 결정 및 확보에 관한 사항
- 규정된 주기에 따른 검교정 또는 사용 전 검교정 실시, 교정성적서의 검토와 사용 여부의 판단, 검교정 상태의 식별 표시 방법
- 고유한 식별, 취급, 유지보전 및 보관 방법
- 성능 저하를 발견하기 위한 적정한 점검 주기, 점검 기준 및 점검 방법
- 장비가 장비의 관리 기준에서 벗어난 것으로 판명된 경우 이전의 검사 및 시험과 모니터링 결과에 대한 유효성 평가 및 필요한 경우 적절한 조치 방법 및 기타

20) 검사 및 시험, 모니터링 관리

① 시공자는 공사 목적물이 건설 공사 요구사항을 충족하고 있다는 것을 검증하기 위하여 투입되는 자재, 시공공정 및 공사 목적물과 관련된 특성을 검사, 시험 및 모니터링하여야 한다.

② 검사, 시험 및 모니터링 관리 절차에는 다음 사항이 포함되어야 한다.

• 품질시험 계획의 수립
• 적절한 공정 단계에서 검사 및 시험 계획의 수립
• 각 단계에서의 검사 및 시험 항목, 합격 판정 기준, 빈도, 사용되는 장비 및 기법, 책임자 역할
• 검증 시기, 장소 및 방법
• 발주자 또는 건설사업 관리기술자의 입회 시기, 방법 등(필요한 경우에만 해당한다)
• 검사 및 시험, 모니터링의 실시 및 결과 보고 방법 및 기타

21) 부적합 공사의 관리

① 시공자는 의도하지 않은 자재의 사용이나 의도하지 않은 후속공정의 진행 및 공사 목적물의 인계를 방지하기 위하여 품질 기준에 적합하지 않은 부적합 공사를 관리하여야 한다.
② 부적합 공사의 관리 절차에는 다음 사항이 포함되어야 한다.
• 부적합 공사의 표식
• 부적합 공사의 상태에 대한 문서화
• 현상 사용, 보완시공 또는 재시공 등 부적합 공사에 대한 조치 방법
• 현상 사용 시 발주자, 공사감독자 또는 건설사업 관리기술자 등 관련된 권한을 가진 자의 승인 방법
• 보완시공 및 재시공시 품질 요구사항에 따른 재검사의 실시 방법 및 기타

22) 데이터의 분석 관리

① 시공자는 품질 관리 계획의 적절성 및 효과성을 실증하고 품질 관리 계획을 지속적으로 개선하기 위하여 필요한 데이터를 선정하여 분석하고 활용하여야 한다.
② 데이터의 분석 관리 절차에는 다음 사항이 포함되어야 한다.
• 건설 공사 수행과 관련된 발주자와 건설사업 관리기술자의 만족도 조사
• 주요 자재의 품질 경향

• 부적합 공사의 발생 빈도 및 특성
• 자체 점검 및 품질 관리 적절성 확인 등 외부감사 결과 활용법 및 기타

23) 시정조치 및 예방조치 관리

① 시공자는 건설 공사 요구사항에 대한 실제 또는 잠재적인 부적합을 발견한 경우, 발생 또는 재발 방지를 목적으로 부적합 사항의 원인을 제거하기 위한 조치를 취하여야 한다.

② 시정조치 및 예방조치 관리 절차에는 다음 사항이 포함되어야 한다.

• 부적합 공사, 발주자와 건설사업 관리지술자의 불만 등 부적합 사항 검토
• 실제 또는 잠재적인 부적합의 원인 결정
• 부적합의 발생 또는 재발을 방지하기 위한 조치의 필요성 평가 방법
• 필요한 조치의 결정 및 실행
• 취해진 조치의 검토 및 기타

24) 자체 품질 점검 관리

① 시공자는 품질 관리 계획의 적합성, 이행성, 효과성을 결정하기 위하여 연 1회 이상 건설 공사 수행에 대한 자체 품질 점검을 수행하여야 한다.

② 자체 품질점검 관리 절차에는 다음 사항이 포함되어야 한다.

• 점검 기준, 범위, 주기, 점검자 선정을 포함한 점검 계획의 수립
• 점검 수행 방법 및 점검 결과 보고
• 필요한 경우 부적합 사항의 시정조치 수행
• 취해진 후속조치의 검증 및 검증 결과의 보고 및 기타

25) 건설 공사 운영성과의 검토 관리

① 시공자는 품질 관리 계획의 적절성, 충족성 및 효과성을 실증하고 건설 공사 운영과 관련된 개선사항의 결정과 조치를 위하여 연 1회 이상 건설 공사 운영성과를 검토하여야 한다.

② 건설 공사 운영성과의 검토 절차에는 다음 사항이 포함되어야 한다.

• 현장 품질방침 및 품질목표의 관리 상태
• 내부 및 감사, 품질 관리 적절성 확인 등 외부 점검 결과
• 부적합 공사의 발생 빈도 및 특성
• 민원 및 발주자 불만 사항
• 시정조치 및 예방조치 상태
• 건설 공사 수행에 영향을 줄 수 있는 변경사항
• 문제점, 애로사항의 개선을 위한 제안 및 기타

26) 공사 준공 및 인계 관리

① 시공자는 품질 관리 계획에 따라 공사 목적물이 완성되고 모든 검증 활동이 만족스럽게 완료된 경우, 준공 및 검사를 위해 필요한 서류를 파악, 확보하여 준공검사를 신청하여야 하며, 공사 준공 시 완성된 시설물과 공사 관련 문서 및 기록의 인계를 위한 준비를 하여야 한다.

② 공사 준공 및 인계관리 절차에는 다음 사항이 포함되어야 한다.

• 공사 준공의 관리

가. 필요시 시운전을 위한 계획 및 시운전 절차 수립

나. 준공검사의 신청

다. 부적합공사에 대한 처리(해당하는 경우에 한한다)

라. 준공도면의 검토 및 제출

마. 준공표지의 설치 및 기타

• 시설물 및 공사 관련 문서 및 기록의 인계 관리

가. 시설물 인계 계획의 수립

나. 본사로 이관될 현장문서 및 기록의 파악 및 인계

다. 건설사업 관리기술자 또는 발주자에게 인계할 현장문서, 기록의 파악, 인계 및 기타

chapter 05

ISO 9001 품질 경영 시스템

5.1 ISO 품질 경영 시스템의 개요

ISO 9001은 고객이 제품을 구입하는 경우, 그 기업의 제품을 안심하고 구입할 수 있도록 품질 시스템을 가장 합리적인 방법(투명성원칙국제기준)으로 만들어낸 제도이다.

ISO 9001 인증은 책임과 권한이 명확하게 구분되며, 업무 절차는 매뉴얼화를 통해 문서로 되어있고, 해당기업은 그대로 실행함으로써 품질 보증 능력을 인정해주는 제도이다. 또한 ISO 9001 인증제도는 건설업뿐만 아니라 제조업, 서비스 분야를 비롯한 조직구조를 갖춘 각 분야에 적용해 좋은 서비스 제공할 수 있도록 품질 경영 시스템의 요구사항을 규정한 국제규격이다.

ISO(International Organization for Standardization)의 설립목적은 상품 및 용역의 국제적 교환을 촉진하고 지적, 학문적, 기술적, 경제적 활동 분야에서의 협력 증진을 위하여 국제표준화 및 관련 활동의 발전을 촉진시키는 데 있다. 이러한 목적을 위하여 ISO는 표준 및 관련 활동의 세계적 조화를 촉진하고, 국제규격을 개발·발행하며, 회원기관과 관련 국제기구와의 협력을 도모하고 있다. ISO는 비정부기구로서 스위스 민법 제60조에 의거하여 설립된 사단법인이며, 전 세계적으로 2016년 12월 기준 정회원국 102개국과 준회원국 43개국이 ISO에 참여하고 있다.

5.2 ISO 9001의 주요 개념

ISO 9001은 품질 경영 시스템의 효과적인 적용을 위하여 1원칙 고객 중심, 2원칙 리더십, 3원칙 인원의 적극참여, 4원칙 프로세스 접근법, 5원칙 개선, 6원칙 증거 기반 의사 결정, 7원칙 관계 관리와 관계 경영을 포함하여 7가지 원칙을 제시하고 있다.

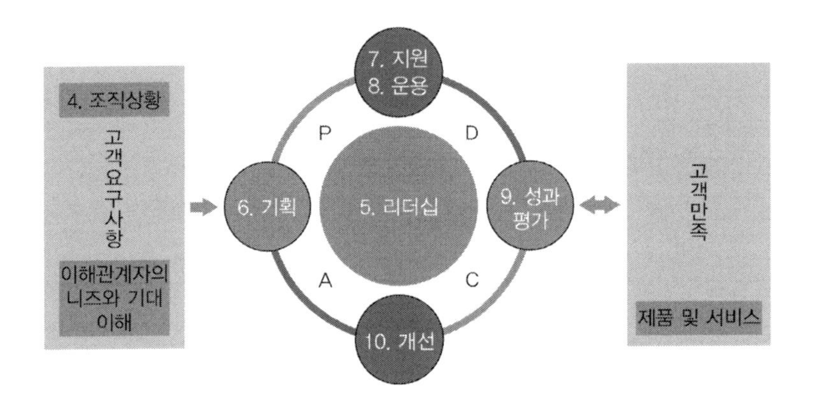

[그림 32]
품질 경영 시스템 모델

5.3 ISO 인증제도의 필요성

구매자는 자신이 구매하고자 하는 제품이나 서비스가 자신의 요구사항을 만족하고, 또한 품질도 보증되기를 원하고 있다. 따라서 구매자가 기업인 경우는 구매에 앞서 요구사항 및 성능 등을 공급자에게 제시하는 것이 일반적이다. 공급자는 이러한 요구사항을 만족시키는 제품이나 서비스를 제공하기 위하여 다양한 노력과 활동을 하고 있으나, 구매자로서는 자신의 요구가 생산품이나 서비스에 정확히 반영되도록 생산 관리 조직이 짜여 있고, 생산활동이 이루어지도록 되어 있는지, 예컨대 생산 도중에 품질을 확인할 수 없는 사항이 발생치 않도록 적절히 보장되고 있는지, 혹은 자재 납품 후의 하자나 문제를 일으키지 않도록 보장되어 있는지 등 염려되는 사항이 많을 수밖에 없다. 따라서 구매자는 이를 방지하기 위하여 공급자에 대하여 품질 경영의 실시나 품질 보증 활동을 요구하게 된다. 그러나 공급자로서는 거래하는 구매자가 다수인 경우가 대부분이므로 각 구매자가 상이한 품질 경영 시스템이나 품질 보증 활동을 요구하게 되면 일일이 이에 대응하는 것이 쉽지 않을 것이다. 따라서 제3자인 품질 경영 시스템 인증기관이 구매자를 대신하여 국제적 통용기준이며 공통의 척도인 ISO 9000 시리즈 규격에 따라 공급자의 품질 경영 시스템이나 품질 보증 활동을 심사하여 인증해주면, 공급자로서는 중복 심사로 인한 업무의 복잡성을 피하고 시간이나 경비절약의 효과를 얻을 수 있을 뿐만 아니라 구매자에게도 객관적인 신뢰감을 주는 등 많은 이점이 돌아가게 되는 것이다.

5.4 인증제도의 운영 체계

품질 경영 시스템 인증제도는 앞에서 언급한 것과 같이 인증결과에 대한 신뢰성을 제공하기 위하여 관련 이해관계자의 참여로 개발한 국제규격 또는 기준에 근거하여 운영된다. 인증활동의 주체인 인정기관과 인증기관은 국제표준화기구(ISO)의 적합성평가위원회(CASCO)에서 개발한 표준인 ISO/IEC 17011, ISO/IEC 17021 및 IAF(국제인정기관협력기구)에서 제정한 지침에 따라 운영되며, 인증 대상인 조직은 품질 경영 시스템 요구사항인 ISO 9001에 따라 품질 경영 시스템을 구축 및 이행한다. 인정기관으로부터 ISO/IEC 17021 및 IAF 지침에 따라 인증기관으로써의 적격성을 평가받은 인증기관은 조직이 구축 및 이행하고 있는 품질 경영 시스템을 ISO 9001을 기준으로 평가하고 그 적합성이 실증되는 경우 인증을 부여하게 된다. 이와 함께 인증기관은 인증된 조직의 품질 경영 시스템이 지속적으로 유효한지를 평가하기 위한 사후 관리 활동을 수행하게 된다.

[그림 33]
ISO 인증 획득 절차

5.5 ISO의 적용 범위

ISO 9000 시리즈 규격은 ISO 9000, 9001, 9002, 9003 및 9004이며, 현재는 ISO 9001 : 2015 품질 경영 시스템 프로세스 모델 규격으로 통합되었다.

ISO 9000은 품질 경영과 품질 보증 규격의 선택과 사용을 위한 지침서로 품질 시스템 규격에 대한 배경과 이용 방법 그리고 품질 보증 모델이 반영해야 할 요소를 설명해주고 있다.

ISO 9001은 설계, 개발, 생산, 설치, 서비스에서 공급자의 책임에 적용되므로 최고 경영자의 책임에서 시작해서 전사적 품질 경영 방법에 필요한 전반적 핵심요소의 객관적 기준을 제공한다.

ISO 9002는 생산과 설치에 관한 품질 보증 요건을 제공하며 설계, 개발, 서비스에 대해서 공급자의 책임이 없는 경우에 적용된다.

ISO 9003은 최종검사 및 시험에 관한 품질 보증 요건을 제공하며 설계, 설치 및 이와 유사한 분야와 거의 관계가 없는 지극히 단순한 제품에 적용된다.

ISO 9004는 특정한 상황에 적합한 품질 시스템의 과정을 만드는 기본요소로 내부 품질 경영을 목적으로 사용한다. 그것은 ISO 9001, 9002, 9003의 요건들인 품질 시스템의 종류들을 개발하고 실행하기 위한 일반적인 지침을 제공한다.

현재 사용되고 있는 ISO 9001 : 2015는 1994년, 2000년, 2008년 및 2015년에 개정됨으로써 더욱 효과적인 품질 경영 시스템으로 발전시켰다. 개정된 ISO 9001 : 2015는 조직의 리더십, 리스크 관리, 목표 측정 및 변동사항 관리, 커뮤니케이션 및 인식, 문서화에 대한 규정 요구사항 감소 등의 새로운 영역을 추가하여 개정되었으며, 현재 다수의 건설 관련 회사에서 품질 경영 시스템을 운영·활용하고 있다.

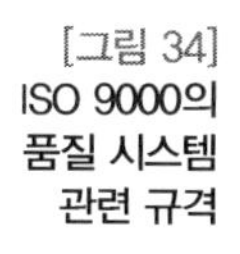
[그림 34]
ISO 9000의 품질 시스템 관련 규격

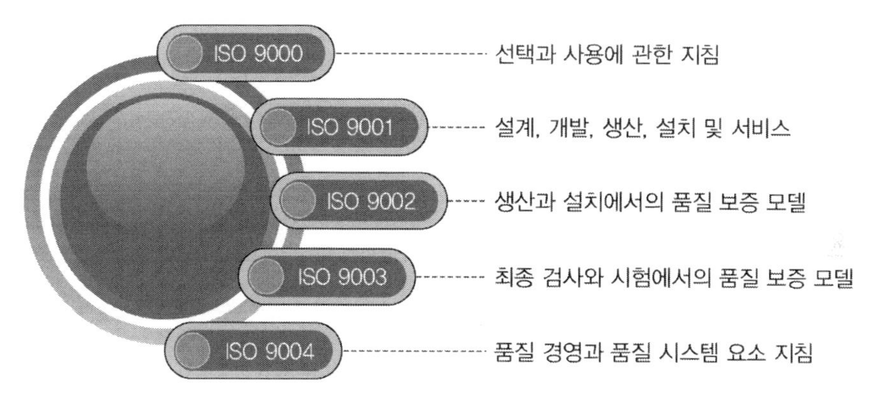

참고문헌

1. 국토부고시, 건설공사 품질관리 업무지침, 2017.
2. 대한건축학회, 건축공사관리, 기문당, 2010.
3. 박성현 외, 통계적 품질관리, 민영사, 2013.
4. 배기태, 현장의 품질관리기법, 한국품질재단, 2008.
5. 백두환 외, 건축품질시험 및 품질시공관리실무, 예문사, 1998.
6. 서울특별시 품질시험소, 알기 쉬운 건설공사 품질관리, 2013.
7. 심영보, 적중 건축시공기술사, 성안당, 2017.
8. 이맹교 외, 건축품질시험기술사, 예문사, 2016.
9. 이종기 외, 건축품질관리, 기문당, 2012.
10. 조규봉 외, 건설공사의 품질시험 검사 실무편란, 구미서관, 2010.
11. 청주대학교 건축 재료시공 연구회, 건축기사 실기 문제집, 기문당, 1999.
12. 한국건설관리학회, 건설관리의 개념과 실제, McGraw-Hill, 2000.
13. 한민철, 건축시공 품질관리, 기문당, 2004.
14. 한천구, 레미콘 품질관리(I, II, III, IV, V), 기문당, 2008~2018.
15. (사)대한건축학회, 건축텍스트북 시리즈 건축재료, 기문당, 2014.
16. (사)한국콘크리트학회, 레디믹스트콘크리트의 품질관리, 기문당, 2007.
17. KS Q ISO 7870-1, 관리도－일반지침, 2014.
18. KS Q ISO 7870-2, 슈하트 관리도, 2014.
19. KS Q ISO 9000, 품질경영시스템－기본사항 및 용어, 2015.
20. KS Q ISO 9001, 품질경영시스템－요구사항, 2018.
21. KS Q ISO 9004, 품질경영시스템－성과개선 지침, 2015.

part II

안전 관리

황성주 · 이준성 · 손정욱

chapter 01

안전 관리 일반

1.1 안전이란?

일반적으로 '안전한 상태'란 위험 원인이 없는 상태 또는 위험 원인이 있더라도 인간이 위해를 받는 일이 없도록 대책이 세워져 있고, 그런 사실이 확인된 상태를 뜻한다. 단지 재해나 사고가 발생하지 않고 있는 상태를 안전이라고 할 수는 없으며, 잠재 위험의 예측을 기초로 한 대책이 수립되어 있는 상태를 비로소 안전(Safety)이라고 할 수 있다.

매슬로우의 욕구 단계 이론(Maslow's Hierachy of Needs)에 따르면 인간은 낮은 단계의 욕구가 충족되면 다음 단계에 대한 욕구 충족을 위해 노력한다고 한다. 즉, 인간은 기본적인 생리적 욕구 이외에 안전을 가장 기본적으로 추구하며, 이는 안전이 건강하고 행복한 삶을 위한 기본적인 욕구의 전제조건, 삶의 질 향상에 필수적인 요소임을 역설한다(Maslow 1943).

[그림 1]
매슬로우의 욕구 5단계 이론 (Maslow's Hierachy of Needs)

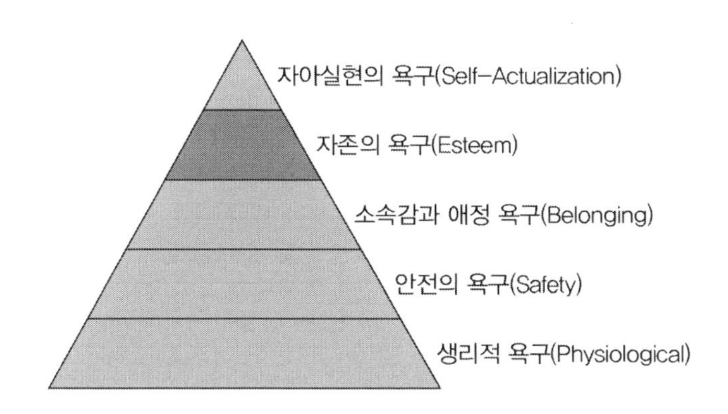

이에 우리는 일을 할 때뿐만 아니라 일상생활에서도 항상 위험요인을 제거하거나 위험에서 벗어나 안전하기 위해 노력하는데, 이러한 모든 노력은 안전 관리라 할 수 있다. 즉, 안전 관리는 상해나 손실을 최소화하기 위한 일련의 활동이며 사건이나 사고를 방지하기 위한 노력이라고 볼 수 있다.

구체적으로, 산업차원에서 안전 관리라 함은 안전한 노동조건을 만들기 위해 제정된 법에 의거, 기업이 재해 및 사고 방지 차원에서 취하는 조치나 활동을 말한다. 안전 관리는 기업의 경영자가 생산의 과정과 기술의 각 단계를 깊이 검토한 후, 작업 및 생산의 전 단계에서 발생할 수 있는 위험요인들을 사전에 제거, 작업자들에게 안전한 노동조건을 제공하는 노력을 지속적으로 기울여야만 실천될 수 있다. 이미 발생한 사고에 대한 보상 절차 중심의 업무를 소극적인 의미의 안전 관리라고 한다면 생산 과정의 면밀한 검토·분석을 통하여 앞으로 닥칠 수 있는 모든 종류의 재해에 대해 조사하고 이에 대한 예방조치를 마련함으로써 실질적인 재해 피해를 감소시키며 동시에 생산력을 증가시키는 것을 적극적인 의미의 안전 관리라 할 수 있다.

안전 관리는 직접적인 안전 관리 담당자뿐만 아니라 생산 과정에 참여하는 모든 근로자와 경영자가 안전 관리의 중요성에 대해 인식하고 실천 의지를 갖는 것에서 비롯되며, 이를 뒷받침하는 제도적이며 체계적인 안전 관리 활동을 통해 실현된다. 특히 본 서에서 다루게 될 건설 프로젝트 안전 관리는 '건설 공사의 안전을 확보하기 위하여 건설 공사의 착공에서 준공에 이르기까지 공사 현장에서 건설기술관리법령에 의해 실시하는 계획적이고 체계적인 제반 활동'이라고 정의할 수 있다.

본 서는 안전 관리에 대한 체계적인 이해를 위해 안전과 관련한 개념을 명확하게 제시하는 것부터 시작하고자 하며, 산업재해예방 안전보건공단에서 제공하는 정의를 활용하고자 한다(한국산업안전공단, 2011).

- 사건(Incident)은 위험요인(Hazard)이 어떠한 자극으로 인해 사고와 연관되거나 이어질 수 있는 생각하지 못한 이벤트(Event)로 볼 수 있으며, 사고를 야기할 가능성이 있는 바람직하지 않은 모든 상황(실수, 아차사고(Near-Miss) 등을 포함)을 의미한다.
- 사고(Accident)는 위험요인을 근원적으로 제거하지 못하고 위험(Danger)에 노출되어 발생되는 바람직스럽지 못한 결과를 초래하는 것으로서 사망, 상해, 질병 및 기타 경제적 손실을 야기하는 예상치 못한 이벤트나 현상을 의미한다.
- 위험요인 또는 위험성(Hazard)은 인적 피해, 물적 손실 및 환경피해를 일으키는 요소 등이 혼재한 잠재적 유해이다. 위험요인이 실제 사고로 전환되기 위해서는 자극이 필요하며, 이런 자극으로는 기계적 고장, 시스템 상태, 작업자 실수 등 물리 화학적·생물학적·심리적·행동적 원인이 존재한다.
- 위험(Danger)은 위험요인(Hazard)에 노출된 상태를 의미한다.
- 위험도(Risk)는 특정 위험요인이 노출된 상태로 특정 사건으로 이어질 수 있는 가능성(발생 빈도)과 결과의 중대성(손실 크기) 조합으로서 위험의 크기 또는 위험의 정도를 의미한다.
- 안전(Safety)은 위험요인이 없는 상태로서 정의되는데, 현실적으로 100% 달성이 불가능하다고 설명되며 실질적인 안전의 정의는 위험요인의 위험도를 허용 가능한 수준으로 관리하는 것으로 정의된다.

1.2 사고 발생의 원인

사고 발생 원인을 설명할 때 가장 널리 알려진 하인리히의 도미노 이론(Heinrich's Domino Theory : Heinrich et al., 1980)이 널리 적용된다. 이는 사고 원인에 대한 연쇄적 반응을 설명한 것으로써, (1) 사회적 환경이나 유전적 요소와 같은 선천적 결함, (2) 각 개인의 신체적 또는 정신적 결함, (3) 기계적·물리적 위험성을 포함한 불안전한 상태나 인간의 불안전한 행동이라는 도미노가 연쇄적으로 쓰러지면서 (4) 사고로 이어지고 이러한 사고가 (5) 인명피해나 재산 손실과 같은 재해로 이어진다는 개념이다. 이러한 연쇄적 사고 원인 발생 모형의 시사점은 안전 관리를 위해 (1)~(3)의 도미노 중 하나만 제거한다면 사고의 직간접적인 원인들이 실제로 사고까지 연결되는 것을 막을 수 있다(Heinrich, 1931; 한국방재학회, 2016).

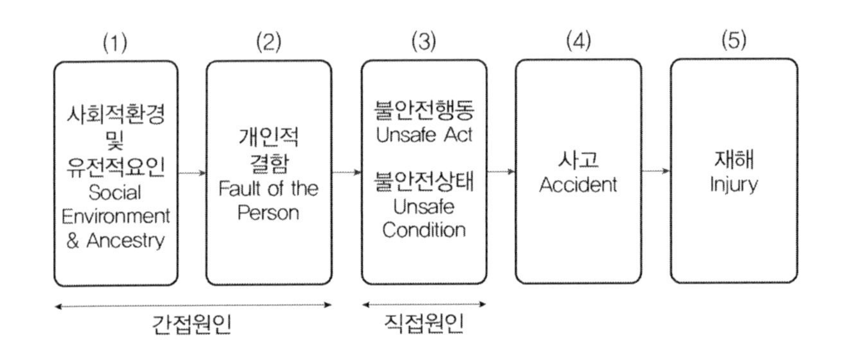

[그림 2] 하인리히의 도미노 이론 (Heinrich's Domino Theory)

발전된 프랭크 버드의 신 도미노 이론(Frank Bird's domino theory)은 사고의 원인을 (1) 제어·관리의 부족, (2) 기본 원인, (3) 직접 원인(징후), (4) 사고, (5) 재해손실의 연쇄적 반응으로 설명하며, 안전 사고 방지를 위해 직접 원인보다 기본 원인을 제거해야 하는 필요성과 관리상의 결함을 방지해야 하는 중요성을 더욱 강조하였다(한국방재학회, 2016).

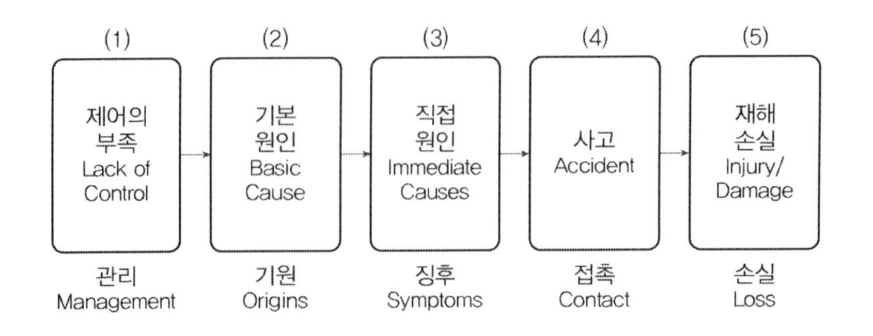

[그림 3] 프랭크 버드의 신도미노 이론 (Frank Bird's Domino Theory)

보다 최근에 미국 연방교통안전위원회(National Transportation Safety Board : NTSB)에서는 사고 발생의 원인을 다음과 같이 인간(Man), 장비(Machine), 작업 정보·방법·환경(Media), 조직 관리(Management)란 4M의 개념으로 구체화하고 있다(한국방재학회, 2016; 김상철 외, 2017).

- 인간(Man) : 정신적 원인(무의식, 망각 위험망각, 착오 등), 신체적 원인(피로, 수면 부족, 신체기능, 과음, 질병 등), 관계적 원인(팀워크, 의사소통 등)
- 장비·설비(Machine) 기계설비의 결함, 표준화 부족, 인간공학적인 배려의 부족, 점검정비 등의 부족
- 작업 정보·방법·환경(Media) : 부적절한 작업 정보, 부적절한 작업 방법, 부적절한 작업 환경 등
- 조직관리(Management) 의사소통 관리의 어려움, 안전 계획이나 관리의 결함, 안전 관리 교육이나 훈련의 미흡 등

이를 기반으로 NTSB에서 발전시킨 사고 원인 연쇄 모형은 사고 발생 연쇄반응과 4M이라는 사고 발생 기본 원인 요소들 간의 조합에 따라 불안전한 환경(상태) 또는 인간의 불안전한 행동이 야기되고 이에 따라 사고가 발생한다고 설명한다. 여기서 기본 원인은 재해의 가장 깊은 곳에 존재하는 원인이며, 직접 원인은 시간적으로 사고 발생에 가장 가까운 원인을 말한다.

[그림 4]
미국 연방교통안전위원회의 사고 원인 연쇄 모형

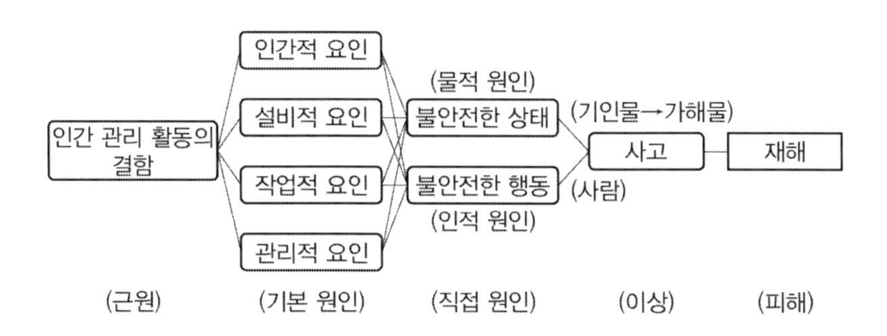

이와 더불어 최근 사고의 원인을 설명한 모형 중 타당하게 여겨지는 것 중 하나는 제임스 리즌의 스위스치즈 모형(James Reason's Swiss Cheese Model)이다. 즉, 사고의 원인으로는 인간적·설비적·작업적·관리적 요인 등이 다양하게 존재하고, 이들은 스위스 치즈의 구멍처럼 늘 사고를 유발할 수 있는 잠재적 결함이 존재하다가, 이 결함들이 우연히 동시에 나타날 때 사고가 발생하게 된다는 것이다(Reason, 1990).

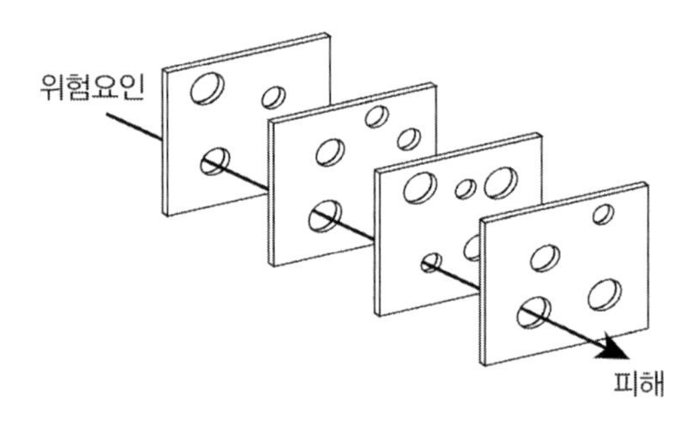

[그림 5]
제임스 리즌의 스위스치즈 모형 (James Reason's Swiss Cheese Model)

또 다른 사고 원인 관련 모형인 하인리히의 '1:29:300의 법칙'은 '아차사고(Near-miss)'와 같은 사고의 징후를 확인하는 것의 중요성을 강조하고 있다. 본 모델은 1건의 중상해 사고가 발생하기 이전에 이와 관련된 약 수십 건의 경상해 사고와 약 수백 건의 사고의 징후, 즉 무상해 사고가 발생한다는 통계적 법칙을 설명하며, 지속적으로 발생하는 사고의 징후를 사전에 파악하고 관리한다면 경상해 사고 및 중상해 사고를 방지할 수 있을 것이라는 이론적 근거를 제시한다. 예를 들어, 건설 공사에서 철골작업에서는 작업자에게 중대 재해인 '추락'의 위험성이 수반되어 있는데, 만약 작업자가 철골작업 중 불안전한 상태나 행동 등에 의해 삐끗하거나 경미하게 미끄러지는 징후인 아차사고들이 빈번하게 발견된다면 추락의 위험성이 증가하는 것으로 판단할 수 있을 것이다.

[그림 6]
하인리히의 사고 원인 피라미드 모형 (Heinrich's Safety Pyramid)

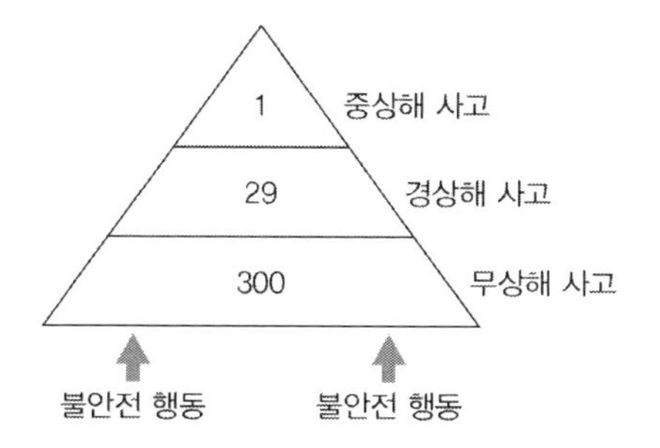

앞에 소개한 다양한 사고 원인 모형들은 그 개념적인 측면에서 약간의 차이가 존재하지만, 종합해보면 다음과 같은 안전 관리의 시사점을 제시한다.

- 산업현장 또는 시스템에서는 안전과 관련한 다양한 위험요인들이 존재하며, 이들은 서로 연계되어 있기 때문에 종합적인 관리가 필요하다.
- 사고 발생에는 반드시 원인이 존재하며 이들은 연쇄적인 관계가 있기 때문에 원인의 일부 또는 전부를 제거하면 사고 예방이 가능할 것이다.
- 사고 발생에는 관련된 아차사고 등 사전 징후가 수반되는 경우가 빈번하며, 이러한 사전 징후를 미리 파악하면 중대 사고를 예방할 수 있을 것이다.
- 사고를 유발할 수 있는 요인들은 항상 잠재하고 있고, 이들이 우연히 동시에 나타날 때 사고가 발생하기 때문에 사고가 발생하지 않더라도 항상 사고가 발생할 가능성이 있다는 것을 항상 염두에 두어야 한다.

1.3 건설산업에서의 안전 관리

건설산업의 안전 관리는 무엇보다 중요하다. 다음의 국내 업종별 재해현황을 살펴보면 건설산업의 재해자수 점유율은 2017년 기준으로 27.6%로 전 산업의 1/4 이상을 차지하는 것을 알 수 있다.

특히 대형 건설기계 및 장비, 무거운 자재의 사용, 빈번한 고소작업 등으로 인해 건설재해는 중대재해의 특성을 보이는데, 다음의 업종별 재해현황에서 보면 재해자수는 전체의 1/4 정도인 반면 사고 사망자는 절반 이상을 차지함을 알 수 있다.

[표 1] **업종별 재해현황(고용노동부, 산업재해예방 안전보건공단, 2017)**

업종	재해자 수	점유율	사고 부상자	사고 사망자	질병 이환자	질병 사망자	그 외 사고 사망자
금융·보험업	149	0.3%	104	2	30	9	4
광업	856	2.0%	56	5	556	234	5
제조업	12,484	28.9%	10,607	104	1,641	108	24
전기·가스·증기·수도사업	44	0.1%	35	2	7	0	0
건설업	11,907	27.6%	11,205	265	359	33	45
운수·창고·통신업	1,989	4.6%	1,792	38	129	27	3
임업	636	1.5%	612	5	17	1	1
어업	32	0.1%	31	1	0	0	0
농업	257	0.6%	240	0	15	1	1
기타의 사업	14,837	34.4%	13,612	72	1,022	83	48
계	43,191	100.0%	38,294	494	3,776	496	131

이러한 추세는 해외에서도 유사하게 나타나는데, 다음 표에서 미국의 업종별 사망자수 및 부상자에 대한 2010년 통계를 보면 건설은 사망자수 기준으로 전 산업에서 가장 위험한 산업이다. 또한 부상자수 기준으로도 교통, 농업 다음으로 3위에 랭크된 것으로 알려져 있다(CPWR, 2013).

[표 2] **2010년 미국의 업종별 재해현황(사망사고 기준)(CPWR 2013)**

업종	사망자수
Construction	802
Transportation	689
Agriculture	624
Wholesale & Retail	503
Manufacturing	333
Mining	172
Information	45
Utilities	42
finance	24

이처럼 건설재해는 그 수가 빈번하고 심각성 또한 중대하다. 이에 건설산업에서의 안전 관리의 중요성은 수많은 건설근로자의 사고나 질병, 그로 인한 아픔과 고통을 방지한다는 인본주의(Humanism)를 통해 설명할 수 있다. 또한 건설사고의 비용손실은 직접적으로 산재보험비용뿐 아니라 생산성 감소, 공사 중단, 재해로 인한 노동력 손실, 생산 회복과 관련한 업무에서의 손실, 재해 처리에 필요한 비용 및 시간적 손실 등 간접적으로도 막대하기 때문에 경제적 측면에서도 안전 관리가 점차 중요하게 인식되고 있다.

더불어, 작업현장뿐만 아니라 준비 및 설계 과정에서의 안전 관리를 통해 생산 전 과정에서 위험을 제거하는 것은 작업자의 능률을 향상시키고 건설 프로젝트의 품질을 개선시키기 위해 필수적인 요소가 되어가고 있다. 기업경영 측면에서도 안전 관리는 중요한 부분을 차지하는데, 안전사고는 기업에 예상보다 큰 손실을 안겨줄 수 있다. 그러므로 재해가 발생하기 전에 안전 관리에 대한 중요성을 인식하고 이를 프로젝트 생산활동 전반에 걸쳐 반영하는 것은 기업의 이익을 보다 효과적으로 추구하기 위한 효과적인 방법이라고 할 수 있다. 건설산업의 사회적 역할과 이미지를 고려할 때에도 안전사고는 산업 전반에 치명적인 손실을 입히는바, 안전 관리는 건설산업에서 필수적인 영역이 되어가고 있다. 하지만 건설 안전 관리는 다음과 같은 건설산업의 특수성으로 인해 엄청난 어려움을 수반한다.

- 건설 공사는 대형 장비·기계·기자재들을 사용하고 이동이 잦으며, 사람과 장비·기계·기자재가 혼재되어 작업이 진행되기 때문에 작업의 위험성이 매우 크다.
- 다양한 공사와 공정에 따라 재해 발생의 형태가 다양하다. 이러한 공사와 공정은 서로 연계되어 있기 때문에 복합적이고 연쇄적인 건설재해가 발생할 가능성이 또한 매우 크다.
- 건설 공사는 지질, 지형, 기후 등의 영향을 많이 받고 주로 옥외에서 이루

어지는 경우가 많아 공사현장의 자연적 영향을 직접적으로 받으며, 장마철, 동절기, 해빙기, 초고층공사에서의 강풍 등 작업 환경이 좋지 않거나 특수한 경우가 많다.

- 공정이 진행됨에 따라 환경이 끊임없이 변화하므로(예 : 계절의 변화, 고층 건축물의 경우 높이의 변화 등) 사고 발생을 예측하기가 매우 어렵다.
- 특히 건설 공사에서는 작업자, 즉 사람의 비중이 크기 때문에, 기계와 달리 신체적·정신적 상태가 지속적으로 변하는 작업자의 특성에 따라 사고 발생의 가능성이 지속적으로 변화한다.

이러한 특징들과 연계되어 건설 프로젝트에는 다음과 같이 다양한 위험요인이 존재하며, 건설 안전 관리에서는 이러한 위험요인들을 포괄적으로 고려해야 한다.

[표 3] **건설 안전 관리에서 고려해야 하는 위험요소(김상철 외, 2017)**

위험 유형	사고의 유형		위험원의 예
기계적 위험	접촉적 위험	협착, 감김, 찔림 잘림, 스침, 격돌	원동기, 동력기구, 공작기계, 동력공구, 건설기계, 운반기계 등
	물리적 위험	비래·낙하물에 타격, 추락, 전락	금속공작기계, 건설용 기계, 운반기 등
	구조적 위험	파열, 파괴, 절단	압력용기, 고속 회전기, 크레인 와이어 등
화학적 위험	폭발화재 위험	노출, 접촉, 흡수	폭발성, 발화성, 산화성 및 인화성 물질, 가연성 가스 및 분진 등
	생리적 위험	접촉, 흡수	부식성 액체, 독극물, 산소 결핍 등
에너지 위험	전기적 위험	감전, 과열, 발화, 시각장애	전기기계기구, 전선, 배선, 전기불꽃, 정전기 방전, 아아크 등
	열기타 위험	화상, 시각 장해	화염, 고온물체, 레이저 광선, 방사선 등
작업적 위험	작업 방법적 위험	추락, 전도, 협착 비래·낙하물에 타격, 충돌,	건축작업, 토목작업, 운반작업, 하역작업, 기계의 설치철거 등
	장소적 위험	추락, 전도, 붕괴 낙하물에 타격	작업발판, 옥상, 통로, 하역장소, 작업 장소, 자재 설치 장소 등
	행동위험	위의 사고 유형들	실수, 불안전한 행동 등

작업특성이나 환경적 요인 등 물리적 특성 이외에 조직 및 관리적 특수성으로 인해 다음과 같은 안전 관리의 어려움이 발생하기도 한다(박종권, 2012).

- 계약에 의해 이루어지는 건설 공사의 특성 상 공사 기간, 공사비 등의 제약이 발생하는 경우가 빈번하여 철저한 안전 계획 및 관리가 어려운 측면이 있다.
- 건설 공사는 하도급이 큰 비중을 차지하여 통합적인 안전 관리의 체계가 미흡하고 사고 발생 시 책임의 한계가 불분명하다.
- 건설은 노동력 중심, 프로젝트 중심의 산업으로 근로자가 유동적인 특성이 있고, 일용 근로자 및 외국인 근로자가 많아 체계적인 안전교육 등의 어려움이 빈번하게 발생한다.
- 건설 작업 현장의 생산성을 향상시키기 위해 도입되고 있는 다양한 신공법과 신기술은 근로자의 숙련도 관점에서 위험요소가 될 수 있는 상황이다.

최근 안전 관리에 대한 중요성이 대두되면서 점차적으로 이에 대한 교육 및 인식 함양이 강조되고 있지만, 아직까지 안전 관리에 대한 공사관계자들의 관심과 이해가 부족하여 안전에 대한 대책이 여전히 미흡한 실정이다. 결론적으로 위와 같이 안전 관리를 어렵게 하는 건설 프로젝트의 다양한 요인으로 인해, 건설 안전 관리는 사람, 장비, 기계, 작업, 환경, 조직, 시스템 등을 아우르는 포괄적인 접근이 필요하며, 보다 체계적이고 철저한 안전기술의 개발 및 연구가 중요하다고 할 수 있다.

1.4 재난/재해 관리와 건설 안전 관리의 유사점과 차이점

안전 관리와 밀접히 연관된 "재난 및 안전 관리 기본법"에서는 재난 및 안전 관리의 단계를 시간 흐름에 따라 예방(Prevention), 대비(Preparedness), 대응(Response), 복구(Recovery)로 정의하고 있다. 이는 지진, 태풍 등의 자연재난과 붕괴, 안전사고 등의 인적 재난을 아우르는 광의의 재난/재해 관리의 개념이지만, 이는 건설 안전에서도 적용되어 활용될 수 있다(한국방재학회, 2016).

- 예방(Prevention)은 재난이나 안전사고를 방지하기 위한 일련의 활동으로 위험물질 등의 재난/안전사고 원인의 발생을 방지하거나 내진설계와 같이 위험도를 경감시키는 활동으로 볼 수 있다.
- 대비(Preparedness)는 재난/안전사고가 닥치거나 임박 시 수행해야 할 제반사항을 사전에 계획하거나, 준비, 훈련하여 실제상황에서 신속히 대응하기 위한 활동이다.
- 대응(Response)의 경우, 재난/재해 발생 후 인적·물적 피해를 최소화하거나 2차 재난 발생 가능성을 줄이기 위한 일련의 활동으로 피난, 인명구조, 전력, 수도, 도로 등 기반시설의 긴급 복구 등을 포함한다.
- 복구(Recovery)는 피해를 입은 모든 것들을 재난/재해 발생 이전 단계로 회복시키는 모든 활동을 의미한다.

그림 7은 일반적인 재난/재해에 초점을 맞춘 재난/재해 관리 단계에 대한 다이어그램으로써, 재난/재해는 예방이 중요하다는 점은 널리 알려져 있으나 최근에는 예방하기 어려운 재난이 닥치는 경우가 빈번하여 대응과 복구 단계의 중요성이 점차 강조되고 있다. 중대한 건설 안전사고의 특성상 본 다이어그램은 건설 안전 관리에서도 매우 중요하게 활용될 수 있다.

[그림 7]
재난/재해 및 안전 관리 단계

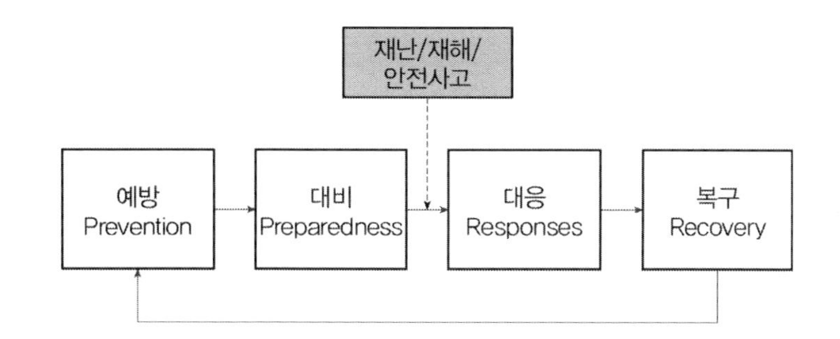

하지만 일반적으로 건설 안전사고는 지진, 태풍과 같이 불가항력적인 것에 발생하는 경우보다 건설현장의 불안전한 상태나 작업자의 불안전한 행동 등에 발생하는 경우가 대다수이며, 이는 철저한 예방을 통해 방지 가능한 인적재난이다. 따라서 건설 안전 관리는 예방(Prevention), 대비(Preparedness), 대응(Response), 복구(Recovery) 전 단계가 중요한 일반적인 재난 관리보다 예방의 중요성을 더욱 강조할 수 있다. 다음 장에서는 예방의 중요성에 초점을 맞추어, 건설 안전 관리 체계에 대해 보다 구체적으로 설명하고자 한다.

chapter 02

건설 프로젝트 안전 관리 체계

2.1 개요

미국 Project Management Institute(PMI)에서 2003년 발간한 "Construction Extension to a Guide to the Project Management Body of Knowledge"에서는 건설 프로젝트 안전 관리 체계에 대해 상세히 기술하고 있다. 건설 프로젝트 안전 관리의 최우선 목표는 건설 프로젝트가 작업자 상해나 물적 손실을 야기하는 사고 발생을 '예방'하는 것이다.

기존 건설 프로젝트 관리 교재에서는 안전 관리는 프로젝트 리스크 관리에서 다루는 하나의 유형으로 포함되었으나, 점차 안전 관리의 중요성이 증대되는 추세에 발맞추어 독립적인 관리 분야로 다루고 있다.

본 서에서는 PMI(2003)에서 설명하는 안전 관리 프로세스를 바탕으로 각 단계 주요 내용 및 활동을 보다 상세히 설명하고자 한다. PMI(2013)에서 설명하는 건설 프로젝트 안전 관리 프로세스의 주요 단계는 다음과 같다.

- 안전 계획 수립(Safety Planning) : 건설 프로젝트에 내제된 다양한 위험 요인에 대한 관리 방법 및 체계를 확립하는 것
- 안전 계획 실행(Safety Plan Execution) : 안전 계획에서 확립된 모든 활동들을 실제로 수행하는 것
- 안전 관련 행정 및 기록(Safety Administration and Records) : 안전 관련 모든 기록이나 자료들을 관리하고 안전 관련 활동들을 보고하는 것

2.2 안전 계획 수립(Safety Planning)

PMI(2013)은 안전 계획 수립(Safety Planning) 프레임워크를 투입물(Input), 도구·기법(Tools and Techniques), 산출물(Output)로 구분하여 다음 그림과 같이 정의하고 있다.

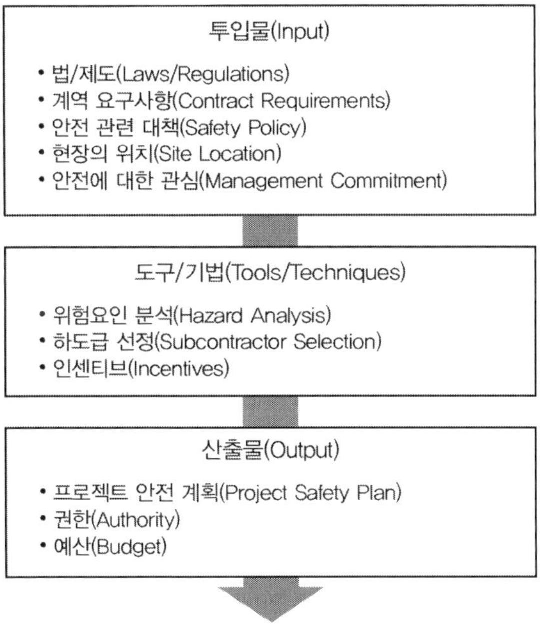

[그림 8]
안전 계획 수립 (Safety Planning) (PMI, 2013)

투입물(Input)
- 법/제도(Laws/Regulations)
- 계역 요구사항(Contract Requirements)
- 안전 관련 대책(Safety Policy)
- 현장의 위치(Site Location)
- 안전에 대한 관심(Management Commitment)

도구/기법(Tools/Techniques)
- 위험요인 분석(Hazard Analysis)
- 하도급 선정(Subcontractor Selection)
- 인센티브(Incentives)

산출물(Output)
- 프로젝트 안전 계획(Project Safety Plan)
- 권한(Authority)
- 예산(Budget)

2.2.1 투입물(Input)

안전 계획 수립을 위해서는 먼저 건설 프로젝트에 내제된 위험요인을 아는 것이 필수적이다. 특히 지질, 지형, 기후에 따라 위험요인이 상이하기 때문에 건설현장 부지에 대한 상세한 정보 획득 및 분석이 무엇보다 중요하다. 또한 발주자, 원도급 및 하도급 기관(회사)들과의 계약관계로 이루어진 건설 프로젝트에서는 발주자의 안전에 대한 계약 요구사항 또한 고려가 필요하며, 다양한 하도급기관(회사)이 참여하여 각 기관(회사)들의 안전 관련 정책 및 프로그램들이 충분히 파악되어야 한다. 마지막으로 안전 관련 법·제도 또한 안전 계획 수립을 위해 충분히 검토되어야 한다. 국내 건설 프로젝트의 안전한 수행을 위하여 참조하는 주요 지침 중 하나로 건설기술진흥법 시행령 제62조 등을 들 수 있다. 해당 지침은 건설업자 또는 주택건설 등록업자가 건설 공사를 안전하게 수행하기 위하여 마련되었으며, 안전 관리 계획서 작성에 관한 세부적인 기준을 정함으로써 건설 공사의 시공 시 체계적이고 효율적인 건설 안전 관리를 정착시키고 공사 목적물의 품질 확보가 이루어지도록 하는 데 그 목적이 있다. 기타 건설 안전 관리와 관련되는 관할 부처별 관계법령 및 기준은 다음 표에 명시된 곳에서 찾아볼 수 있다.

[표 4] **관할부처별 관계 법령 및 기준**

법령/기준/지침	인터넷 주소
건설기술진흥법, 시행령, 시행규칙	법제처 국가법령정보센터 홈페이지(http://www.law.go.kr/) → '건설기술진흥법' 검색란 입력
건설 공사 안전 점검 대가 산정 기준	국토교통부 홈페이지(http://www.molit.go.kr) → 정보마당 → 행정규칙(훈령·예규·고시) → '건설 공사 안전 점검 대가 기준' 검색란 입력
유해 위험 방지 계획서·안전 관리 계획서 통합 작성 지침	고용노동부 홈페이지(http://www.moel.go.kr) → 정보마당 → 행정규칙(훈령·예규·고시) → '유해위험방지계획서 및 안전관리계획' 검색란 입력
건설 공사 안전 점검 지침	국토교통부 홈페이지(http://www.molit.go.kr) → 정보마당 → 행정규칙(훈령·예규·고시) → '건설 공사 안전 점검 지침' 검색란 입력
건설 공사 설계기준, 시방서	국토교통부 국가건설기준센터홈페이지(http://www.kcsc.re.kr/) → 설계기준 선택 → 참조할 설계기준 또는 시방서 항목 선택
시설물의 안전 및 유지 관리에 관한 특별법, 시행령, 시행규칙	법제처 국가법령정보센터 홈페이지(http://www.law.go.kr/) → '시설물의 안전 및 유지 관리에 관한 특별법' 검색란 입력
엔지니어링산업 진흥법, 시행령, 시행규칙	법제처 국가법령정보센터 홈페이지(http://www.law.go.kr/) → '엔지니어링산업 진흥법' 검색란 입력
산업안전보건법, 시행령, 시행규칙	법제처 국가법령정보센터 홈페이지(http://www.law.go.kr/) → '산업안전보건법' 검색란 입력
기타 산업안전보건관리지침 및 가이드	산업재해예방 안전보건공단 홈페이지 (http://www.kosha.or.kr/) → 정보마당

2.2.2 도구 · 기법(Tools and Techniques)

안전 계획 수립을 위한 기법 중 가장 중요한 것은 위험요인 분석(Hazard Analysis)으로 볼 수 있다. 이는 먼저 건설 프로젝트에서 인적 피해, 물적 손실, 환경 피해들을 야기할 수 있는 잠재적 위험성을 가진 다양한 위험요인을 확인 및 파악(Hazard Identification)하는 것에서부터 시작한다. 위험요인은 공종, 공정, 현장부지, 작업자 등 모든 건설 공사 투입요소 별로 상이하기 때문에, 다양한 투입물에 대한 정보, 즉 공종 및 공정 정보, 현장부지 정보, 작업자 정보에 대한 상세한 분석을 통해 확인될 수 있다.

위험요인을 파악한 이후에는 각 위험요인에 대한 위험도를 평가(Risk Assessment)하게 된다. 일반적으로 위험도는 어떠한 위험요인로 인해 발생하는 사고의 발생 빈도 또는 가능성(Probability)과 발생 강도 또는 사고 심각성(Impact)을 고려하여 다음과 같이 정의된다.

위험도(Risk) = 발생 빈도(Probability) × 심각성(Impact)

여기서 사고의 발생 빈도는 위험이 사고로 이어질 확률, 즉 사고의 가능성이며, 사고의 심각성은 사고로 이어지는 경우 인적 피해, 물적 손실, 환경 피해의 크기, 즉 사고의 중대성으로 정의할 수 있다. 다음 그림은 국토교통부(2017) '설계 안전성 검토 업무 매뉴얼'에서 제시하고 있는 위험성 평가 방법 예시이다. 본 평가 방법에서 발생 빈도 및 심각성은 대상 공사나 공종에 따라 발주자, 건설 안전 전문가 등과의 협의를 통해 설정할 수 있으며, 공사에 따라 상세 기준을 적용할 수 있는 경우 정량적으로 설정하는 것이 더욱 좋다. 위험도는 발생 빈도와 심각성의 곱으로 표현되는 위험성 평가 매트릭스를 통해 결정할 수 있다. 분석된 위험도는 안전 관리 계획 수립 및 실행에 중요한 요인이기 때문에 허용 가능 위험도 수준을 합리적으로 설정한 후 허용 범위를 벗어나는 위험요인에 대해서는 적절한 안전 관리 대책을 수립한 후 이행할 필요가 있다.

[그림 9]
위험성 평가 매트릭스 및 기준 설정 예시 (국토교통부, 2017)

발생 빈도 기준 예시(5점척도)

빈도 수준	빈도 구분	내 용
5	발생 빈번함	최근 3개월간 아차 사고 발생 기록이 있거나 1개월에 1회 정도 발생할 가능성이 있는 경우
4	발생 가능성 높음	최근 1년간 아차 사고 발생 기록이 있거나 1년에 1회 정도 발생할 가능성이 있는 경우
3	발생 가능성 보통	최근 5년간 사고 발생 기록이 있거나 3년에 1회 정도 발생할 가능성이 있는 경우
2	발생 가능성 낮음	최근 10년간 사고 발생 기록이 있거나 5년에 1회 정도 발생할 가능성이 있는 경우
1	발생 가능성 없음	사고 발생 기록이 없음 10년 1회 발생할 가능성이 있는 경우

심각성 기준 예시(5점척도)

심각성 수준	내용(인적/물적)
5	사망 또는 1년 이상의 장기적인 장애를 일으키는 부상인 경우/ 또는 시공 중 목적물(또는 인접 구조물)의 붕괴
4	3개월 이상~1년 미만의 휴업 재해를 일으키는 심각한 부상인 경우/ 또는 목적물(또는 인접 구조물)의 심각한 파손으로 1개월 이상의 공사 기간 손실이 발생
3	3개월 미만의 휴업 재해를 일으키는 부상인 경우/ 또는 목적물(또는 인접 구조물)의 심각한 파손으로 1개월 이상의 공사 기간 손실이 발생
2	경미한 재해를 포함한 불휴업 재해인 경우/ 또는 목적물(또는 인접 구조물)의 약간의 손상으로 3일 이내의 공사 기간 손실이 발생
1	상해가 없거나 응급처지 수준의 상해인 경우/ 또는 목적물(또는 인접 구조물)의 경미한 손상으로 공사 기간에 지장이 없는 수준

위험성 평가 매트릭스 예시

심각성 \ 발생 빈도	1	2	3	4	5
1	1	2	3	4	5
2	2	4	6	8	10
3	3	6	9	12	15
4	4	8	12	16	20
5	5	10	15	20	25

한편 원도급자의 안전 계획 수립을 위해 중요한 도구·기법 중 하나는 하도급기관(회사)의 안전 관리 프로그램에 대해 스크린하고 우수한 안전성과를 보인 하도급기관(회사)를 선정하는 것이다. 이는 건설 공사에는 다양한 하도급기관(회사)이 참여하여 각 기관(회사)들의 안전 관련 정책 및 프로그램들이 상이하기 때문이다.

더불어 최근에는 안전에 대한 높은 인지를 바탕으로 안전한 작업 수행 실적에 대해 인센티브를 제공하는 방법 또한 안전 계획에 고려하고 있다. 이러한 인센티브는 금전적인 혜택 또는 비금전적인 혜택 모두 가능하며, 인센티브 기법의 도입의 가장 큰 동기는 최근 건설 프로젝트 참여자들이 안전사고의 방지가 프로젝트의 원가, 시간, 생산성, 품질 등 전반의 프로젝트 성과에 더 큰 도움이 됨을 인지하게 된 것이라 볼 수 있다. 기타 상세한 안전 계획 수립 단계의 업무는 3장에서 구체적으로 소개한다.

2.2.3 산출물(Output)

안전 계획 수립 단계의 산출물은 먼저 체계적인 프로젝트 안전 관리 계획이다. 이는 작업자와 기타 현장 상주자의 보호, 사고의 방지, 기계·장비·자재 등의 보호를 위한 모든 작업 안전에 대한 체계화·문서화라고 볼 수 있다. 이러한 안전 관리 계획에는 사고에 대처하기 위한 응급처치 계획, 특수한 공사의 위험 또한 고려되어야 하며, 신규 작업자에 대한 안전교육 프로그램에 대한 계획 또한 포함된다. 최근에는 외국인 작업자의 증가로 인해 이들의 상이한 언어 및 문화를 고려한 안전교육 프로그램 또한 필수적인 요소가 되어가고 있다. 마지막으로 안전 계획 수립 단계에서는 안전 관리 책임과 권한에 대해서도 명확히 정의할 필요가 있으며, 안전 계획의 실행을 위한 예산의 편성 또한 명확히 수립되어야 한다.

2.3 안전 계획 실행(Safety Plan Execution)

안전 계획 실행(Safety Plan Execution) 단계에서는 앞 단계에서 수립된 안전 계획을 실제로 적용·이행하는 단계이다. 안전 계획의 이행에 대한 감독은 주로 현장 안전 관리자의 권한이자 책임이지만 실제 안전 계획의 이행은 건설 프로젝트 참여자 모두의 책무이다. PMI(2013)는 안전 계획 실행 프레임워크를 투입물(Input), 도구·기법(Tools and Techniques), 산출물(Output)으로 구분하여 다음 그림과 같이 정의하고 있다.

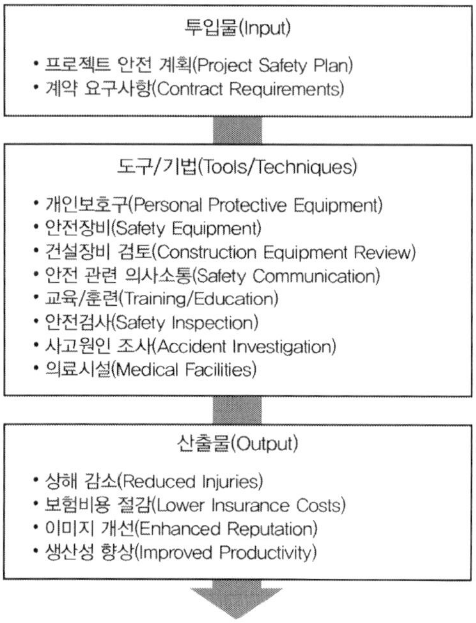

투입물(Input)

- 프로젝트 안전 계획(Project Safety Plan)
- 계약 요구사항(Contract Requirements)

도구/기법(Tools/Techniques)

- 개인보호구(Personal Protective Equipment)
- 안전장비(Safety Equipment)
- 건설장비 검토(Construction Equipment Review)
- 안전 관련 의사소통(Safety Communication)
- 교육/훈련(Training/Education)
- 안전검사(Safety Inspection)
- 사고원인 조사(Accident Investigation)
- 의료시설(Medical Facilities)

산출물(Output)

- 상해 감소(Reduced Injuries)
- 보험비용 절감(Lower Insurance Costs)
- 이미지 개선(Enhanced Reputation)
- 생산성 향상(Improved Productivity)

[그림 10]
안전 계획 실행 (Safety Plan Execution) (PMI, 2013)

2.3.1 투입물(Input)

안전 계획 실행을 위해서는 앞 단계인 '안전 계획 수립(Safety Planning) 단계'의 산출물인 '체계화된 프로젝트 안전 관리 계획'이 필수적인 투입물이며, 기타 공사 특성이나 발주자 요구에 따른 추가적인 안전 관리 절차나 보고이행에 대한 계약 요구사항이 고려되기도 한다.

2.3.2 도구·기법(Tools and Techniques)

안전 계획의 실행을 위한 도구나 기법은 위험요인의 종류에 따라 달라지기도 하지만 일반적으로 다음과 같은 사항을 포함한다.

먼저 작업자 안전을 위한 고려사항으로 개인보호구의 적합한 사용이 무엇보다 중요하다. 개인보호구는 PPE(Personal Protective Equipment)

라 불리기도 하는데, 일반적으로 작업자 머리, 눈, 얼굴, 손과 발의 보호를 위한 안전모, 보안경, 마스크, 안전장갑, 안전화 등을 포함하며, 열, 소음, 유해물질 등에 노출될 우려가 있는 경우 청력보호구, 보안면, 방진·방독·송기마스크, 안전대, 보호복 등의 보호구가 사용된다.

[그림 11]
건설 공사에서 사용되는 개인 보호구

안전장치·설비에는 추락재해 방지를 위한 안전난간, 추락방망, 안전대, 덮개, 낙하·비래물 재해 방지를 위한 낙하방망, 방호선반, 방호시트, 방호철망, 버팀대, 기타 화재 방지 시스템, 각종 경보 시스템 등 다양한 종류가 있으며, 위험요인에 따라 알맞은 안전장치·설비의 고려가 필요하다.

또한 건설현장에서는 다양한 중장비가 활용되기 때문에 중장비에 대한 지속적인 점검이 필요하며, 현장안전에 대한 지속적인 의사소통(안전표지, 안전 관련 미팅), 교육훈련 체계 확립 및 실행, 주기적인 현장안전 점검 등이 필요하다.

안전 계획 실행 단계에서는 안전사고 이후에 대한 대비도 함께 이행되어야 한다. 특히 사고 후 1차 응급처치가 가능하도록 관련 장비, 기기, 인력 등의 준비가 필요하며 사고 이후 신속하게 사고 원인을 파악함으로써 2차 피해를 방지할 수 있도록 명확한 절차를 확립해야 한다.

[그림 12] **건설현장 안전장치 및 설비 예시**

낙하물 방지망

개구부 안전난간

안전대

개구부 덮개

낙하물 방호선반

주출입구 방호선반

2.3.3 산출물(Output)

체계적인 안전 계획의 수립과 철저한 안전 계획의 실행은 다양한 프로젝트 성과 향상이라는 산출물로 이어지는데, 이는 사고의 방지, 상해 및 손실의 감소라는 직접적인 프로젝트 안전의 성과뿐 아니라 보험비용 감소 등의 직·간접적인 비용 절감 효과, 건설산업과 기업 전반의 이미지 개선 효과를 가져올 수 있으며, 안전사고로 인한 작업 중단 등을 방지함으로써 전반적인 생산성 향상으로 이어지게 된다.

2.4 안전 관련 행정·기록(Safety Administration & Records)

건설 안전과 관련된 다양한 법과 제도에서는 안전 관련 계획, 활동, 성과 등에 대한 문서화, 기록의 보관, 보고에 대한 요구사항을 규정하고 있다. 또한 건설 공사와 관련된 보험사 및 발주기관 등에서도 안전 활동이나 성과 관련 기록 및 보고에 대한 의무를 규정한다. PMI(2013)에서는 이와 관련하여 안전 관련 행정 및 기록(Safety Administration and Records) 단계 전반을 투입물(Input), 도구·기법(Tools and Techniques), 산출물(Output)으로 구분하여 그림 13과 같이 정의하고 있다.

[그림 13]
안전 관련 행정 및 기록 (Safety Administration and Records) (PMI, 2013)

투입물(Input)

- 법적 보고 요구사항(Legal Reporting Requirements)
- 보험 관련 보고 요구사항(Insurance Reporting Requirements)
- 계약 요구사항(Contract Requirements)
- 안전 계획 요구사항(Safety Plan Requirements)

도구/기법(Tools/Techniques)

- 안전점검일지 및 기록(Inspection Logs and Reports)
- 훈련 및 미팅 기록(Training and Meeting Records)
- 상해/질병 일지(Injury and Illness Logs)
- 사고 조사(Accident Investigations)
- 사진 및 비디오(Photographs and Video Records)

산출물(Output)

- 정부기관에 대한 보고일지(Government Logs/Reports)
- 사고조사보고서(Accident Reports)
- 안전 목표 달성도(Achievement of Safety Goals)
- 안전 성과의 문서화(Documented safety Performances)

2.4.1 투입물(Input)

본 '안전 관련 행정 및 기록' 단계에서의 주요 투입물은 행정기관의 법과 제도에서 규정하는 안전 계획, 활동, 성과에 대한 기록 및 보고 요구사항, 보험회사나 발주기관에서의 요구사항 등을 포함한다. 이는 주로 사고, 상해, 손실, 작업자의 근무시간 등에 대한 정보를 포함하며, 작업자의 건강 상태나 약물검사 결과, 기타 다양한 환경적 위험요인 등에 대한 기록과 보고 요구사항을 포함하기도 한다.

2.4.2 도구·기법(Tools and Techniques)

위의 다양한 요구사항을 바탕으로 건설 프로젝트에서는 안전 점검 내역, 안전교육 및 훈련활동, 상해 또는 질병을 지속적으로 기록하거나 문서화하며, 사고 발생 시 사고조사를 수행한 후 보고서화한다. 안전 관련 기록물은 사진이나 비디오의 형식을 포함할 수 있으며, 해당 자료유형들은 사고 사례에 대한 이해를 더욱 명확하게 한다는 점에서 유용하게 활용된다.

건설 안전사고에 대한 문서화 및 현황분석에는 다음과 같은 통계 지표를 널리 사용하기도 한다.

- 재해율(천인율) : 작업자 수 100(1,000)인당 발생하는 재해자 수의 비율

$$\text{재해율(천인율)} = \frac{\text{재해자 수}}{\text{상시 근로자 수}} \times 100(1{,}000)$$

- 도수율(또는 빈도율, Frequency Rate of Injury; FR) : 100만 근로 시간당 재해 발생 건수

$$\text{도수율(또는 빈도율)} = \frac{\text{재해 건수}}{\text{연 근로 시간 수}} \times 1{,}000{,}000$$

- 강도율(Severity Rate of Injury; SR) : 근로시간 합계 1,000시간당 재해로

인한 근로 손실일 수

$$강도율 = \frac{총\ 근로\ 손실일\ 수}{연\ 근로\ 시간\ 수} \times 1,000$$

여기서 작업자 수는 일용이나 상용 구분 없이 사업장에 종사하는 모든 작업자수를 말하며, 재해자수는 사망 및 지방노동관서에 최초 요양신청서를 제출한 재해자 중 요양 승인을 받은 자의 수를 말한다. 근로손실일수의 경우 사망 및 영구 전 노동 불능의 경우 7,500일로 규정하며, 영구 일부 노동 불능의 경우 신체장해등급 4~14등급까지 5,500일부터 50일까지로 상이하다(김상철 외, 2017).

재해나 사고 조사 활동 관련해서는 ① 현장 훼손과 세세한 내용에 대한 망각을 방지하고자 최대한 조기에 착수하고, ② 사진 등을 통해 최대한 사실을 수집하며, ③ 수집한 정보의 정확성을 확보하기 위한 노력을 바탕으로 ④ 5W1H(Who, When, Where, Why, How, What) 원칙에 입각하여 재해 조사 보고 및 재해 방지 대책 수립을 하는 것이 좋다.

구체적으로 재해 조사는 앞서 설명한 사고 원인의 연쇄 관계 모형에 입각해서 먼저 ① 사고에 대한 사실을 확인한 후, ② 직접 원인을 파악하고, ③ 기본 원인과 근본적 문제를 결정한 후 ④ 대책을 수립하는 절차로 진행된다(김상철 외, 2017).

2.4.3 산출물(Output)

본 단계에서의 주요 산출물은 행정기관에 대한 보고서 및 일지, 사고조사 보고서, 안전 목표 달성도, 문서화된 안전 성과 등을 포함하며 이는 행정기관에 건설현장의 안전 활동을 알리거나, 보험회사, 미래의 발주자 등에게 안전성과를 보여주는 데 활용된다.

chapter 03

건설 안전 관리 실무 및 사례

본 장에서는 건설 안전 관리 실무에 대해 독자가 쉽게 이해할 수 있도록 설명하고자 한다. 특히 건설현장에서 안전 계획의 수립 및 안전 관리 활동에 대해 구체적으로 설명하며, 건설현장의 주요 사고 사례와 그에 대한 관리 방안을 제시함으로써 다양한 위험요인의 고려가 필요한 건설 안전 관리의 포괄적인 이해를 도모하고자 한다.

3.1 안전 계획의 수립 관련 실무

앞서 2.2장에서는 안전 계획 수립을 위해 파악해야 하는 정보들, 즉, 건설 프로젝트에 내재 된 위험요인 분석 정보를 기반으로 안전 관련 법·제도를 고려한 안전 계획 수립의 개요에 대해 소개하였다. 본 장에서는 안전 관리 계획을 수립하고 작성하는 전반적인 절차에 대해 설명한다.

안전 관리 계획 수립은 건설 공사 착공 전에 안전 관리 계획서를 작성하고 공사감독자 또는 감리원의 확인을 받아 발주자 또는 인허가를 승인한 행정기관장에게 제출하는 것까지의 단계를 포함한다. 이러한 안전 관리 계획서의 작성 및 확인과 관련하여 관계법령의 지침 내용 외에 필요한 사항은 공사감독자 또는 감리원이 별도로 정하여 적용할 수 있다. 이를 위하여 건설 공사의 안전 관리 관계자는 해당 공사와 관련한 건설 안전 관련 법령·기준을 충분히 이해하고 안전 관리 계획의 수립에 임해야 한다.

3.1.1 안전 관리 계획서의 작성

건설업자 또는 주택건설등록업자는 도급계약 체결 후 다음과 같은 사항을 고려하여 안전 관리 계획서를 작성한다.

- 안전 관리 계획서는 총괄 안전 관리 계획서와 공종별 안전 관리 계획서로 분리하여 작성하며, A4 크기의 용지로 작성하는 것을 기본 원칙으로 함(공정표 및 도면 등 규격이 다른 경우에는 A4 크기에 맞게 접어서 작성)
- 안전 관리 계획서는 당해 공사의 시공자(건설업자 또는 주택건설등록업자)가 작성하는 것을 원칙으로 함
- 안전 관리 계획서의 내용 중 구조계산서 및 안전성 검토서 등 설계도서를 당해공사 수급인이 작성한 경우에는 도서에 작성일과 책임자의 서명날인을 함
- 안전 관리 계획서는 작성지침 순서에 따라 작성하되 당해 공사와 관련 없는 항목은 제외하고 관련 있는 항목만 작성함

위와 같은 기본 원칙에 따라 안전 관리 계획서에 포함되어야 하는 항목은 다음과 같으며, 이러한 항목들을 바탕으로 포괄적인 안전 관리가 수행되어야 한다.

- 공사의 개요 : 공사 전반에 대한 개략을 파악하기 위한 위치도·공사개요·전체공정표 및 설계도서
- 안전 관리 조직 : 공사 관리 조직 및 임무에 관한 사항으로서 시설물의 시공안전 및 공사장 주변 안전에 대한 점검·확인 등을 위한 관리 조직표
- 공정별 안전 점검 계획 : 자체·정기 안전 점검 시기·내용·안전 점검 공정표 실시 계획 등에 관한 사항
- 공사장 주변 안전 관리 계획 : 공사 중 지하매설물의 방호, 인접시설물의 보호 등 공사장 및 공사현장 주변에 대한 안전 관리에 관한 사항
- 통행안전시설 설치 및 교통 소통 계획 : 공사장 주변의 교통 소통 대책,

교통안전시설물, 교통사고 예방대책 등 교통안전 관리에 관한 사항

- 안전 관리비 집행 계획 : 안전 관리비의 계상 금액, 산정 내역, 사용 계획 등에 관한 사항
- 안전교육 계획 : 안전교육 계획표, 교육의 종류·내용 및 교육 관리에 관한 사항
- 비상시 긴급조치 계획 : 공사현장에서의 비상사태에 대비한 비상연락망, 비상동원조직, 경보체제, 응급조치 및 복구 등에 관한 사항

이와 더불어, 건설 공사의 주요 공종별로 안전 시공 절차 및 주의사항, 안전 점검 계획표 및 안전 점검표를 각각 작성해야 한다. 추가적으로 공종별로 위험요인이 상이하기 때문에 각 공종별 안전 관리 중점사항을 포함하여 다음과 같은 안전 관리 계획을 작성하여야 한다.

- 가설공사 : 가설구조물의 설치개요, 시공 상세도면, 가설물 안전성계산서
- 굴착공사 및 발파공사 : 굴착·흙막이·발파·항타 등의 개요, 시공상세도, 굴착 비탈면, 흙막이 등 안전성 계산서
- 콘크리트공사 : 거푸집·동바리·철근·콘크리트 등 공사 개요, 시공 상세도면, 동바리 등 안전성 계산서
- 강구조물공사 : 자재장비 등의 개요, 시공 상세도면, 강구조물 안전성 계산서
- 성토 및 절토공사 : 자재·장비 등의 개요, 시공 상세도면, 안전성 계산서
- 해체공사 : 구조물 해체의 대상·공법 등의 개요, 시공 상세도면, 해체 순서, 안전시설 및 안전조치 등에 대한 계획
- 건축설비공사 : 자재·장비 등의 개요 및 시공 상세도면, 안전성 계산서
- 기타 공사감독자 또는 감리원이 안전 관리 계획의 수립이 필요하다고 인정하는 공종에 대한 계획들

3.1.2 안전 관리 계획서의 확인

총괄 안전 관리 계획서 및 공종별 안전 관리 계획서를 작성한 후에

는 이에 대한 확인이 필요하다. 안전 관리 계획서의 확인은 당해 건설 공사의 공사감독자 또는 감리원이 총괄하여 수행한다. 단, 공사감독자 또는 감리원이 없는 민간건설 공사의 경우에는 당해 건설 공사를 인허가 또는 승인한 행정기관의 장이 확인업무를 수행한다. 안전 관리 계획서의 확인결과는 다음과 같이 적정, 조건부 적정·부적정으로 구분한다.

- 적정 : 안전에 필요한 조치가 구체적이고 명료하게 계획되어 건설 공사의 시공상 안전성이 충분히 확보되어 있다고 인정될 때
- 조건부 적정 : 안전성 확보에 치명적인 영향을 미치지는 않지만 일부 보완이 필요하다고 인정될 때
- 부적정 : 시공 시 안전사고 발생의 우려가 있거나 계획에 근본적인 결함이 있다고 인정될 때

이러한 확인결과는 다음과 같이 안전 관리 계획서의 주요 확인 내용을 검토한 후 이루어지며, 주요 확인 내용은 다음과 같다.

1) 공사 개요

- 위치도, 공사 개요, 전체 공정표 및 설계도서의 누락 여부
- 공사현장 주변 현황 및 주변과의 관계를 나타내는 도면

2) 건설 공사의 안전 관리 조직

- 안전 관리 관계자 선임에 관한 서류의 누락 여부
- 안전 관리 관계자 자격의 적정 여부
- 안전 관리 조직표의 적정 여부
- 담당 업무 및 책임 한계 등의 명확성 여부

3) 공종별 안점점검 계획

- 안전 점검 공종표의 유무 및 계획의 적정 여부
- 자체 안전 점검 내용 등 실시 계획의 적정 여부 및 점검 결과에 따른 조치 계획의 적정 여부
- 정기 안전 점검의 시기, 점검내용 등 실시 계획의 적정 여부 및 점검 결과에 따른 조치 계획의 적정 여부

4) 공사장 및 주변 안전 관리 계획

- 공사로 인한 영향 범위 설정의 적정 여부
- 지하 매설물 또는 인접 시설물 관련 도면, 서류 등의 누락 여부
- 인접 주민 및 가축 등에 대한 대책
- 지하 매설물 방호 또는 안전 시설물 보호조치 방법의 적정 여부

5) 통행안전시설 설치 및 교통 소통 대책

- 공사장 주변 도로상황 관련 도면, 서류 등의 누락 여부
- 교통안전 관리 범위 설정의 적정 여부
- 교통안전시설물의 종류, 설치 및 유지 관리 계획의 적정 여부
- 공사장 주변 교통 소통 대책 및 교통사고 예방 대책 등 교통안전 관리 적정 여부

6) 안전 관리비 집행 계획

- 안전 관리비 산정내역 및 계상액의 적정 여부
- 안전 관리비 항목별 사용 계획의 적정 여부

7) 안전교육 계획

- 정기, 일상, 협력업체 안전 관리 교육 등 제반 안전교육별 실시 시기 및 대상자의 적정 여부
- 안전시공을 위한 공법의 이해 및 세부 시공순서 등 교육 내용, 교육 방법의 적정 여부

8) 비상시 긴급조치 계획

- 내외부 비산연락망의 유무 및 연락체제의 적정 여부
- 비상동원조직의 구성 및 분담업무 등의 적정 여부
- 비상경보, 긴급대피, 응급조치 및 복구 계획 등의 적정 여부

3.1.3 기타 고려 사항

국내에서는 「산업안전보건법」 및 「산업안전보건법 시행규칙」에 근거하여 건설 공사를 실시할 때 '건설 공사의 유해·위험 방지 계획서'를 고용노동부에 제출하여 장관의 확인을 받도록 규정되어 있다.

'건설 공사의 유해·위험 방지 계획서'에는 1. 공사의 개요, 2. 안전보건 관리 계획, 3. 추락 방지 계획, 4. 낙하·비래 예방 계획, 5. 붕괴 방지 계획, 6. 차량계 건설기계 및 양중기기에 관한 작업 안전 계획, 7. 감전재해 예방 계획, 8. 유해·위험기계·기구 등에 관한 재해 예방 계획, 9. 보건·위생시설 및 작업 환경의 개선 계획, 10. 화재·폭발에 의한 재해 방지 계획을 포함하도록 되어 있다.

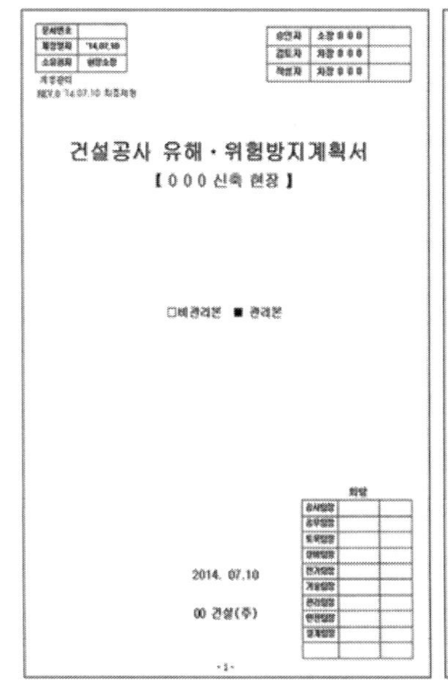

문서번호	
제정일자	'14.07.10
소유권자	현장소장

개정관리
REV.0 '14.07.10 최초제정

승인자	소장 ○○○	
검토자	차장 ○○○	
작성자	차장 ○○○	

건설공사 유해·위험방지계획서

【000 신축 현장】

□비관리본 ■관리본

2014. 07.10

00 건설(주)

회람

공사팀장		
공무팀장		
토목팀장		
건축팀장		
전기팀장		
기술팀장		
관리팀장		
안전팀장		
설계팀장		

- 1 -

목 차

목차	내용	페이지	개정현황 0	1	2	3	4	5
1.공사개요	가. 공사개요서							
	나. 공사현장의 주변현황 및 주변과의 관계를 나타내는 도면(매설물 현황 포함)							
	다. 건설물, 공사용 기계설비 등의 배치를 나타내는 도면							
	라. 전체공정표							
2.안전보건 관리계획	가. 산업안전보건관리비 사용계획							
	나. 안전관리조직표							
	다. 재해발생 위험시 연락 및 대피계획							
3.작업공종별 유해위험방지계획 (대상공사 제120조 제1항,제1호에 따른 건축물, 인공구조물 등의 공사)	가. 구조물공사							
	나. 마감공사							
	다. 기계,설비 공사							
	라. 해체공사							
	주요작성대상 1. 비계조립 및 해체작업(외부비계 및 높이 3m 이상 내부비계에 한한다) 2. 높이 4m를 초과하는 거푸집동바리 조립 및 해체작업 또는 비탈면 슬래브의 거푸집동바리 조립 및 해체작업 ※ 동바리 없는 공법(무지주공법으로 데크플레이트, 호리빔 등)과 옹벽 등 벽체 포함. 3. 작업발판 일체형 거푸집 조립 및 해체작업 4. 철골 및 PC(Precast Concrete)조립작업 5. 양중기 설치, 연장, 해체작업 및 천공,항타작업 6. 밀폐공간 내 작업(질식, 화재, 폭발예방 계획) 7. 해체작업 8. 우레탄 폼 등 단열재 작업(취급장소와 인접한 화기작업 포함) 9. 같은 장소(출입구를 공동으로 이용하는 장소)에서 여러 공종이 동시에 작업할 경우 재해예방계획 ※ 동일하나 환기가 불충분하고 가연물이 있는 건축물 내부나 설비 내부에서 단열재 취급, 용접,용단 등 같은 화기작업을 하는 경우에 세부계획 작성							
첨부	가. 해당 작업공종별 작업계획 및 재해예방계획							
	나. 위험물질의 종류별 사용량과 저장,보관 및 사용시의 안전작업계획							

[그림 14] 건설 공사의 유해·위험 방지 계획서

위의 건설 공사의 유해·위험 방지 계획서의 제출 대상은 다음과 같다.

- 지상높이가 31m 이상인 건축물 또는 인공구조물
- 연면적 30,000m^2 이상인 건축물 또는 연면적 5,000m^2 이상의 문화 및 집회시설(전시장 및 동물원, 식물원은 제외)
- 판매시설
- 운수시설(고속철도의 역사 및 집배송시설은 제외)
- 종교시설
- 의료시설 중 종합병원
- 숙박시설 중 관광숙박시설
- 지하도 상가
- 냉동, 냉장창고시설의 건설, 개조 또는 해체
- 연 면적 5,000m^2 이상의 냉동, 냉장창고시설의 설비공사 및 단열공사
- 최대 지간길이가 50m 이상인 교량건설 등 공사
- 터널 건설 등의 공사
- 다목적댐, 발전용 댐 및 저수용량 2,000만 톤 이상의 용수 전용 댐, 지방상수도 전용 댐 건설 등의 공사
- 깊이 10m 이상인 굴착공사

위의 건설 공사 유해·위험 방지 계획서는 공사개요서, 산업안전보건관리비 사용 계획서, 개인보호구 지급 계획서 등과 함께 제출해야 한다. 이 중 산업안전보건관리비 사용 계획서 관련, 국가에서는 「산업안전보건법」 제30조 및 「산업안전보건법 시행규칙」 제32조에서는 건설업의 산업안전보건관리 계상 및 사용기준을 제시하여 안전 관리자 등의 인건비 및 각종 업무수당, 안전시설비, 개인보호구, 사업장의 안전진단비, 안전보걱교육비 및 행사비, 근로자의 건강관리비, 건설 재해 관리에 건설 공사비의 일부를 계상하여 사용하도록 정하고 있다.

[표 5] 건설 공사의 산업안전보건 관리비 계상 요율 및 사용 기준(고용노동부, 2018)

공사 종류	대상액 5억 원 미만인 경우 적용 비율(%)	대상액 5억 원 이상 50억 원 미만인 경우		대상액 50억 원 이상인 경우 적용비율(%)	보건 관리자 선임대상 건설 공사의 적용 비율(%)
		적용 비율	기초액		
일반건설 공사(갑)	2.93%	1.86%	5,349,000원	1.97%	2.15%
일반건설 공사(을)	3.09%	1.99%	5,499,000원	2.10%	2.29%
중건설 공사	3.43%	2.35%	5,400,000원	2.44%	2.66%
철도·궤도 신설공사	2.45%	1.57%	4,411,000원	1.66%	1.81%
특수 및 기타 건설 공사	1.85%	1.20%	3,250,000원	1.27%	1.38%

3.2 안전 관리 활동 관련 실무

안전 관리 활동을 통하여 사전에 사고를 방지하고 안전을 확보하기 위해서는 안전보호구, 안전장치·설비 등 지속적인 현장 안전 점검 실시와 작업자를 대상으로 올바른 작업 방법 및 절차에 대한 교육과 훈련이 필수적이다. 좁게는 현장에서 사용되는 공구 및 장비에 대해 전문가에 의한 정기적이고 객관적인 안전 점검을 통해 우수한 품질을 유지하는 것과 올바른 사용법을 숙지하는 것으로써 위험요소를 제거할 수 있으며 넓게는 현장에서 적용되는 실제 공법에 대한 철저한 사전 계획을 통해 합리적인 안전 관리 활동을 할 수 있다.

3.2.1 참여자별 안전 관리

안전 관리 활동은 건설 공사의 계획 및 설계 발주에서부터 공사 완료 시까지 전 단계에 걸쳐 맡은 역할에 따라 유기적으로 이루어져야 한다. 이러한 활동을 각 단계별로 발주자, 설계자, 시공자 및 감리원이 각각 수행하여야 할 항목으로 나누어 다음 그림에 요약하여 나타내었다.

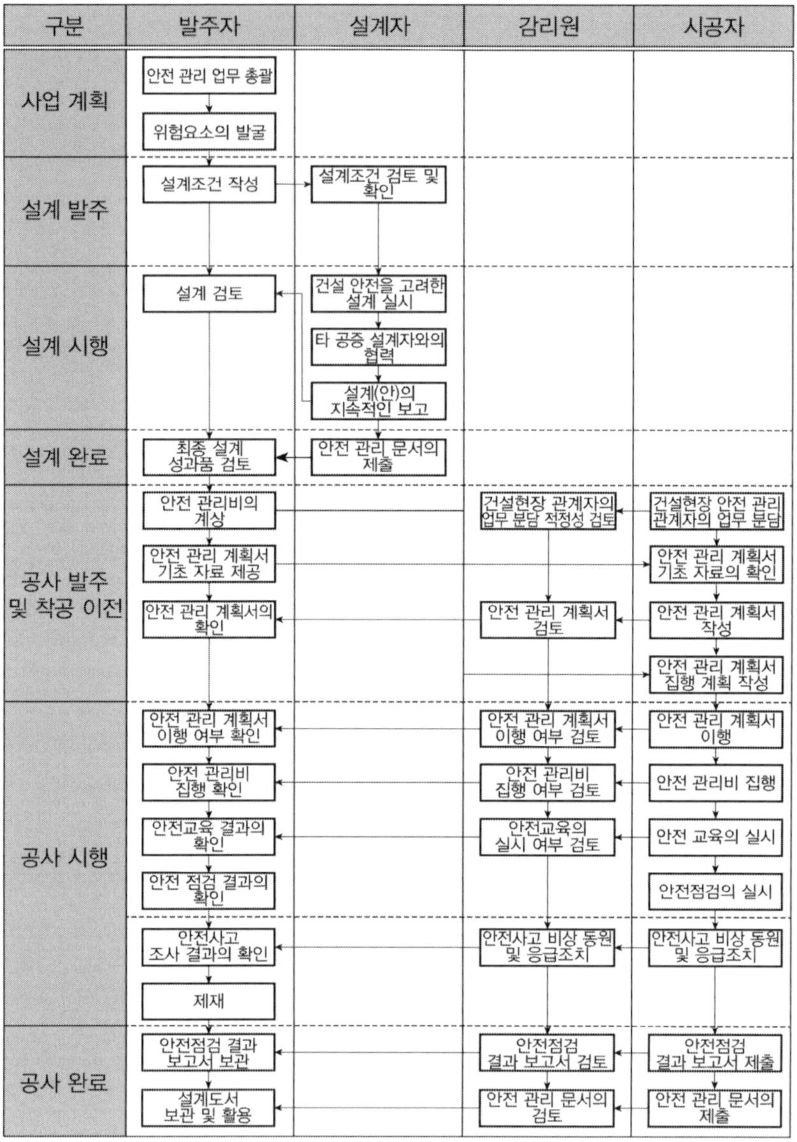

구분	발주자	설계자	감리원	시공자
사업 계획	안전 관리 업무 총괄 위험요소의 발굴			
설계 발주	설계조건 작성	설계조건 검토 및 확인		
설계 시행	설계 검토	건설 안전을 고려한 설계 실시 타 공종 설계자와의 협력 설계(안)의 지속적인 보고		
설계 완료	최종 설계 성과품 검토	안전 관리 문서의 제출		
공사 발주 및 착공 이전	안전 관리비의 계상 안전 관리 계획서 기초 자료 제공 안전 관리 계획서의 확인		건설현장 관계자의 업무 분담 적정성 검토 안전 관리 계획서 검토	건설현장 안전 관리 관계자의 업무 분담 안전 관리 계획서 기초 자료의 확인 안전 관리 계획서 작성 안전 관리 계획서 집행 계획 작성
공사 시행	안전 관리 계획서 이행 여부 확인 안전 관리비 집행 확인 안전교육 결과의 확인 안전 점검 결과의 확인 안전사고 조사 결과의 확인 제재		안전 관리 계획서 이행 여부 검토 안전 관리비 집행 여부 검토 안전교육의 실시 여부 검토 안전사고 비상 동원 및 응급조치	안전 관리 계획서 이행 안전 관리비 집행 안전 교육의 실시 안전점검의 실시 안전사고 비상 동원 및 응급조치
공사 완료	안전점검 결과 보고서 보관 설계도서 보관 및 활용		안전점검 결과 보고서 검토 안전 관리 문서의 검토	안전점검 결과 보고서 제출 안전 관리 문서의 제출

[그림 15]
건설 공사 단계별 안전 관리 업무 내용(국토교통부, 2014; 건설 공사 안전 관리 업무 매뉴얼)

1) 발주자의 안전 관리 업무

건설 공사를 진행하는 데 발생하는 각종 사안에 대해 발주자는 건설 현장의 안전을 고려하여 의사 결정을 해야 한다. 또한 건설 안전 관련 법령에서 정한 요건을 준수하여 적절한 작업 환경을 조성함으로써 건설 공사 안전 관리에 노력해야 한다.

① 사업 계획

건설 공사 안전 관리에 대한 궁극적 책임은 발주자에게 있으므로, 발주자는 건설 공사 안전 관리 참여자의 업무가 제대로 이행되고 있는지를 총괄하여 관리하여야 하며, 사업 전 단계에 걸쳐 안전 관리의 내용이 체계적으로 문서화되도록 해야 한다. 또한 발주자는 해당 건설 공사에서 중점적으로 관리해야 할 위험요소, 원인, 통제 수단을 유사 건설 공사 설계도서에 포함된 안전 관리 문서의 검토를 통해 사전에 파악하여야 하며 관련 전문가의 자문을 통해 검증하여야 한다.

② 설계 발주

발주자는 사업 계획 시 파악한 해당 건설 공사의 위험요소, 원인 및 통제 수단을 바탕으로 설계서(혹은 과업지시서)의 설계조건을 작성하여야 한다. 또한 발주자는 건설 안전을 고려한 설계가 될 수 있도록 다음과 같은 설계조건을 설계자에게 인지시켜야 한다.

- 설계에서 가정한 시공법 및 절차에 의해 발생하는 위험요소가 회피, 제거, 감소되도록 설계하여야 한다. 특히 시공자 또는 작업자가 익숙하지 않은 시공법과 절차를 채택한 경우에는 보다 많은 주의를 기울이도록 한다.
- 시공 단계에서 설치되는 가설 시설물의 안전한 설치 및 해체를 고려해야 한다.
- 깊은 지하 굴착을 최대한 배제하여 설계하여야 한다.
- 위험장소에서의 작업을 최소화하기 위해 공장제작 자재의 활용을 적극적으로 고려하여 설계하여야 한다.
- 가급적이면 동일 작업장소에서 시공절차가 충돌되지 않고 안전하게 작업이 이루어지도록 단순한 설계가 되도록 노력해야 한다.
- 시설물의 유지 관리가 용이하도록 개·보수 및 청소를 위한 전용통로, 설비의 설치 및 제거가 용이한 반입구 등이 설계에 고려되어야 한다.
- 부서지기 쉬운 자재나 석면의 사용이 최소화되도록 설계하여야 한다.
- 개·보수 공사 시 기존 구조물이 안전하도록 설계하여야 한다.

또한 용지 조건의 특수성에 의해 파생되거나 설계자 선임 이전에 수행한 작업에 의해 발생하는 위험요소를 설계자가 확인할 필요가 있을 경우 발주자는 관련 자료 및 정보를 설계자에게 제공하여야 하며, 발주자가 설계자에게 제공하는 용지 정보는 다음과 같다.

• 용지 내의 석면이나 화학폐기물과 같은 유해물질 존재 여부에 관한 사항
• 용지 근처의 철길이나 혼잡한 인접도로 등과 같은 현장 접근에 관한 사항
• 지하 매설물과 지하수 흐름에 관한 사항
• 붕괴를 유발할 수 있는 인접건물, 구조물 및 식수현황에 관한 사항
• 구조물에 부정적 영향을 끼칠 수 있는 지반침하에 관한 사항
• 용지 내 설비나 장비설치의 난이점에 관한 사항
• 소음을 비롯한 대지의 환경조건에 관한 사항

③ 설계 시행

발주자는 정기적으로 설계서를 검토하여, 다음과 같은 내용이 준수되고 있는지를 검토한다.

• 설계서(과업지시서)의 설계조건에 따라 해당 건설 공사의 위험요소를 설계 과정 중에 지속적으로 식별하고 통제 수단을 강구하고 있는지의 여부
• 설계에 가정된 시공법과 절차, 설계에 잔여된 위험요소의 유형, 통제하기 위한 수단이 문서로 정리되고 있는지의 여부
• 다수의 공종별 설계자가 참여한 경우, 동일한 위험요소 식별 기준 및 평가 기준의 채용 여부
• 건설 안전을 고려한 설계를 협의하기 위한 공종별 설계자의 회의 개최 여부
• 설계 과정에 참여한 기술자가 건설 안전에 대한 전문성이 부족한 경우, 건설 안전 전문가 참여 여부

④ 설계완료

발주자는 최종 설계 성과품으로 다음과 같은 내용이 포함된 문서가 있는지를 확인하고 시공자에게 전달하기 위해 정리한다.

- 설계 과정 중에 실시한 건설 안전 위험성 평가결과에 관한 사항
- 설계 과정 중에 식별한 위험요소의 유형과 강구한 통제 수단에 관한 사항
- 설계에 가정된 각종 시공법과 절차에 관한 사항
- 설계에 잔여된 위험요소의 유형 및 통제 수단에 관한 사항

⑤ 공사 발주 및 착공 이전

발주자는 발생 가능한 위험요소를 고려하여 안전 관리 계획서를 작성하도록 시공자에게 다음과 같은 정보를 제공하여야 하며, 제출 받은 안전 관리 계획서의 내용을 심사하여 그 결과를 15일 이내에 건설업자 또는 주택건설등록업자에게 통보하여야 한다.

- 용지 내에 석면이나 화학폐기물과 같은 유해물질 존재 여부에 관한 사항
- 용지 근처의 철길이나 혼잡한 인접도로 등과 같은 현장 접근에 관한 사항
- 지하 매설물과 지하수 흐름에 관한 사항
- 붕괴를 유발할 수 있는 인접건물, 구조물 및 식수 현황에 관한 사항
- 구조물에 부정적 영향을 끼칠 수 있는 지반침하에 관한 사항
- 용지 내 설비나 장비설치의 난이점에 관한 사항
- 소음을 비롯한 용지의 환경조건에 관한 사항
- 설계에 가정된 각종 시공법과 절차에 관한 사항
- 설계에 잔여된 위험요소의 유형 및 통제 수단에 관한 사항

⑥ 공사 시행

발주자는 시공자의 안전 관리 계획서 이행 여부를 유해 위험 방지 계획서·안전 관리 계획서의 통합 작성 지침 및 정기 안전 점검표를 통해 감리원이 확인하도록 하여야 한다. 또한 책정된 안전 관리비를 시공자로 하여금 당해 목적에만 사용하도록 하여야 하며, 감리원으로 하여금 안전 관리 활동 실적에 따른 정산 자료의 적정성을 검토하여 보고하도록 하여야 한다.

이 외에도 감리원 및 시공자로 하여금 지속적인 안전 점검을 실시하도록 해야 하며, 이러한 안전 점검 사항을 감리원이 확인하도록 해야 한다. 공사 시행 단

계에서 발주자는 작업자들이 안전한 업무를 수행할 수 있도록 안전교육을 실시하도록 하며, 건설 현장에서 안전사고가 발생하였을 경우 이에 대한 긴급한 조치를 취하고 사고 원인 및 상세 내용을 조사하며 이를 보고할 의무가 있다.

⑦ 공사 완료

공사 완료 시 발주자는 그동안 실시한 안전 점검의 내용 및 그 조치 사항을 시공자로부터 보고받으며, 제출받은 안전점 검종 합보고서를 해당기관에 제출하여야 한다. 보고서는 당해 공사의 하자담보 책임기간 만료일까지 보관하고 있어야 하며, 필요시 안전 점검 종합 보고서를 한국시설안전기술공단으로 하여금 보존 및 관리하게 할 수 있다. 향후 유사 건설 공사의 안전 관리와 유지 관리에 유용한 정보 제공을 위해 발주자는 해당 건설 공사가 준공되는 시점에서 각 안전 관리 참여자가 작성한 안전 관리 문서를 취합하여 설계도서의 일부로 보관한다.

2) 설계자의 안전 관리 업무

건설 공사에서 설계자의 의사 결정이 건설 안전 관리에 미치는 영향은 매우 크다. 하지만 전통적으로 설계자는 설계 시 최종 사용자의 안전에만 주로 관심을 가져왔다. 하지만 기능성, 심미성 등 다른 설계요소가 침해되지 않는 범위에서 작업자 및 공사 목적물의 안전에 관한 설계자의 고려가 있다면, 또는 설계에 반영하지 못한 위험요소에 관한 정보를 시공자에게 전달할 수 있다면 건설 공사의 안전성을 향상시킬 수 있다. 설계자는 건설 안전에 대한 위험요소를 가장 먼저 규명해야 하며, 공사 목적물과 작업자들이 위험요소에 노출되지 않도록 설계 시 적극적으로 노력해야 한다. 각 사업 단계별로 설계자의 안전 관리 업무는 다음과 같다.

① 설계 발주

설계자는 설계 업무 착수 이전에 다음 내용을 중심으로 해당 용지의 특성을 확인 및 검토하여야 하며, 발주자의 설계서(과업지시서) 설계 조건에 명시된 안전 관리 부문의 요구사항을 확인 및 검토하여야 한다.

② 설계 시행

설계자는 설계서(과업지시서)의 조건을 바탕으로 표준시방서 및 설계 기준에 근거하여 건설 안전에 치명적인 영향을 줄 수 있는 위험요소를 예측하고 이러한 요소들을 제거할 수 있도록 고려하여 설계하여야 한다. 또한 설계자는 이러한 위험요소를 기능성, 심미성 등의 설계요소를 훼손시키지 않는 범위 내에서 최소화시켜 설계하여야 한다.

설계자는 설계에 가정된 시공법과 절차, 잔여된 위험요소의 유형, 통제하기 위한 수단을 안전 관리 문서로 정리하여야 한다. 또한 다수의 공종별 설계자가 참여한 경우, 주 설계자는 동일한 위험요소 식별 및 평가 기준을 채용하여야 하며, 건설 안전을 고려한 설계를 협의하기 위해 주 설계자는 공종별 설계자와 회의를 개최하여야 한다. 건설 안전을 저해하는 위험요소의 최소화를 고려한 설계를 위해 설계자는 시공법과 절차를 명확히 이해하고 있어야 한다.

③ 설계 완료

설계자는 최종 설계 성과품의 하나로 다음과 같은 내용이 포함된 문서를 발주자에게 제출하여야 한다.

- 설계 과정 중에 실시한 건설 안전 위험성 평가 결과
- 설계 과정 중에 식별한 위험요소의 유형과 강구한 통제 수단
- 설계에 가정된 각종 시공법과 절차
- 설계에 잔여된 위험요소의 유형 및 통제 수단
- 시공 시 유의사항 및 위험 요소에 대한 대처 방안

3) 시공자의 안전 관리 업무

건설 안전에 대한 시공자의 의사 결정은 건설 공사에 직접적으로 영향을 미친다. 공사일정, 공사비, 품질 등 주요 공사 목표가 침해되지 않는 범위 내에서 작업자 및 공사 목적물의 안전에 관한 시공자의

적극적인 고려가 있다면, 안전사고는 예방 또는 저감될 수 있다. 따라서 발주자 및 감리원은 안전사고의 예방을 위해 시공자로 하여금 충실히 안전 관리 업무를 수행토록 해야 한다.

① 공사 발주 및 착공 이전

건설 공사 현장 안전 관리에 대한 책임은 시공자에게 있으므로, 시공자는 건설 현장 안전 관리 관계자의 안전 관리 업무가 제대로 이행되는지를 총괄하여야 한다. 시공자는 건설 공사 현장 안전 관리 참여자의 직무를 효율적으로 총괄 감독하기 위해 안전 총괄 책임자, 분야별 안전 관리 책임자, 안전 관리 담당자, 수급인 및 하수급인의 안전 관리 조직을 다음 그림과 같이 구성하고 이들의 직무와 책임을 공사 착공 단계에서부터 문서화하도록 한다.

시공자는 용지조건의 특수성 및 설계에서 검토되지 않은 위험요소를 고려하여 다양한 정보를 확인한 후, 이를 기반으로 안전 관리 계획을 작성하여야 하며, 이를 공사감독자 또는 감리원의 확인을 받아 건설 공사를 착공하기 전에 발주자에게 제출하여야 한다. 안전 관리 계획의 내용을 변경한 때에도 동일하게 발주자에게 제출하여야 한다. 또한 시공자는 효과적인 안전 관리를 위하여 일정 기준에 의해 책정된 안전 관리비를 공사금액에 계상하여 안전 관리비 집행 내역서를 작성하여야 한다.

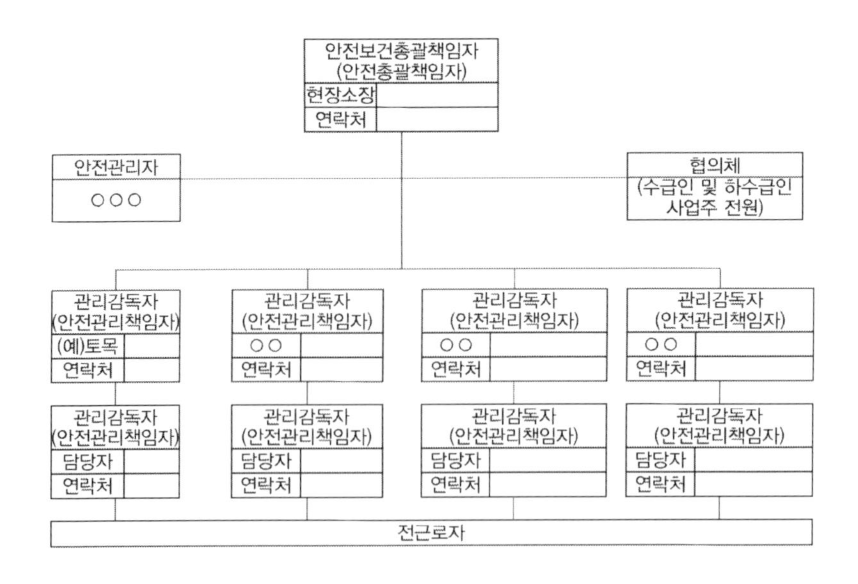

[그림 16] **건설 공사 안전 관리 조직(노동부, 건설교통부, 2007)**

② 공사 시행

공사 시행 시 시공자는 안전 관리 계획서에 따라 건설현장의 안전 관리 업무를 수행하여야 하며, 계획의 이행 여부에 관한 보고서를 작성하여 감리원에게 서면으로 보고하여야 한다. 이전 단계에서 계상한 안전 관리비는 그 사용현황을 공사 진척에 따라 분기별로 작성하여야 한다. 안전 관리비는 당해 목적에만 사용하도록 하여야 하며, 감리원에게 안전 관리 활동 실적에 따른 안전 관리비 집행 실적을 정기적으로 보고하여야 한다. 또한 시공자는 안전교육 계획을 수립하여야 하며, 이에 따라 안전교육을 실시하여야 한다. 또한 공사 중 직접 또는 건설 안전 점검 기관에 의뢰하여 안전 점검을 실시하여야 할 의무가 있다.

③ 공사 완료

건설 공사 준공 시 시공자는 공사 중 실시한 안전 점검의 내용 및 그 조치사항을 종합보고서로 작성하여 발주자에게 제출하여야 한다. 또한 해당 건설 공사가 준공되면 향후 유사 건설 공사의 안전 관리와 유지 관리에 유용한 정보 제공 차원에서 시공자는 다음 내용을 중심으로 안전 관리 문서를 작성하여 감리원의 검토 후 발주자에게 제출하여야 한다.

- 시공자가 적용한 시공법, 절차 및 구조 기준
- 사용된 자재에 관련된 위험요소
- 설비 · 장비 · 기계의 위치와 사양, 사용 매뉴얼
- 설비 · 장비 · 기계의 제거나 해체, 청소와 유지 관리에 관한 요구사항

4) 감리원의 안전 관리 업무

감리원은 「건설기술관리법」 제2조1항10호 규정에 의한 감리전문회사에 소속되어 검측감리, 시공감리 또는 책임감리를 수행하는 자를 말한다. 감리원은 건설현장에서 발주자의 대리인으로서의 역할을 담당한다. 건설 안전에 대한 시공자의 의사 결정이 공사 일정, 공사비, 품질 등 여타의 공사 관리 목표가 침해되지 않는 범위에서 적극적으로 이루어졌는지의 여부를 검토하는 것이 주요 업무가 된다.

이와 같은 감리원의 업무는 안전사고를 예방 또는 저감시킬 수 있다. 따라서 발주자는 안전사고의 예방을 위해 감리원으로 하여금 기준에 맞는 안전 관리 업무를 수행토록 해야 한다.

① 공사 착공 이전

감리원은 각 건설현장의 안전 관리 관계자를 대상으로 시공자가 구성한 안전 관리 조직의 편성 및 안전 관리 업무가 법상 구비조건을 충족하고 있는지를 검토하여야 한다. 또한 시공자가 작성한 건설 공사 안전 관리 계획서의 적정성을 공사 착공 전에 확인하여야 하며, 보완하여야 할 사항이 있는 경우에는 시공자로 하여금 이를 보완토록 해야 한다.

② 공사 시행

감리원은 시공자가 시공 중 건설 공사 안전 관리 계획서 내용에 따라 안전조치·점검 등의 이행을 하였는지의 여부를 확인하고 미이행 시 시공자로 하여금 안전조치·점검 등을 선행한 후 시공하게 해야 한다. 세부적으로는 시공자가 규정에 의한 자체 안전 점검을 매일 실시하였는지의 여부를 확인해야 하고, 건설 안전 점검전문기관에 의뢰하여야 하는 정기·정밀 안전 점검 시에는 직접 입회하여 적정한 점검이 이루어지는지를 확인해야 하며, 건설 공사 안전 관리 계획서에 따라 안전 관리비를 당해 목적에 적합하게 사용하였는지 확인해야 한다.

또한 감리원은 건설 공사의 안전한 시공을 위해서 안전 관리 조직을 갖추도록 해야 한다. 안전 관리 조직은 현장 규모와 작업 내용에 따라 그림 17과 같이 구성한다.

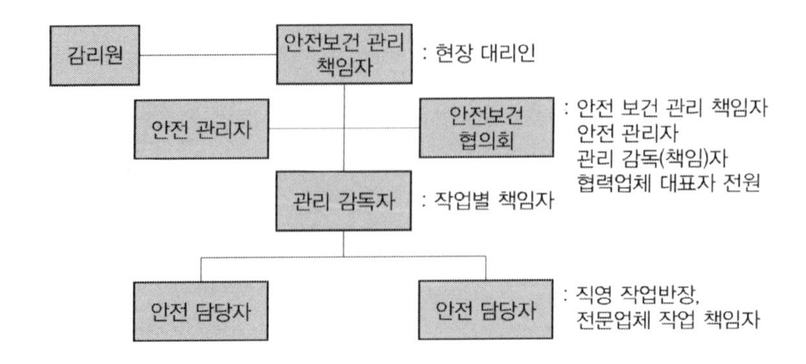

[그림 17]
안전 관리의 조직

감리원은 시공자가 작성한 건설 공사 안전 관리 계획서를 공사 착공 전에 제출받아 적정성을 확인하여야 하며, 보완하여야 할 사항이 있는 경우에는 시공자로 하여금 이를 보완하도록 하여야 한다. 책임 감리원은 소속 감리원 중 안전 관리 담당자를 지정하여 시공자의 안전 관리자를 지도, 감독하도록 하여야 하며 공사 전반에 대한 안전 관리 계획의 사전 검토, 실시 확인 및 평가, 자료의 기록 유지 등 사고 예방을 위한 제반 안전 관리 업무의 확인을 하도록 하여야 한다. 감리원은 시공회사의 안전 관리 책임자와 안전 관리자의 안전교육을 담당하며 이들로 하여금 현장 근무자에게 다음 내용과 자료가 포함된 안전교육을 실시토록 지도·감독하여야 한다.

- 산업재해에 관한 통계 및 정보
- 작업자의 자질에 관한 사항
- 안전 관리 조직에 관한 사항
- 안전제도, 기준 및 절차에 관한 사항
- 생산공정에 관한 사항
- 산업안전보건법 등 관계법규에 관한 사항
- 작업 환경 관리 및 안전작업 방법
- 현장안전 개선방법
- 안전 관리 기법
- 이상 발견 및 사고 발생 시 처리 방법
- 안전 점검 지도요령과 사고조사 분석 요령

감리원은 매 분기별로 시공사로부터 안전 관리 결과 보고서를 제출받아 이를 검토하여 미비한 사항이 있을 시에는 시정조치를 하여야 하며, 안전 관리 결과보고서에 다음과 같은 서류를 첨부하여야 한다.

- 안전 관리 조직표
- 안전보건 관리체제
- 재해 발생 현황

- 안전교육 실적표
- 기타 필요한 서류

감리원은 현장에서 사고가 발생하였을 경우 시공자로 하여금 필요한 응급조치를 즉시 취하도록 해야 하며 상세한 경위 및 검토의견서를 첨부하여 발주청에 지체 없이 보고하여야 한다.

③ 공사 완료

감리원은 해당 건설 공사의 준공 시, 향후 유사 건설 공사의 안전 관리와 유지관리에 유용한 정보 제공 차원에서 시공자가 작성한 안전 관리 문서의 적정성을 다음 내용을 중심으로 검토한 후 발주자에게 제출하여야 한다.

- 시공자가 적용한 시공법, 절차 및 구조기준의 포함 여부
- 사용된 자재에 관련된 위험요소의 포함 여부
- 설비·장비·기계의 위치와 사양, 사용 매뉴얼의 포함 여부
- 설비·장비·기계의 제거, 해체, 청소와 유지 관리에 관한 요구사항의 포함 여부

3.3 건설 공사별 안전 관리

3.3.1 가설공사

가설구조물의 경우 건설 공사에서 가장 처음 설치되기 때문에 건설 공사의 안전 관리에서 처음 고려되어야 한다. 그러나 공사가 끝난 후 해체·철거·정리되는 임시시설로 작업성이나 경제성 등도 고려되어야 하기 때문에 철저한 안전 관리가 이루어지지 않는 경우가 많다. 이러한 임시시설의 특성으로 인해, 설계도서나 시방서에 의해 설치되기보다 임의로 설치되는 경우가 빈번하고, 공사비·공사 기간 등의 이유로 그 중요성이 간과되어 구조적 문제가 발생하는 경우 또한 많다.

가설구조물은 가설건물, 비계, 지보공, 가설통로, 울타리 등 다양하게 존재하며, 시공 조립도가 공사 착수 전에 준비되어야 하고, 공사 착수 전에 관련 사항에 대한 유해·위험 방지 계획서를 제출하여야 한다. 그러나 가설구조물은 기본적으로 부재결합이 간략하고 연결재가 부족하여 불안정한 경우가 많으며, 조립 정밀도가 높지 않을 뿐 아니라 결함이 있는 재료나 과소단면의 부재가 사용되는 경우가 많아 도괴나 파괴 등의 사고 사례가 빈번하다. 특히 다음과 같은 원인은 가설공사 사고 발생의 직간접적인 원인으로 파악된다.

- 구조검토 미실시 또는 미흡 : 구조검토 및 조립도를 작성하지 않거나 안전성 검토가 미흡(수평하중 미고려 등)하여 거푸집 및 동바리 지지력 부족에 의한 붕괴
- 가설구조물 설치 불량 : 동바리 수직도 불량, 경사면 쐐기 미설치, 수평연결재 미설치 또는 설치 불량(철선고정 등), 가새 등의 수평하중 지지부재 미설치, 지반침하 등에 의한 붕괴
- 가설구조물 재료 불량 : 목재의 옹이, 균열, 강재의 부식, 휨 등 불량한 재료를 사용하여 부재 파손 등에 의한 붕괴
- 작업 방법 불량 : 콘크리트 집중 타설, 슬래브 및 벽체 일괄 타 설, 슬래브 거푸집 위에 자재 집중적치 등에 의한 붕괴

가설공사 안전 관리에서 주요 검토 및 점검 항목을 살펴보면 다음과 같다.

- 가설 계획 : 가설공사 계획의 적정성, 가설물의 형식과 배치 계획의 작성 여부
- 비계 및 발판 : 외부비계의 설치 상태(지주·띠장간격), 외부비계와 구조물과의 연결 상태, 발판의 설치 상태(재질, 틈, 고정), 비계용 브라켓 사용 시 브라켓의 고정 상태 및 강도
- 낙하물 방지 : 낙하물 방지 시설 재료의 규격과 상태, 낙하물 방지망의 돌출길이 및 설치 각도, 벽면과 비계 사이에 낙하물 방지망의 설치 상태

가설공사에서는 비계와 같은 가설구조물로 인한 사고의 발생이 가장 빈번한 것으로 알려져 있다. 특히 가설구조물에서의 추락, 가설구조물의 붕괴에 의한 사고가 주요 원인인데, 구체적으로 작업 발판의 설치가 불량하거나 작업발판 단부에 안전난간이 설치되지 않은 경우, 추락 방지용 안전난간 설치가 미흡하거나 벽이음 등의 무너짐 방지조치가 미흡한 경우 주로 발생한다. 또한 작업자가 안전대를 착용하지 않고 작업하는 경우 또한 가설공사의 중대한 위험요소이다.

한편 우리나라 산업재해예방 안전보건공단에서는 가설공사를 포함한 각 공사별 위험원과 대책에 대해 상세히 정리하고 있는데 본 서에서는 이 중 일부를 재구성하여 제시하고자 한다.

다음 가설공사에서의 위험원과 대책은?
(산업재해예방 안전보건공단, 2017)

위험 요인	• 작업자 이동, 작업, 상하 움직임 시 추락 위험 • 작업자 작업 중 자재나 공구의 낙하 위험 • 작업자 작업 중 비계 움직임 또는 비계 붕괴 위험
저감 대책	• 안전난간이나 승강계단 설치, 작업자 안전대 착용 • 이동통로 자재적재 관리, 안전모 착용, 상부 작업 시 하부에 대한 알림, 재료 및 공구 이동 시 로프 및 포대의 사용 • 비계 적재중량 제한, 비계 설치 간격 준수, 이동식 비계의 경우 아웃트리거 또는 바퀴에 스토퍼 장착

3.3.2 굴착공사

지반굴착공사 중에는 붕괴사고 발생이 가장 대표적인 사고 유형이다. 이러한 사고의 주요원인은 ① 지반조사의 불충분, ② 앵커 또는 H-Pile, Rock Bolt, Strut 등 가시설 벽체를 지탱하여 주는 구조체의 결함 또는 설계결함으로 인한 붕괴, ③ 기타 Boiling 또는 Heaving에 대한 굴착바닥면의 불안정과 차수, 배수 등 지하수 처리 미흡에 따른 불안정, 시공상의 실수, 과다 굴착, 사면활동, 관리 소홀 등이 주요 원인으로 분석된다.

굴착공사 안전 관리의 주요 검토 및 점검 항목을 살펴보면 다음과 같다.

- 굴착공사 : 굴착 예정지의 실지 조사 여부(지형, 지질, 지하수위, 암거, 지하매설물의 상태, 주변시설물, 전주, 가공선의 상태, 유동성 물질의 상태), 지하매설물의 방호 및 인접시설물 보호 상태, 굴착순서, 굴착면의 경사 및 높이 확인, 건설기계의 종류 및 점검·정비, 흙막이 공사 계획, 지반의 종류에 따른 굴착 높이 및 구배의 준수 여부 발파굴착 시 화약의 보관 상태, 발파후 처리 상태, 전기발파 시 누전 여부의 확인
- 흙막이공사 : 조립상세도의 적정성 여부, 시공 시 부재의 품질, 토질 및 수압 등의 고려 여부, 보일링(Boiling) 또는 히이빙(Heaving)의 발생 또는 위험 여부, 부재 연결 부분의 상태, 누수 및 토사의 유출 여부, 버팀목 및 흙막이판의 조립 상태, 지보공 주변 지반면의 균열 상태

다음 굴착공사에서의 위험원과 대책은? (산업재해예방 안전보건공단, 2017)

위험 요인	• 작업자와 중장비의 충돌, 작업자 끼임 위험 • 토사의 붕괴 위험 • 토사 운반 차량의 과적
저감 대책	• 신호수 지정 운전자의 신호지시 준수, 경보장치 부착, 작업 반경 내 출입 금지 • 굴착면의 기울기 준수 • 운반차량의 적재량 확인

3.3.3 철골공사

철골공사는 중량물을 취급하므로 작업원의 재해가 발생할 가능성이 높은 공사로, 재료·공구의 취급 부주의로 인해 낙하·비래사고 및 충돌사고의 위험이 높다. 또한 철골공사는 고소작업이 빈번한 특성으로 인해 추락 방지망이 미설치된 경우, 또는 작업자가 안전대를 착용하지 않고 작업하지 않는 경우, H-Beam 등 중량물의 양중 방법(줄걸이 방법이나 체결 방법 등)이 불량한 경우 작업자 추락 사고의 발생 가능성이 매우 높다.

무엇보다 철골공사는 중대 재해와 직접적으로 연결되는 경우가 많기 때문에 조립 시 숙련된 작업원이 필요하고 작업순서 등의 팀워크가 요구된다. 그뿐만 아니라 재해 방지 설비의 충분하고 올바른 설치가 필수적이다. 구체적으로 고소작업 시 작업대의 설치, 추락 방지용 방망, 개구부 및 작업대 끝에 난간 및 울타리 설치, 안전대 부착 설비 등이 필수적으로 요구된다. 기타 철골공사 안전 관리의 주요 검토 및 점검 항목을 살펴보면 다음과 같다.

- 건립작업 : 공사 계획의 적합성 여부(부재의 형상, 철골의 자립 안정도, 보울트 구멍, 이음부, 접합 방법, 가설부재 및 부품, 건립용 장비 및 건립작업성, 건립 순서 및 현장 접합의 시기), 조립 순서도의 작성 여부 및 적정성, 양중 계획의 적정성, 부재의 수직 수평도, 부재의 야적 방법, PC공사의 코킹 재질 및 시공 상태, 고정철물 부식의 방지조치, 철골공사의 용접 및 볼트 체결 상태, 가조립 상태의 방치 여부, 크레인의 와이어로우프 상태
- 접합 및 도장작업 : 용접기 및 가스용기의 보관 상태, 도장작업의 적정성, 손상된 도막의 보수 상태

다음 철골공사에서의 위험원과 대책은? (산업재해예방 안전보건공단, 2017)	

위험 요인	• 철골 인양 작업 시 추락 위험 • 작업자 추락 위험 • 자재 및 공구의 낙하 위험 • 용접 작업 중 감전 위험
저감 대책	• 철골 인양 시 와이어로프 안전성 확인, 2줄 걸이 결속, 인양 시 하부 작업자 접근 통제 • 안전대 걸이시설 설치 및 작업자의 안전대 착용, 안전방망 설치 • 자재 및 공구에 대한 철골 위 방치 금지 등 • 보안면이나 장갑 등의 보호구 확인, 손잡이의 상태 점검, 자동전격방지기 사용 등

3.3.4 철근콘크리트공사

건물의 뼈대를 축조하는 철근콘크리트 공사는 주요 건설 공사의 핵심 공사로 안전사고 비중이 매우 높은 공종이다. 특히 철근 가공 작업뿐 아니라 거푸집 및 동바리 설치작업, 콘크리트 타설 작업 중에도 안전사고가 빈번하게 발생하여 체계적인 안전 관리가 요구된다.

철근 가공 시에는 가공 작업 고정틀에 정확한 접합 확인이 필요하며 이로서 탄성에 의한 스프링 작용으로 발생하는 사고를 방지할 수 있다. 아크용접 이음의 경우 배전판 또는 스위치 조작 설치, 접지 상태 확인이 필요하다.

콘크리트의 경우 거푸집, 지보공 등의 이상 유무를 지속적으로 확인하여야 하고, 콘크리트 운반 및 타설기계의 점검 및 성능 확인 또한 필수적이다. 콘크리트 공사에서는 타설 순서가 중요한데 한 곳에만 치우쳐 타설 시 거푸집 변형 및 탈락에 의한 붕괴사고가 발생할 우려가 있다. 따라서 타설 시 설계도서를 준수하여 벽체타설 및 양생이후 슬래브 타설과 같이 타설 순서를 반드시 준수하여야 한다.

구체적으로 철근콘크리트공사의 주요 검토 및 점검 항목을 살펴보면 다음과 같다.

- 거푸집공사 : 부위별 거푸집의 조립도 작성 여부, 거푸집의 재질 및 상태, 부위별 거푸집 사용 횟수의 적정성, 거푸집의 수직 및 수평 상태, 박리제 도포 상태, 거푸집의 존치 기간 준수 여부, 거푸집이 곡면일 경우 부상 방지조치, 개구부 등의 정확한 위치, 거푸집 하부 및 모서리 등의 조립 상태
- 철근공사 : 가공제작 도면의 작성 여부, 철근 이음 및 이음 위치의 적정성, 철근 정착 길이 및 방법의 적정성, 철근의 배근 간격, 철근 교차부위 결속 상태, 간격재(Spacer) 재질과 설치 간격, 신축이음 부위, 지하층의 배근 방법 및 상태
- 콘크리트 공사 : 콘크리트 타설 속도와 방법, 슬럼프시험(Slump test)의 유무, 골재 분리 및 균열의 발생 여부, 콘크리트 다짐 상태, 콘크리트 타설 전 청소 상태, 이어치기 위치 및 방법의 적정성, 콘크리트 양생 시 보호조치, 구조물에 매설되는 배관의 위치 및 피복 두께
- 거푸집 지보공 : 콘크리트의 강도조사, 지보공의 재질 및 상태, 지보공의 이음부, 접속부, 교차부 연결 및 고정 상태, 지보공 설치 간격의 적정성, 경사면에서의 지보공 수직도와 Base Plate 정착 상태, 지보공의 침하 방지조치, 파이프 지보공 연결 시 전용철물 사용 여부

다음 철근콘크리트공사에서의 위험원과 대책은? (1) (산업재해예방 안전보건공단, 2017)	

위험 요인	• 작업자의 슬래브 상부 이동시 추락 위험 • 슬래브 위 자재 및 공구 낙하 위험 • 거푸집 동바리 붕괴 위험 • 수직배근 철근에 찔리는 사고 위험
저감 대책	• 안전대 걸이시설 설치 및 작업자의 안전대 착용 • 이동통로에 자재 및 공구 적재 금지 • 동바리 연결핀이나 전용 클램프 사용, 동바리 상하 못질 고정 • 철근 돌출부에 보호캡 설치

다음 철근콘크리트공사에서의 위험원과 대책은? (2) (산업재해예방 안전보건공단, 2017)	

위험 요인	• 철근 위 이동시 작업자의 발빠짐 위험 • 진동 다짐기 사용 시 감전의 위험 • 콘크리트에 의한 작업자 피부질환 위험
저감 대책	• 작업자 안전통로의 확보 • 누전차단기 설치, 접지형 콘센트나 플러그의 사용 • 작업자의 안전모, 보호장갑, 안전화 등 착용

3.3.5 해체공사

재건축, 재개발의 지속에 따라 해체공사는 불가피하며, 최근에는 폭파기술 또는 기타 해체기술이 나날이 발전하고 있다. 폭파기술의 경우 폭파시점에 주민 대피 계획 시 순간소음이나 분진을 제외하면 주변 피해가 적다. 하지만 안전한 해체를 위해서는 치밀한 사전작업이 필요한데, 화약을 넣을 지점과 화약량을 신중하게 결정해야 하고, 구조물 파편이 밖으로 튀는 것을 고려하여 파괴에너지에 대한 올바른 계산이 필요하다.

기타 해체기술의 경우 뾰족하고 단단한 기계장치를 이용하여 점차 구조체를 쪼개나가는 브레이커 공법, 커다란 쇳덩이를 건물에 부딪치면서 부수는 강구(Steel Ball)공법, 포클레인 형태의 기계가 건물을 무너뜨리는 압쇄공법 등이 있으며, 해체 공법이 무엇이든 구조물의 낙하, 붕괴 등으로 인해 발생할 수 있는 상해에 대비해야 한다.

해체공사 실시 전에는 구조물 등의 시설물 안전성 평가를 통해 철거층 및 철거층 하부에 대한 안전성을 확인하여야 해체 작업 과정 중 구조적 안정성을 확보할 수 있다. 또한 해체 건물 등의 구조, 주변 상황을 사전에 파악하고, 해체 방법 및 순서, 해체 장비, 해체물 처분 계획 등이 포함된 작업 계획서를 작성한 후 이를 철저히 준수해야 한다. 구체적으로 해체공사의 주요 검토 및 점검 항목을 살펴보면 다음과 같다.

- 가설공사 : 해체 시 부딪칠 수 있는 가설전기선에 대한 절연 방호장치 확인, 자재의 낙하·비산 방지조치, 해체 순서 확인(조립의 역순)
- 흙막이공사 : 인접 시설물에 근접해서 타설한 강널말뚝이나 H형강 말뚝의 인발 여부에 대한 고려, 흙막이 해체 작업 전 변위 상태 확인, 인발장비의 주행로, 또는 설치 장소의 지반안전성을 확보 여부
- 콘크리트공사 : 거푸집 해체 시 표준시방서의 규정에 의거, 존치기간 확보

여부, 지주 바꾸어대기 시행 여부, 해체 작업 시 구조체에 충격에 대한 고려 여부, 상하 작업이 동시에 이루어질 때 상호 간에 연락 체계 확보

다음 해체공사에서의 위험원과 대책은?
(산업재해예방 안전보건공단, 2017)

위험 요인	• 구조물 붕괴 위험 • 작업자의 중장비 충돌 및 중장비에 끼임 위험
저감 대책	• 구조물 안전성 평가 실시 • 해체 작업 계획서 작성 및 준수

3.3.6 공사현장, 인접구조물, 교통안전

공사현장 및 인접구조물, 주변 교통안전 관리 또한 건설 안전 관리에 필수적인 요소이며, 주요 검토 및 점검 항목을 살펴보면 다음과 같다.

- 공사현장 : 현장 주변 정리·정돈 상태, 현장 출입 방지 시설의 상태, 현장 주변의 게시물 상태
- 인접구조물 : 인접구조물 현황의 파악 상태, 피해 발생 시의 대책, 작업 방식, 공법에 따른 안전대책의 수립 여부와 적정성, 인접구조물의 피해 발생 여부
- 교통안전 관리 : 교통관리 계획서의 작성 여부 및 적정성, 교통통제 시설의

설치 상태, 도로의 점유 및 사용 상태, 교통 관리 구간의 점검 상태

3.3.7 기타 공사

기타 조적, 미장, 방수공사의 경우에도 안전사고가 빈번한데, 주로 작업 중 추락, 밀폐공간 작업 중 산소 결핍으로 인한 질식 등이 발생하는 경우가 많다. 구체적으로 작업발판 설치가 불량하거나 정리정돈이 잘 되어 있지 않은 경우가 사고의 직간접적인 영향으로 파악되고 있기 때문에 이에 대한 점검 및 확인이 필요하다. 또한 밀폐공간에서 방수작업을 할 때 충분한 환기설비가 설치되지 않은 상황에서 유해가스 농도를 지속적으로 체크하지 못하는 경우 산소 결핍으로 인한 질식사고, 더 나아가 화재폭발 사고가 발생하기도 한다. 따라서 유해물 취급 작업 시 환기설비 설치가 필수적이며, 작업자는 송기 또는 방독마스크를 반드시 착용할 뿐 아니라 관리 대상 물질 취급 작업에 대한 특별안전 및 보건교육을 반드시 이수해야 한다.

지붕공사에서도 안전사고가 빈번하게 발생한다. 경사지붕 등 마감작업과 같은 경우에 추락사고, 하부에서 작업 중인 작업자의 낙하·비래사고의 위험이 항상 존재한다. 특히 경사 지붕공사는 매우 위험한 작업인데도 안전난간이 미설치되거나, 안전대를 미착용하는 경우, 또는 자재 적치가 적합하지 않은 경우에 추락, 낙하·비래사고의 위험이 커진다.

외부 도장 및 도색 작업 중에도 추락사고의 위험이 큰데 특히 달비계 로프의 불안정성, 수직구명줄의 미설치가 주요 사고 원인으로 나타난다.

기타 자재하역 및 양중 시에도 충돌, 협착, 낙하·비래, 추락사고가 빈번하다. 주로 기계장비의 결함이 있는 경우도 있으나 작업유도 및 신호실시가 부적합한 경우, 또는 위험구역에 작업자가 접근하는 경우 등에서도 빈번하게 발생한다.

다음 조적공사와 미장공사에서의 위험원과 대책은?
(산업재해예방 안전보건공단, 2017)

위험 요인	• 이동식 비계에서의 추락 위험 • 작업발판 붕괴 위험 • 작업장 주변의 자재에 의해 넘어질 위험
저감 대책	• 이동식 비계 사용 시 안전난간 및 승강사다리 설치 • 발판 위 자재 적재 금지 • 작업장 정리정돈 및 이동통로의 확보

다음 방수공사에서의 위험원과 대책은?
(산업재해예방 안전보건공단, 2017)

위험 요인	• 화학물질에 의한 질식 위험 • 주변 용접 작업 시 화재 위험 • 에어컴프레셔로 인한 사고 위험
저감 대책	• 방독마스크 사용, 지속적인 산소 및 유해가스 농도 모니터링, 환기시설 설치 등 • 화기사용 금지, 소화기의 비치 • 에어컴프레셔 안전덮개 설치

다음 지붕공사 및 외부 도장공사에서의 위험원과 대책은? (산업재해예방 안전보건공단, 2017)	

위험 요인	• 작업자의 미끄러짐에 의한 추락 위험 • 작업자 이동 시 추락 위험 • 자재 및 공구의 낙하 위험 • 달비계 지지로프의 위험에 의한 추락 위험
저감 대책	• 안전난간, 안전방망 설치, 승강사다리 설치 • 안전대 걸이시설 설치 및 작업자의 안전대 착용 • 자재·공구 적재 금지, 안전방망 설치, 하부작업자 접근 통제 등 • 달비계 지지로프의 견고한 고정 및 점검, 작업자의 안전대 착용

다음 지붕공사 및 외부도장공사에서의 위험원과 대책은? (산업재해예방 안전보건공단, 2017)	

위험 요인	• 자재의 낙하 위험 • 크레인 등 중장비의 전도 위험 • 중장비 및 자재와의 충돌·협착 위험
저감 대책	• 자재 운반 시 2줄 걸이를 반드시 하고 수평을 유지함 • 중장비 손상을 지속적으로 점검하고 방호장치 점검 • 신호수 배치 및 중장비 운행 시 접근 금지, 경보장치 설치

3.4 건설 공사의 주요 사고 유형과 관리

건설 공사의 주요 사고 유형으로는 추락, 낙하·비래, 협착, 충돌, 감전, 붕괴·도괴, 감전사고, 유해물질 노출 등을 꼽을 수 있다. 특히 고소작업에 따른 추락 및 낙하·비래의 위험, 중장비와 대형 자재 사용에 따른 협착 및 충돌 위험, 기타 물리적·화학적 위험에 따른 사고가 빈번한 것으로 나타났다. 국내 산업재해예방 안전보건공단(2017)에서 발표한 건설산업의 유형별 사망 사고 원인을 살펴보면 2015년 기준으로 추락, 충돌, 붕괴사고 등이 주요 사고 유형으로 나타나는 것을 확인할 수 있다.

[그림 18] 건설 프로젝트의 주요 사고 유형 (국내 2015년 기준) (산업재해예방 안전보건공단, 2017)

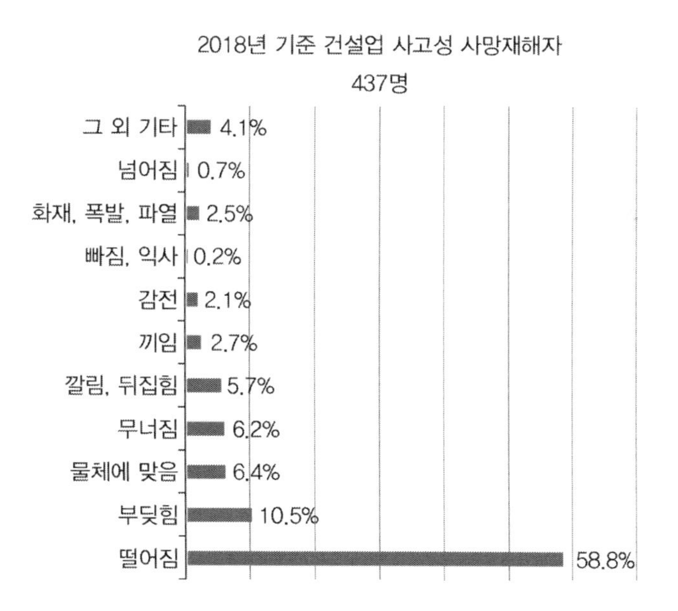

CPWR(2013)에서 발표한 미국 건설산업의 유형별 사고 원인의 경향 또한 이와 유사한데, 사망사고의 가장 큰 비중을 차지하는 유형은 추락사고(33.3%)이며, 이동 중 사고(26.1%), 장비·물체와의 충돌이나 협착 등(17.6%), 유해물질 노출(15.7%)이 순서대로 주요 사고 유형으로 보고되었다.

[표 6] 2010년 미국 건설의 주요 사고 유형(CPWR, 2013)

사망사고(Fatalities) [총 802건]		부상사고(Nonfatal-Injuries) [총 74,950건]	
주요 원인	비중	주요 원인	비중
Falls	33.3%	Bodily Reaction/Exertion	33.6%
Transportation	26.1%	Contact with Objects	33.0%
Contact with Objects	17.6%	Falls	24.2%
Exposure	15.7%	Exposure	4.2%
Other	7.4%	Transportation	3.9%
		Other	1.2%

3.4.1 고소작업에 의한 추락, 낙하·비래 사고

건설 프로젝트에서는 추락사고에 대한 위험이 가장 큰 것으로 보고되고 있다. 주요 추락사고의 원인은 사망사고 기준으로 지붕 또는 사다리에서의 추락, 비계, 중장비, 철골과 같은 구조체에서의 추락, 개구부 추락 등을 꼽을 수 있다. 고소작업이 아니더라도 다양한 방해물들이 존재하는 평지의 작업공간에서의 추락 또는 넘어짐 또한 잦은 부상을 야기하는 사고 유형이다.

[표 7] 2010년 미국 건설 추락사고의 주요 원인(CPWR, 2013)

사망사고(Fatalities)		부상사고(Nonfatal-Injuries)	
주요 원인	비중	주요 원인	비중
From Roof	31.0%	On Same Level	39.5%
From Ladder	23.6%	From Ladder	22.9%
From Scaffold, Staging	14.6%	From Roof	7.3%
From Nonmoving Vehicle	7.1%	From Nonmoving Vehicle	5.7%
From Girder, Struct, Steel	6.7%	From Scaffold	3.6%
Fall to Lower Level	6.1%	Other	20.9%
From Floor, Ground Level	4.9%		
Other	6.1%		

추락사고를 방지하기 위해서는 추락위험 장소에서 안전난간, 손잡이 또는 충분한 강도의 덮개 설치가 무엇보다 중요하다. 높이 2m 이상인 장소에는 작업발판 설치가 요구되며, 안전방방이나 안전대 착용을 통한 추락방지가 요구된다.

한편, 낙하·비래사고란 아래로 떨어지는 물건, 날아오는 물건 등이 주체가 되어 사람이 맞아 발생하는 재해를 칭한다. 건축자재류에 의한 낙하·비래사고가 주요 원인이며, 이와 더불어 크레인 등 중장비를 이용하여 자재를 옮기는 중에 발생하는 낙하·비래, 터널공사 시 내부 굴착사면의 토사석에 의한 낙하·비래 등이 또 다른 주요 원인으로 꼽힌다. 낙하·비래사고의 방지를 위해 낙하물 방지망, 수직보호망, 또는 방호선반의 설치, 출입금지 구역의 설정, 보호구의 착용이 필수적으로 요구된다. 또한 낙하·비래사고의 가능성이 높은 작업 반경 내의 근로자 출입금지조치를 실시해야 하며, 높은 위치에 놓아둔 자재는 반드시 고정하고 낙하 위험구역 내 상하 동시작업을 금지하여야 한다.

다음 추락 및 낙하사고의 올바른 대책은?
(산업재해예방 안전보건공단, 2017)

(1)

(2)

(3)

(4)

(5)

(6)

올바른 대책	
(1) 개구부 덮개 설치, 개구부 식별 표시, 개구부 덮개의 구조 안정성 점검	(2) 작업발판 단부 안전난간 설치, 개인보호구 착용을 철저히 함(예 : 턱끈 조임)
(3) 작업/이동구간 하부에 추락 방설치, 안전대부착설비 설치, 안전대 착용	(4) 작업발판 단부에 안전난간 설치, 작업자 안전대 착용, 작업발판은 지지구조물에 2개소 이상 고정
(5) 안전한 작업발판 사용, 목재사다리의 사용을 지양하고 기성 사다리 사용, 상부 내민길이를 100cm 이상 확보하고 하부 전도방지조치	(6) 이동 자재의 올바른 고정, 낙하물 방지망의 설치, 작업자 출입금지 구역의 설정 및 접근금지 알림, 작업자의 보호구의 착용

3.4.2 건설기계·기자재·장비 등에 의한 충돌·협착 사고

건설기계·기자재 및 장비 등이 사람과 함께 일하는 건설 프로젝트에서는 이에 대한 위험방지 대책이 필수이다. 특히 이동식 크레인, 고소작업대, 굴삭기, 트럭류 등 4대 건설기계 및 장비 사용 작업 시에는 이들에 의한 작업자의 부딪힘, 협착, 또는 장비들 간의 충돌, 기계 및 장비의 전도, 작업자의 추락 등이 주요 사고 원인으로 꼽힌다.

건설기계·기자재 및 장비 사용 작업 시에는 줄걸이 방법, 정격하중 준수, 근로자 통제 상태 등을 확인하여야 하며, 특히 협착의 경우 기계, 기구, 기타 설비의 근로자에게 위험이 있는 부위에 덮개, 울, 슬리브 및 건널다리 등을 설치할 필요가 있다. 또한 정비, 청소, 급유, 검사, 수리 등을 함에 있어 근로자에게 위험이 있을 경우 기계의 운전을 반드시 정지하여야 한다. 건설기계·기자재 및 장비 사용 작업과 관련한 구체적인 안전 점검 체크포인트는 다음과 같다.

- 차량계 건설기계 사용 작업 시 사전조사 및 작업 계획서의 작성·수립 여부
- 차량계 건설기계 종류별 능력 검토 및 주요 구조부·안전장치 등에 대한 전반적인 안전 점검 실시 여부, 결함 확인 여부, 개선조치 여부 등
- 차량계 건설기계 운전자의 자격 적합 유무 및 경험 정도 확인 여부
- 차량계 건설기계 사용 작업 시 유도자(신호수) 배치 여부 및 일정한 방법으로 신호하고 있는지에 대한 확인 여부
- 차량계 건설기계 사용 작업 시 운전자가 안전장치를 임의 해제하거나 개조하지 않도록 안전교육 실시 여부 및 관리감독 여부
- 차량계 건설기계 주행 및 후진 시 근로자에게 위험을 알려주는 경보장치 설치 및 정상 작동 여부
- 차량계 건설기계의 전도 방지를 위한 작업장소의 지반 상태 및 주행로 확보 등의 안전조치 실시 여부
- 차량계 건설기계 사용 작업에서 줄걸이용 와이어로프 등 줄걸이 용구의

안전율 확보 및 적정 사용기준에 해당하는지 확인 여부

• 차량계 건설기계의 작업 범위 내에 작업자 접근 통제 여부

다음 건설기계·기자재 및 장비사고에 대한 올바른 대책은?
(산업재해예방 안전보건공단, 2017)

올바른 대책

유도자의 배치, 근로자 주지교육의 실시, 작업 계획서 작성 및 작업지휘자 배치, 경보장치 부착 등

3.4.3 기타 주요사고 유형 : 감전, 붕괴·도괴, 유해물질 노출

기타 건설 프로젝트에서 비중이 높은 사고 유형은 감전, 붕괴·도괴, 유해물질 노출 등을 들 수 있다. 감전사고를 방지하기 위해서는 전기기계·기구등의 충전부가 노출되지 않도록 폐쇄형 외함이 있는 구조로 설치하고, 전기기계, 기구 등의 접지 상태, 누전차단기 접속 등을 항상 확인하여야 한다. 또한 과전류 보호장치가 요구되는 경우 장치의 안정성을 지속적으로 점검하여야 한다. 건설 공사에서 감전사고는 용접작업 시 빈번하게 발생하는데, 이를 방지하기 위해 절연 내력 및 내열성을 갖춘 용접봉 홀더의 사용이 필수적이다. 또한 가스 또는 폭발 위험이 있는 장소에는 변전실 등의 설치를 금지하며, 적절한 방폭구조 전기기계 및 기구를 사용한다. 건설 공사에서는 또한 항상 절연 피복된 전선을 사용하며 통로바닥에 전선 설치나 사용을 금지하여야 한다.

붕괴·도괴사고 방지를 위해서는 지반 붕괴 또는 토석의 낙하 위험을 고려하여 주변의 부석, 균열 유무, 함수·용수 및 동결 상태의 변화를 항상 점검하고, 흙막이 지보공 설치, 방호망의 설치 및 근로자 출입금지, 토널 지보공 설치 및 부석의 제거 등 위험 방지를 실시해야 한다. 또한 지반의 붕괴, 구축물의 붕괴 또는 토석의 낙하 등에 의한 위험 방지를 위해 안전한 경사로 확보, 토석제거, 옹벽·흙막이 지보공 설치, 빗물이나 지하수 배제 등의 조치가 필요하다.

화학물질이나 유해물질에 의한 질식, 산소 결핍, 중독 등을 막기 위해서는 작업 전 공기 상태 측정 및 평가, 응급조치 등의 교육 및 훈련, 공기호흡기, 송기마스크 등 착용 및 관리, 기작업장 환기 및 감시인 배치 등의 안전조치를 취해야 한다. 또한 유해물질 노출이 우려되는 경우에는 유해물질 긴급차단장치 설치, 제어 풍속을 낼 수 있는 국소 배기장치 등을 설치하도록 한다.

chapter 04

안전 관리의 현재와 미래

본 장에서는 최근 건설 안전 관리에서 중요하게 다루고 있는 이슈들을 설명하고자 한다. 최근 건설 안전 관리 동향을 살펴보면 다음과 같은 방향성을 확인할 수 있다.

- 건설 안전 관리에서 '인간'에 대한 중요성이 점차 강조되어 안전 관리의 기본적인 방향성이 작업이나 환경 중심에서 작업자 중심으로 변화하고 있으며, 작업자 건강에 대한 관심 또한 증대되고 있다.
- 현장 중심의 안전 관리에서 보다 선제적인 안전 관리로의 패러다임 전환을 위해 위험요인을 설계 단계에서 사전에 파악하고 평가, 저감 대책을 수립하여 설계에 반영하는 '안전을 고려한 설계', 즉 'Design for Safety'의 중요성이 점차 증대되고 있다.
- 최근 지속적으로 진화하며 다양한 산업 분야에 다방면으로 적용되고 있는 첨단 정보통신기술인 ICT(Information and Communication Technologies)는 위험요인에 대한 신속한 파악 및 올바른 저감 대책 수립 및 적용을 지원할 수 있는 높은 잠재력을 가진바, ICT 기반의 건설 안전 관리 연구 및 적용 사례가 점차 증대되고 있다.

이에 본 장에서는 위에 설명한 최근 건설 안전 관리 동향을 구체적으로 설명하고자 한다. 또한 작업자의 고령화나 외국인 근로자의 증대 등 작업자 특성의 변화, 건설자동화나 공업화 건축, 로보틱스 등 미래의 건설 트렌드에 따라 건설 안전 관리에 대한 철학도 재정립이 필요한바, 미래 건설산업 변화에 대비하는 새로운 건설 안전 관리 패러다임의 필요성에 대해서도 논의하고자 한다.

4.1 건설작업자와 안전

하인리히(Heinrich)가 1980년 발표한 "Industrial Accident Prevention : A Safety Management Approach"에 따르면 안전사고의 88%는 인간의 안전하지 않은 행동(Unsafe Behavior)에서 비롯된다고 하며, 나머지는 주로 안전하지 않은 기계·설비적·물리적 조건 또는 기타 환경적 요인에서 비롯된다고 한다. 하인리히가 제시한 수치의 정확성에 대해서는 의문이 있을 수 있어도 안전사고에서 인간의 불안전한 행동이 큰 역할을 차지한다는 것은 경험적으로 판단할 때도 유의미하다. 본 이론을 역으로 생각해보면 인간의 불안전한 행동과 그 원인에 대해 이해하고 안전한 행동으로 유도한다면 대부분의 안전사고를 예방할 수 있다는 결론에 이를 수 있다.

인간의 불안전한 행동의 원인으로는 피로와 같은 신체적 원인, 지각, 인지, 스트레스 등 심리적·정신적 원인, 환경적 원인, 유전적 원인 등이 다양하게 제시되고 있다. 즉, 인간의 불안전한 행동을 이해하고 관리하기 위해서는 인간에 다양한 측면에 대한 심층적인 이해가 필요하다는 것을 알 수 있다. 이에 최근 건설 안전에서는 인간공학적인 측면의 안전 관리가 주요한 접근 방식으로 이루어지고 있다. 최근 기계화·자동화 및 인공지능 등 기술발전에도 불구하고 건설산업은 아직 노동집약적인 산업으로 건설 작업자가 차지하는 비중이 크기 때문에 건설 안전에서 인간에 대한 이해가 무엇보다도 중요하다고 할 수 있다.

하인리히는 사고의 경향성에 대해 설명하며 인간의 사고방식이나 태도, 신체적·정신적 상태, 이로 인해 유발되는 행동 등으로 인해 사고를 유발시킬 수 있는 가능성이 개개인에 따라 다르다고 주장하였다. 이러한 주장을 기반으로 하인리히는 사고의 근본 원인을 인간의 유전적 결함에서 찾기도 하였다. 이와 더불어 현재까지 지속되는 연구에서 또한 다수의 안전사고가 사람의 안전하지 않은 행동에서 비롯하며, 이러한 행동에는 무수히 많은 배후요인이 존재하기 때문에 이러한 배후요인을 파악하고 관리하는 것의 중요성이 강조되고 있다.

불안전한 행동의 배후요인을 살펴보기 전에 먼저 불안전한 행동의 종류에 대해 구체적으로 살펴보면 다음과 같다.

- 지식의 결함 또는 지식의 부족으로 인해 발생하는 불안전 행동 : 이는 위험원에 대한 지식 부족, 작업 방법 등에 대한 지식 부족 또는 이를 망각하였을 때 나타나며, 불충분하거나 부적합한 교육에 따라 발생하는 경우가 많음
- 기능 미숙에 의해 발생하는 불안전한 행동 : 이는 작업에 대한 준비가 부족하거나 작업을 무리하게 수행하는 등 작업자 특성에 따라 발생하는 경우가 많음
- 태도의 결함으로 발생하는 불안전한 행동 : 이는 경험의 증가로 인한 과도한 자신감이나 생산성 또는 작업효율의 이유로 안전한 방법을 생략하는 경우 발생하는 경우가 많으며, 작업에 대한 규율이 체계적으로 정립되지 않을 때 발생하기도 함
- 실수에 의해 발생하는 불안전한 행동 : 이는 실수를 유발하는 다양한 원인, 즉 착각, 심리적 불안정, 피로, 수면부족 등 심리적 신체적 원인, 소질적 결함 등에 의해 발생하며, 작업강도, 작업 환경이나 시설 등이 결함이 있을 때 더욱 극대화되는 경향이 있음

더불어 불안전한 행동을 유발하는 원인을 정리하면 다음과 같다.

[표 8] **불안전한 행동을 유발하는 요인(김상철 외, 2017)**

주요 요인	세부 요인	설명
심리적 요인	망각	작업 정보 및 위험원에 대한 정보를 일시적으로 잊어버렸을 때
	잡념	작업 이외에 대한 생각이 의식을 점유하고 있을 때
	무의식 행동	습관적인 동작을 무의식적으로 할 때 발생하며 익숙해진 환경에서 발생
	주변적 동작	주위상황을 보지 않고 행동을 취할 때 또는 주위에 상황에 맞춰 동작의 조정을 하지 때
	장면 행동	돌발적 위기 상황이 있을 때 의식이 해당 상황에 집중되어 그 외의 사항을 깨닫지 못하고 행동할 때
	위험 인지/지각	위험원을 파악하지 못하거나, 파악하더라도 그것이 얼마나 위험한지에 대해 올바르게 깨닫지 못할 때
	지름길 반응	위험원과 관계없이 목적에 최대한 빠르게 도달하고자 하는 행동을 취할 때
	생략	작업순서를 누락하는 행동을 할 때
	억측 판단	주관적인 판단 또는 희망적인 관찰을 기반으로 행동할 때
	착오	올바르게 판단하지 못할 때 발생하며, 이는 작업 환경 등에 의해 영향을 받기도 함
	익숙	숙련 작업자에게 나타나는 요인 중 하나로 익숙한 상황의 지나침으로 인해 무의식적으로 또는 자동적으로 동작을 수행할 때
	스트레스	과도한 스트레스로 인한 심리적 불안정으로 올바른 행동을 하지 못할 때
	기본적인 기질	기본적인 성격으로 위험원을 보고 피하지 않고 마주하는 행동을 취하는 경우
신체적 요인	피로	신체의 과도한 사용을 통해 에너지가 소모되어 발생하는 전신의 피로감과 팔, 다리 등 신체부위의 과도한 사용으로 인한 근골격계의 피로로 나눌 수 있으며, 이에 따라 능률을 저하시키거나 작업 정확도에 영향을 주며, 결과적으로 실수나 불안전한 행동을 유발
	수면 부족	수면 부족은 피로감의 증가, 의욕의 저하, 주의력 감소 등에 영향을 주어 불안전한 행동을 증대
	질병	심혈관질환, 근골격계질환, 호흡기질환 등에 의해 작업자의 컨디션 저하, 건강에 대한 염려 등이 작업자 건강 상태뿐 아니라 안전사고에도 영향
	영양 및 에너지 대사	작업자의 영양 상태 및 에너지 대사는 피로를 유발하며, 특히 여름철 야외작업 등에서 특히 유험한 탈수증 증상 또한 작업자 건강 상태 및 안전사고에 영향
	알코올	과음은 작업자 행동, 주의력, 판단능력 등에 영향을 끼쳐 안전사고를 유발

이와 같은 요인들은 안전사고 및 불안전한 행동에 직간접적으로 영향을 주는 외적 요인과 결합되어 안전사고의 가능성을 더욱 높이기도 한다. 이러한 외적 요인을 구체적으로 살펴보면 다음과 같다. 먼저 설비적 원인으로 기계설비의 설계나 보수 상태의 결함, 인간공학적으로 설계되지 않은 설비 등은 조작의 실수 및 작업 오류 발생의 가능성을 더욱 높이기도 한다. 작업적 원인으로는 작업의 자세, 속도, 강도 등이 올바르게 관리되지 않을 때 안전하지 않은 행동을 더욱 부추기기도 하는데, 강한 작업 강도 및 속도에 따른 피로감, 능률 저하, 불안정한 작업 자세로 인한 실수나 근골격계의 피로 및 질환 등이 주요 배후요인으로 작용한다. 작업 환경적 원인으로는 작업에 불편을 주는 협소한 작업공간이나 정리정돈 상태가 실수 및 오류를 유발하기도 하며, 조명, 색채, 소음 등 또한 작업자의 주의력, 정보 습득, 피로감, 정서적 상태 등에 영향을 주어 결과적으로 행동에 영향을 주기도 한다. 관리적 원인으로는 교육훈련의 부족이나 감독 및 지도의 불충분 등이 주요 배후요인이며, 무엇보다 다양한 작업자가 함께 일하는 건설 공사의 특성상 인간관계적 원인 또한 심리적 요인에 영향을 주기도 한다.

결과적으로 건설 안전 관리는 위와 같은 설비, 작업, 환경, 관리적 원인을 고려하되, 이러한 원인이 작업자에 미치는 영향이 충분히 이해되어야 하며, 불안전한 행동에 영향을 미치는 작업자 특성에 대한 포괄적인 이해를 바탕으로 이루어져야 한다.

더불어 앞에 제시한 작업자의 신체적, 심리적 요인들은 그 자체로 신체적, 정신적 건강 상태에 영향을 주어, 비단 안전사고뿐만 아니라 작업자 건강 문제에 따른 질병, 부상, 사망의 직접적인 원인이 되기도 한다. 따라서 위에 언급한 요인들에 대한 체계적인 관리는 작업자의 안전 관리뿐 아니라 작업자 건강보건관리의 고도화를 가능하게 하기 때문에 그 중요성이 더욱 강조된다고 할 수 있다.

4.2 안전을 고려한 설계(Design for Safety)

최근 안전사고 예방의 중요성이 강조되면서, 안전 관리를 현장에서뿐 아니라 설계 단계에서부터 시작해야 한다는 움직임이 점차 일반화되어가고 있다. 이는 안전을 고려한 설계, 즉 Design for Safety로써, 설계 단계부터 건설 공사 과정, 또는 완공 후 건축물에 잠재하여 있는 위험요소를 분석하여 안전 및 건강의 위험을 최소화할 수 있는 방안을 설계에 반영하는 것이다. '안전을 고려한 설계'에 대한 관심은 전 세계적으로 급증하고 있으며, 각 국가별로 다음과 같은 제도를 통해 세부 가이드라인을 확립되고 있다.

- 영국 : Construction Design and Management Regulation(CDM)
- 호주 : Safe Design
- 미국 : Prevention through Design(PtD)
- Singapore : Safe Design
- Hong Kong : CDM & Safe Design

국가별 관련 용어는 상이하나 기본적으로 설계 단계에서부터 안전성 검토 및 설계 대안을 통한 위험요소 최소화라는 목표는 동일하다. 국내에서도 설계 안전성 검토(Design for Safety) 제도가 갖추어져 있으며, 본 제도에서는 건설 공사의 설계 시에 설계자가 설계 안전성 검토보 고서를 작성하여 발주처에 제출하는 제도로 설계 안전성 검토 절차의 일반적 내용, 단계별 및 참여자별 업무 내용, 자문 관련 내용, 설계 안전 검토 보고서 작성 방법에 대해 규정하고 있다[관련 근거 「건설기술 진흥법 시행령」 제75조의 2(설계의 안전성 검토)].

특히 설계 안전성 검토에서는 설계 단계에서부터 잠재된 위험원의 파악, 위험원의 평가, 저감 대책의 수립 등이 명확히 이루어져야 한다. 다만 국내에서는 본 제도의 적용에 있어 '지하 10미터 이상 굴착하는 건설 공사, 높이 31미터 이상 비계를 사용하는 건설 공사' 등 제한된 적용 범위를 설정하고 있으며, 파악되어야 할 위험원의 종류에 대해서도 명확히 정의되지 않고 있을 뿐 아니라, 주로 고소작업, 가설공사, 중장비 관련한 부분에 보다 초점이 맞춰져 있다. 반면 해외에서는 사람에 대한 고려, 안전한 시설물 유지 관리, 안전한 작업공간관리 등 다음과 같이 다양한 관점의 설계안전성 검토가 시도되고 있으며, 이는 향후 국내 건설 안전 관리에서도 고려할 필요가 있다.

[해외 DfS 관련 Design Practices]

- Design for Safe Maintenance : 구조체 완공 후 안전한 유지 관리를 위한 디자인(예 : 유지 관리/수리 시 고소작업 최소화)
- Design for Safe Construction : 안전한 구조체 공사를 위한 디자인(예 : 안전하게 다루기 쉬운 건설자재의 선택)
- Design for Traffic Management : 현장 이동 시 사고를 방지하기 위한 디자인(예 : 현장 내 일방향 이동 시스템)
- Design for Work in Confined Space : 밀폐공간 작업과 관련한 디자인(예 : 밀폐공간 작업을 최소화하는 디자인)
- Design for Manual Handling : 자재 취급 시 수작업을 최소화하는 디자인(예 : 자동화된 프로세스, 자재운반 최소화)
- Design for Machinery : 중장비 및 기계와 관련한 위험을 방지하기 위한 디자인(예 : 중장비 및 기계 위치에 대한 계획)
- Design for Hazardous Material : 유독성 물질에 의한 피해 및 노출을 최소화하는 디자인(예 : 위험물질 취급 장소 설치)
- Design for Human Factors : 사람을 고려한 디자인(예 : 실수를 유발할 수 있는 디자인 요소 고려)
- Design for Working at Height : 고소작업 안전을 위한 디자인(예 : 고소작업의 최소화, 가시설 설치 등)
- Design for Excavation : 굴착작업 안전을 위한 디자인(예 : 비개착 건설

기술)

- Design for Ladders, Steps and Stairways : 사다리 및 계단작업 안전을 위한 디자인(예 : 핸드레일 및 충분한 조명설치)
- Design for Workplace Housekeeping : 안전한 작업공간을 위한 디자인(예 : 작업공간 내 폐기물 처리 계획 등)
- Design for Utilities : 설비안전을 위한 디자인(예 : 덕트공사 시 안전한 자세를 위한 충분한 작업공간, 감전위험 최소화)
- Design for Temporary Works : 가설공사 안전을 위한 디자인(예 : 가설자재의 붕괴 등을 방지하기 위한 디자인)

4.3 ICT를 활용한 건설 안전 관리

최근 센서 네트워크, 스마트폰이나 웨어러블 기기 등의 스마트 기기, 정보저장 및 처리 기술, 시각화 기술 등 다양한 ICT의 활용은 보다 효과적인 건설 안전 관리를 가능하게 하고 있다. 안전 관리에서 중요한 요소는 위험원에 대한 정확하고 신속한 파악, 위험도의 평가, 신속한 저감 대책의 수립으로 볼 수 있는데, ICT는 현장에서 발생하는 다양한 상황이나 위험요소에 대한 데이터를 센서를 통해 신속히 수집하고, 정보처리기술을 통해 위험원을 신속하 파악하거나 위험도를 분석할 수 있으며, 정보 분석 기술 및 시각화기술을 통해 저감 대책과 관련한 신속하고 올바른 의사 결정을 지원할 수 있어 그 활용성이 더욱 높아지고 있다.

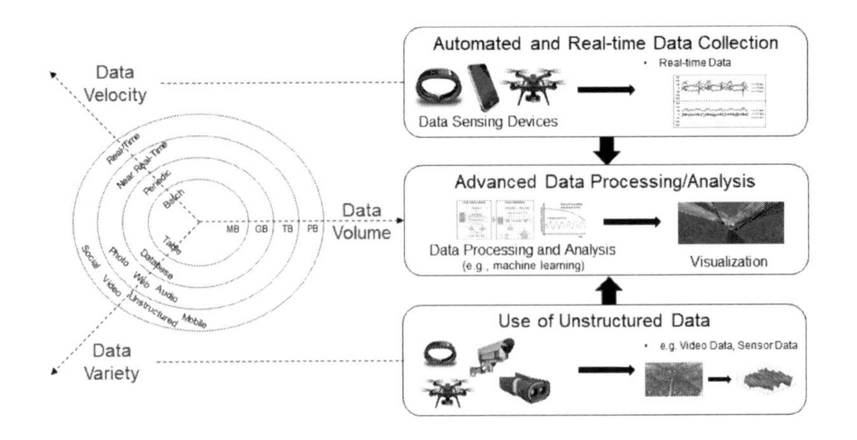

[그림 19] ICT 기반 정보 분석의 개념

앞의 그림에서 보듯이 ICT를 기반으로 하는 안전 관련 정보의 수집 및 분석은 빅데이터의 철학인 3V와도 연관되는데, 작업자의 행동, 기계 및 장비의 움직임, 다양한 위험요인에 대한 정보를 신속하게 습득하고(Velocity), 최대한 풍부한 정보를 이미지 및 영상데이터, 텍스트, 센서 데이터 등 비구조적 데이터를 포함한 다양한 정보 채널을 통해 습득하며(Variety), 이렇게 습득한 방대한 양의 정보를(Volume) 신속하고 정확하게 처리하여 위험도 평가 및 저감 대책 수립에 가치 있는 정보를 통해 의사 결정을 지원한다.

위에 설명한 ICT 기술을 기반으로 본 절에서는 건설 안전 관리를 도모하는 다양한 연구들을 소개하고자 한다. 먼저 건설 안전 관리에서 '인간'에 대한 이해의 중요성에 따라, 작업자에 초점을 맞추어 작업자의 위치나 행동 등을 파악하여 작업자가 위험원에 접근하거나 안전하지 않은 행동 등을 자동으로 감지하려는 연구가 널리 수행 중이다.

다음 그림과 같이 미국 Redpoint Positioning Corporation에서는 BIM 모델에서 먼저 위험지역을 설정해놓고, 작업자는 Indoor GPS가 탑재된 안전조끼를 입으면 자동으로 그리고 지속적으로 작업자의 위치를 추적하여 위험지역에 접근하면 알람을 주는 기술을 개발하였다. 이는 작업자 위치추적을 위한 센서기술, 위험원과 작업자의 정보를 지속적으로 관리하는 BIM 등의 정보 분석 기술 그리고 알람기술 등이 조합되어 가능하게 된 안전 관리 기술로서, 위험원이 많은 작업 공간, 또는 작업자가 홀로 일하는 작업구역 등에서 더욱 유용하다.

[그림 20] 작업자의 위치추적을 통한 위험지역 접근 방지 관련 연구(https://www.redpointpositioning.com/)

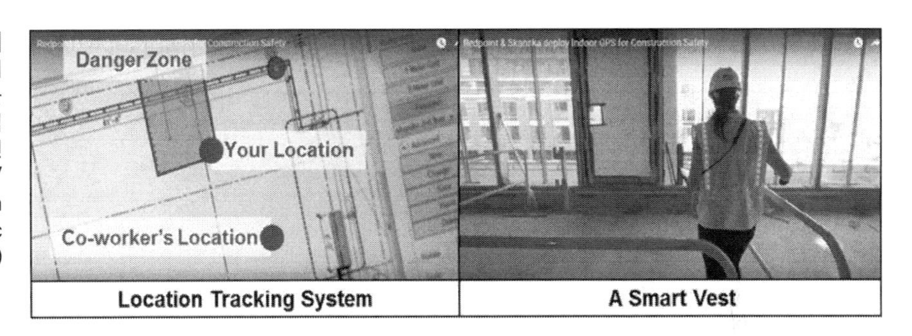

다음 그림의 연구는 스마트폰이나 웨어러블기기에 탑재되어 있는 가속도계 센서나 IMU(Inertia Measurement Unit) 등을 활용, 작업자의 동작을 센서 데이터의 특징(Feature)을 통해 파악하거나 머신러닝 등의 분석 기술을 통해 자동으로 분류한다. 이러한 기술의 활용은 작업자가 충분히 휴식을 취하고 있는지 작업 강도는 적정한지, 적절한 행동을 취할 수 있는지 등을 파악할 수 있게 하는 큰 가능성을 가지고 있다. 이와 같은 무선센서 기반이 모니터링의 경우, 방대한 양의 센서데이터를 처리가 무엇보다 중요하다. 예를 들면, 128Hz로 수집되는 X, Y, Z 3축의 가속도계 데이터를 1시간 동안 수집하는 경우 총 데이터의 개수는 약 140만 개에 육박한다. 그러나 데이터 전송기능 및 데이터 저장장치의 발전과 함께 방대한 양의 데이터를 수집하고 관리하는 것이 점차 가능해지고 있으며, 머신러닝, 딥러닝 등 빅데이터 분석기술 및 데이터 처리 속도 증가와 함께 신속하고 정확한 분석 또한 가능해지고 있다. 최근 작업자 동작 분류 연구에서는 조적공을 대상으로 관련 작업동작들에 대해 90% 이상의 분류 정확성을 도출하였다. 위와 같은 무선센서 기반 안전 관리 연구들의 장점 중 하나는 CCTV 등을 활용한 모니터링과 달리, 작업자가 육안 또는

영상으로 확인할 수 있는 범위를 벗어나더라도 지속적으로 안전과 관련한 정보를 얻을 수 있다는 점이다.

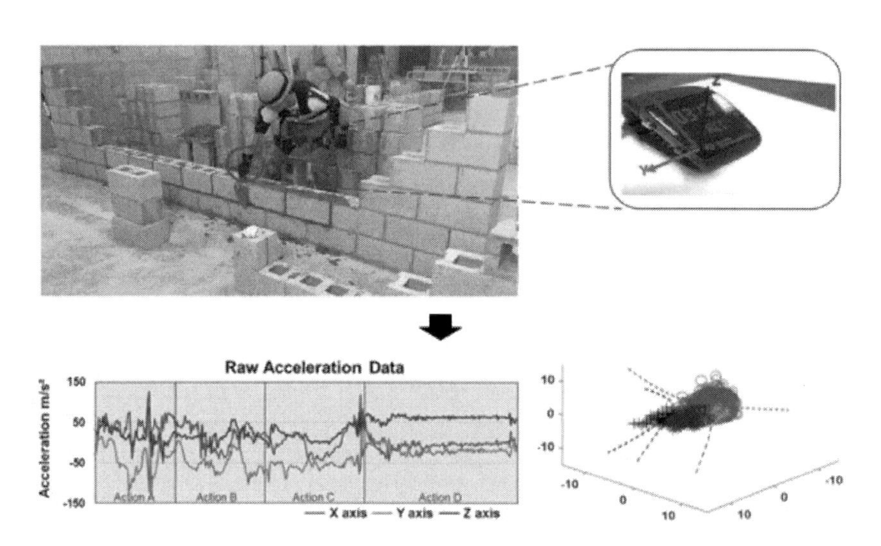

[그림 21] 가속도계 센서를 활용한 작업자 행동 분류 연구 (Ryu et al., 2018)

이와 더불어, 컴퓨터 비전 기술을 통해 작업자의 안전하지 못한 행동을 포착하거나, 작업자의 근골격계에 무리를 주는 행동을 감지하고 이를 바탕으로 근골격계 질환 위험을 파악하기도 한다. 최근에는 이미지 뿐 아니라 동영상 데이터에 대해서 딥러닝 기술을 활용하여 작업자의 행동이나 기계·장비의 움직임을 식별하는 연구로 확장되어 ICT 기반의 안전 관리의 성공가능성을 더욱 높이고 있다.

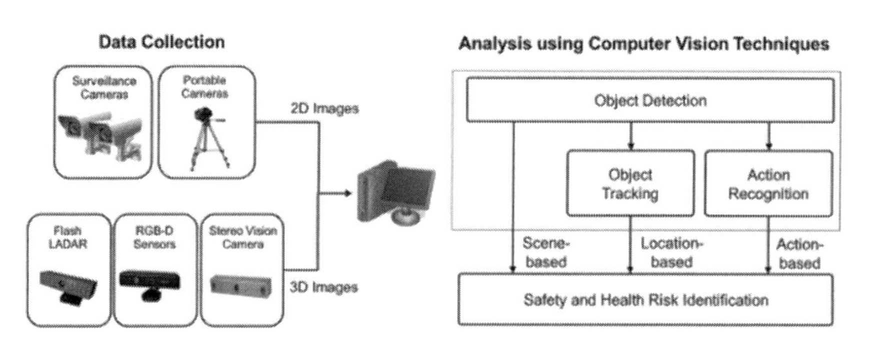

[그림 22] 컴퓨터 비전 기술을 활용한 작업자 안전 보건관리 개념도 (Seo et al., 2015)

[그림 23]
비디오 데이터를 기반으로 한 작업자 근골격계 질환 위험 분석 연구(Golabchi et al., 2018)

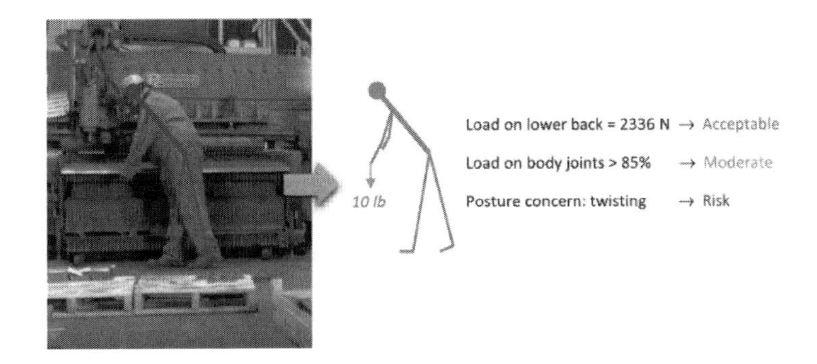

최근 각광받는 기술인 드론 또는 UAV(Unmanned Aerial Vehicle)에 영상수집장치를 탑재하여 작업자의 위치와 기계 등 중장비의 작업반경을 자동으로 파악하고, 작업자가 중장비 작업 반경 안에 들어오면 위험 알람을 주어 작업자와 중장비 간 충돌 및 작업자의 협착 사고를 방지하기 위한 연구 또한 널리 수행 중에 있다.

한편, ICT 기술은 작업자 안전교육에도 활용되고 있다. 다음 그림의 연구에서는 작업자가 혼합현실(Mixed Reality) 환경에서 조적작업에 대한 훈련을 수행하는데, 고소작업이란 위험요인을 교육에 반영하고자 하였다. 구체적으로 작업 환경에 Virtuality를 적용하여 작업자는 추락위험이 제거된, 하지만 마치 고소작업을 하는 듯한 가상환경에서 실제 자재 등을 사용하여 조적 작업을 수행함으로써 교육훈련 효율성을 증대시킨다.

[그림 24]
혼합현실에서의 작업자 교육 및 훈련 관련 연구(Bosché et al., 2015)

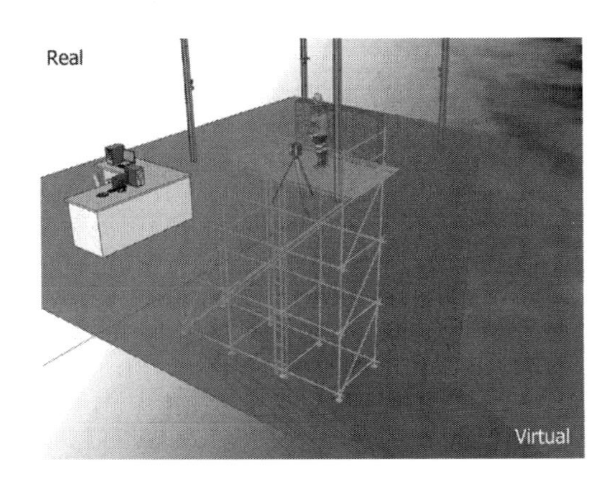

결론적으로, 위와 같이 다양한 ICT 요소기술을 통해 작업자의 위치, 상태, 행동 등을 분석하거나, 작업자와 장비·기계의 움직임을 분석하여 위험요인을 분석하는 연구들이 널리 진행되고 있으며, 기술적·연구적 측면에서 지속적으로 발전하여 성공적인 현장 적용 가능성을 높이고 있다. 뿐만 아니라 ICT는 작업자 훈련 및 교육 효율성 증대에도 높은 가능성을 가지고 있다. 다만 ICT의 적용은 작업자 관련 정보를 지속적으로 취득한다는 점에서 작업자의 기술 수용에 대한 이슈나 데이터 보안 문제, 비용 문제 등 해결해야 하는 문제로 인해 현장적용의 큰 제약이 되고 있다. 다만, 관련 영역에 대한 연구 또한 활발히 진행되고 있기 때문에, 기술적 발전과 더불어 점차 ICT 기반 건설 안전 관리의 상용화 및 고도화는 머지않은 미래임이 분명하다.

4.4 작업자 건강보건 관리와 ICT의 활용

최근에는 건강, 삶의 질, 작업공간의서의 웰빙 등의 중요성이 점차 증대됨에 따라 건설 작업자 건강보건 관리 관련 연구도 널리 수행 중에 있다. 작업자 건강 관리를 위해서는 개인의 신체 상태에 대한 빠른 감지, 감지된 신체 상태의 따른 건강위험 분석, 그리고 분석된 정보의 효과적인 피드백이 중요한 세 가지 요소로 알려져 있다. 특히 건설현장에서는 작업자의 작업강도와 작업 환경(예 : 온도)이 지속적으로 변함에 따라 건강의 위험요소 또한 지속적으로 달라지기 때문에 이를 적시에 정확히 파악하는 것이 무엇보다 중요하다. 예를 들면, 무더운 여름날 야외에서 작업하는 건설작업자는 낮 시간이 될수록 열사병의 위험이 증가한다. 물론 이 경우, 야외 온도를 지속적으로 모니터링 함으로써 이러한 위험을 개략적으로 파악할 수도 있다. 하지만 각 개개인에 따라 이러한 외부위험요소에 대응할 수 있는 능력이 다르다. 따라서 무엇보다 중요한 것은 외부 위험요소에 따라 각 개개인의 신체 상태가 어떻게 변화하는 지 지속적으로 체크하는 것이다.

이러한 상황에서, 최근 급속도로 발전하고 있는 웨어러블 디바이스(Wearable Devices)는 건설작업자 건강보건관리의 새로운 장을 열 수 있다. 이러한 웨어러블 디바이스는 다음 그림과 같이 헤드셋, 리스트밴드(Wristband) 또는 스마트워치(Smart Watch), 스마트글라스(Smart Glass)등과 같이 다양한 형태로 존재한다. 특히 이러한 디바이스들은 심박수(Heart Rate), 뇌전도(또는 뇌파, Electroencephalogram : EEG) or Brain Waves), 피부온도(Skin Temperature), 혈류량(Blood Flow), 피부전극반응(Electrodermal Activity) 등 인간의 다양한 생리학적 데이터를 실시간으로 계측하고 전달하는 바이오센서(Biosensor)를 탑재하고 있어, 작업자의 신체 상태를 파악하는 데 유용하다. 무엇보다 이러한 디바이스는 리스트밴드처럼 불편함 없이 착용하거나, 헤드셋과 같이 건설작업자가 반드시 착용해야 하는 안전모 등 안전보호구(Personal protective equipment : PPE)에 부착될 수 있어 불편함 없이 사용 가능하다. 즉, 웨어러블 디바이스는 매분 매초 건설작업자의 신체 상태를 파악하는 데 작업자의 작업을 방해하지 않고 활용 가능하다.

[그림 25] 작업자 건강보건 관리에 활용 가능한 웨어러블 디바이스(Wearable Devices)의 예시

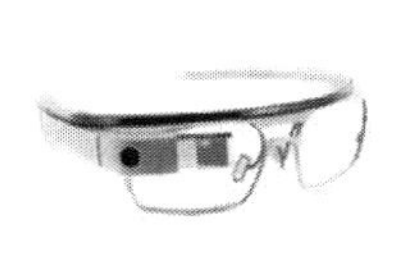

이처럼 스마트기기에 탑재된 바이오센서를 통한 작업자 생체신호의 지속적인 모니터링과 함께, 빅데이터 분석기술을 기반으로 한 건강위험도의 분석, 시각화 및 피드백 기술을 통한 통제 및 제어를 통해, 생체신호를 건강위험요소를 설명하는 지표 등으로 변환하고 이

를 작업자에게 신속히 전달할 수 있다. 따라서 ICT 기반 작업자 건강 관리의 성공가능성을 더욱 높인다.

그러나 작업 중 격렬히 움직이는 작업자를 대상으로 생체신호를 모니터링하기 위해서는 과도한 신호잡음의 처리가 무엇보다 중요하다. 또한 이러한 생체신호를 정확히 모니터링하더라도 건설 작업자에게 특히 중요한 건강위험도(신체부하, 스트레스 등)를 현장에서 분석하기에는 큰 어려움이 있다. 마지막으로 건강위험도를 신뢰성 있게 분석하더라도, 이를 현장에서 작업자 건강위험요소 개선에 활용하기 위해서는 작업자가 언제, 어떤 작업을 수행할 때 건강위험도가 변화하는지 파악할 필요가 있다.

이와 관련하여 아래와 작업자의 심박수 데이터를 수집하고, 이에 대한 잡음을 제거한 후 분석함으로써 작업자 개개인의 신체부하를 측정하고 검증하려는 연구가 진행되고 있다. 또한 웨어러블 기기로부터 현장 작업자 뇌파를 수집하고 신호처리를 통해 깨끗한 신호를 얻음으로써, 작업자의 정서 상태 및 스트레스를 측정 및 검증하는 연구 또한 시도되고 있다. 이러한 연구 성과를 바탕으로, 최근에는 분석의 정확성을 더욱 높이거나 탈수증, 열사병 위험 등 건설작업자에게 중요한 건강위험을 분석하려는 연구로의 확장이 이루어지고 있다.

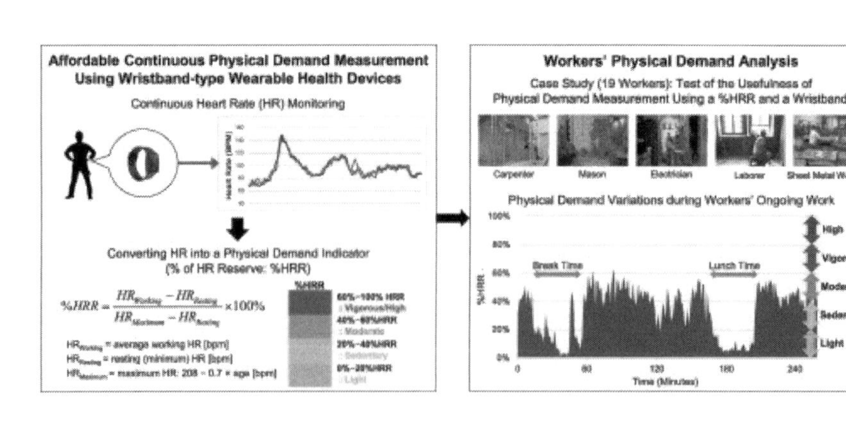

[그림 26] 작업자 심박수 측정을 통한 신체부하 분석 연구(Hwang et al., 2017)

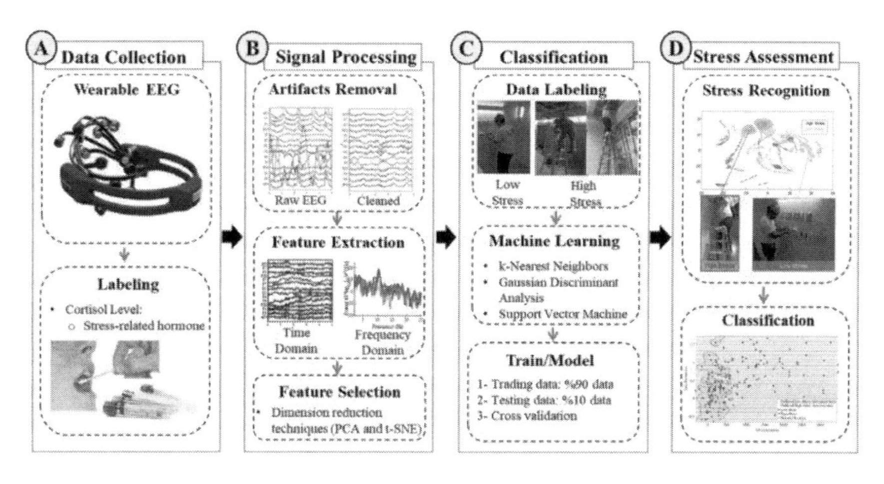

[그림 27] **작업자 뇌파 측정을 통하 스트레스 분석 연구(Jebelli et al., 2018)**

4.5 미래 건설산업의 안전 관리 이슈

미래 건설산업은 현재 수많은 가능성과 더불어 여러 가지 당면한 과제를 함께 가지고 있다. 이에 미래 건설산업은 지금과는 다른 모습을 보일 가능성이 매우 높은 현재 시점에서, 이러한 변화와 함께 건설 안전 관리에서 또한 새로운 이슈들이 있다.

현재 건설산업의 당면한 과제 중 하나는 작업자의 고령화와 청년인력의 유입의 저하에 따른 기능인력 부족을 들 수 있다. 이러한 작업자 수급 문제에 따라 안전 관리의 초점 또한 달라질 것으로 예측되는데, 구체적으로 살펴보면 작업자의 고령화에 따라 작업자 건강 문제의 위험도 증가하기 때문에 이러한 위험 관리 전략 수립이 시급하다.

또한 작업자 수급 부족에 따라 일용 근로자 및 외국인 근로자가 증가하여 안전사고의 가능성 증대 및 안전교육의 어려움을 야기할 것이다. 이에 미래 건설산업에서는 다양한 작업자 특성을 고려한 안전교육 및 안전 관리의 필요성이 점차 증대되고 있다. 또한 효율적인 안전교육과 기능교육의 혼합을 기반으로 안전하게 작업하는 기능인력 육성의 목표를 동시에 만족시켜야 한다. 무엇보다 건설산업에서

청년인력의 유입을 저하시키는 근본적인 원인 중 하나는 안전하지 못한 직업이라는 인식인데, 안전 관리의 고도화는 이러한 인식을 전환시켜 청력인력 유입이라는 긍정적인 효과를 도모할 수 있다.

최근 미래 건설 트렌드로는 현장작업 최소화를 위한 공업화 건축, 시공 모듈화 및 건설자동화 등을 꼽을 수 있다. 현장작업의 최소화는 현장에서 발생하는 안전사고를 감소시키는 데 큰 기여를 할 수 있으나, 안전 관리의 영역을 현장에서 공장으로 확대하기 때문에, 공장과 현장을 아우르는 통합 안전 관리 체계 구축이 무엇보다 필요하다. 이러한 트렌드는 건축 재료의 경량화, 다양화, 하이테크화로 인해 더욱 고도화될 수 있는데, 이처럼 건축재료 특성의 변화에 따라 안전 관리와 관련한 다양한 기준들 또한 재정비가 필요할 것이다.

또한 건설산업에서 자동화기술 및 로보틱스의 도입 및 활용은 점차 사람과 기계 또는 로봇이 함께 일하는 현장으로의 전환을 가져오기도 한다. 이에, 사람이 기계 또는 로봇과 함께 작업할 때 발생하는 안전사고의 위험은 현재의 지식과 경험으로는 정확하게 파악하거나 예측할 수 없다. 따라서 미래 안전 관리의 패러다임은 인간과 기계, 인간과 로봇의 상호작용을 포함하는 것이 무엇보다 중요할 것으로 사료되며, 이 단계를 넘어 무인화를 달성하는 미래 건설현장에서의 안전 관리 체계 또한 점차 고민해나가야 할 것이다.

연습문제

1. 안전 관리의 개념을 설명하시오.

2. 안전 관리의 필요성 및 중요성을 설명하시오.

3. 안전사고 발생의 원인인 4M에 대해 설명하시오.

4. 건설 안전에서 고려해야 하는 다양한 위험요소들을 제시하시오.

5. 건설 안전 관리에서 각 위험요인에 대한 위험도 평가 시, 위험도가 어떻게 정의되는지 설명하시오.

6. 건설작업자가 착용해야 하는 개인 보호구 종류를 나열하시오.

7. 건설 안전사고 관련 통계지표 중 재해율, 도수율, 강도율에 대해 설명하시오.

8. 건설작업자의 불안전한 행동 종류 네 가지를 설명하고, 이에 영향을 주는 배후요인에 대한 예시를 제시하시오.

참고문헌

1. 강경식 외, 안전경영과학론, 청문각, 2006.
2. 강인석, 건설정보화 기반의 최신건설공관리학, 문운당, 2007.
3. 국토교통부, 건설 공사 안전관리업무 매뉴얼, 2014.
4. 국토교통부, 설계 안전성 검토 업무 매뉴얼, 2017.
5. 김대식, 안전경영 관리론, 형설출판사, 2014.
6. 김상철 외, 안전관리, 동화기술, 2017.
7. 노동부, 국토교통부, 유해·위험방지계획서 및 안전관리계획서 통합 작성지침서, 2007.
8. 문유미 외, 건설 안전교육론, 예문사, 2015.
9. 박대성, 건설 공사 안전관리 : 건설 안전기술사 기본서, 구미서관, 2014.
10. 박종권, 건설 안전공학개론, 내하출판사, 2012.
11. 손기상 외, 건설 안전공학, 기문당, 2015.
12. 산업재해예방 안전보건공단, 안전보건 가이드라인 : 동절기 건설현장, 2016.
13. 산업재해예방 안전보건공단, 안전보건 가이드라인 : 장마철 건설현장, 2016.
14. 산업재해예방 안전보건공단, 안전보건 가이드라인 : 해빙기 건설현장, 2016.
15. 산업재해예방 안전보건공단, 건설 중대재해 사례와 대책, 2017.
16. 산업재해예방 안전보건공단, 일터에서 알아야 할 안전보건정보 : 안전보건 나침반(건설업), 2018.
17. 이상범 외, 건설경영공학, 기문당, 2004.
18. 한국방재학회, 방재안전직렬 안전관리론, 예문사, 2016.
19. 한국산업안전공단, 건설업 공종별 위험성 평가 모델, 2011.
20. 한미파슨스, Construction Management A to Z, 보문, 2006.
21. 홍상희, 류현기, 한경보, 알기 쉬운 건설 품질·안전관리, 예문사, 2011.
22. http://www.kosha.or.kr/board.do?menuId=544 (산업재해예방 안전보건공단, 국내 재해 사례 : 건설업)
23. Bosché, F., Abdel-Wahab, M., & Carozza, L. (2015). Towards a mixed reality system for construction trade training. Journal of Computing in Civil Engineering, 30(2), 04015016.

24. CPWR-The Center for Construction Research and Training (2013). Safety Management in the Construction Industry : Identifying Risks and Reducing Accidents to Improve Site Productivity and Project ROI, McGraw-Hill.
25. CPWR-The Center for Construction Research and Training (2013). The Construction Chart Book : The U.S. Construction Industry and its Workers. CPWR-The Center for Construction Research and Training, Silver Spring, MD.
26. Goetsch, D. L. (2012). Construction Safety and Health, Pearson; 2 edition.
27. Golabchi, A., Guo, X., Liu, M., Han, S., Lee, S., & AbouRizk, S. (2018). An integrated ergonomics framework for evaluation and design of construction operations. Automation in Construction, 95, 72-85.
28. Heinrich, H. W. (1931). Industrial Accident Prevention, Mc-Graw Hill, New York.
29. Heinrich, H. W., Petersen, D. C., Roos, N. R., & Hazlett, S. (1980). Industrial Accident Prevention : A Safety Management Approach. McGraw-Hill, New York
30. Hwang, S., & Lee, S. (2017). Wristband-type wearable health devices to measure construction workers' physical demands. Automation in Construction, 83, 330-340.
31. Jebelli, H., Hwang, S., & Lee, S. (2018). EEG-based workers' stress recognition at construction sites. Automation in Construction, 93, 315-324.
32. Maslow, A. H. (1943). "A heory of human motivation." Psychological Review, 50(4), 370.
33. Project Management Institute (2003). Construction Extension to A Guide to the Project Management Body of Knowledge.
34. Reason, J. (1990). "The contribution of latent human failures to the breakdown of complex systems." Philosophical Transactions of the Royal Society B, 327(1241), 475-484
35. Ryu, J., Seo, J., Jebelli, H., & Lee, S. (2018). Automated Action Recognition Using an Accelerometer-Embedded Wristband-Type Activity Tracker. Journal of Construction Engineering and Management, 145(1), 04018114.
36. Seo, J., Han, S., Lee, S., & Kim, H. (2015). Computer vision techniques for construction safety and health monitoring. Advanced Engineering Informatics, 29(2), 239-251.

part III

환경 관리

전진구

chapter 01

환경과 환경의식

1.1 환경 경영

현재의 지구 자연환경은 이상화·복잡화·다양화로 변화되면서 인간의 미래 가치적 생존 여건에 경고음을 울리고 있기 때문에 지구 환경보호 운동은 세계적으로 초미의 관심사가 되고 있고, 국내에서도 생존환경 변화 속에서 지속 가능한 개발(Environmentally Sound and Sustainable Development : ESSD)이라는 국제적 경제 질서 및 활동의 이념에 적응해야 한다.

환경 경영을 추구하는 ISO 국제표준화기구는 1996년부터 ISO14001s 환경 경영체제를 발행하여 세계적으로 생산활동을 수행하는 모든 국가의 기업들이 지구 환경보호를 위한 환경 경영 체계를 수립하고 운영 체계를 확립하도록 하고 있다.

[그림 1]
지속 가능한 개발(ESSD)의 환경 경영 이유

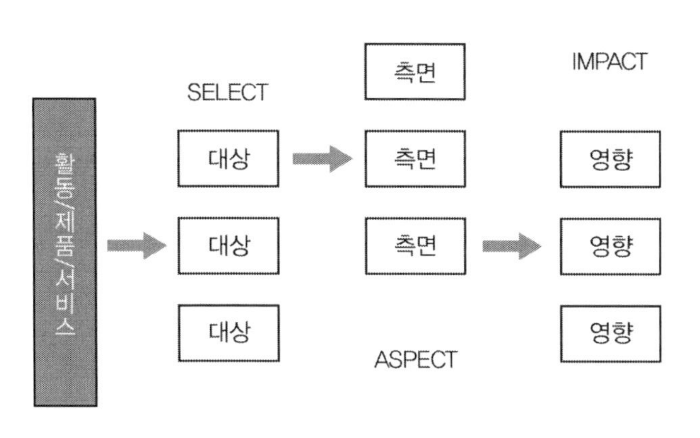

환경 경영은 인류의 생산과 소비 활동에서 발생하는 환경오염을

최소화하면서 경제 및 사회의 발전을 추구하는 수단이다. 즉, 현재와 같은 산업화 경제체제가 지속되면 인류의 미래는 환경 파괴와 환경 재앙을 직면하게 되어 미래의 인류 생존을 위협할 수 있다는 인식을 공감하고 있기 때문이다.

대부분의 경제활동은 생태계의 파괴를 통해 에너지와 원재료를 생산하고, 생애주기 차원에서 끊임없이 환경유해요인을 발생시키기 때문에 오염요인을 조절하거나 줄일 수 있도록 환경에 미치는 영향의 정도를 파악하고, 차별적인 환경정책의 이행을 통해 시장경쟁력을 유지할 수 있는 방법들을 모색해야 한다. 이러한 활동들은 지구환경에 대한 과거를 돌아보고 현재를 직시하여 미래의 예측 가능한 환경을 추론함으로써 인류 생존차원에서의 생산활동 체계를 정립하는 정책이다.

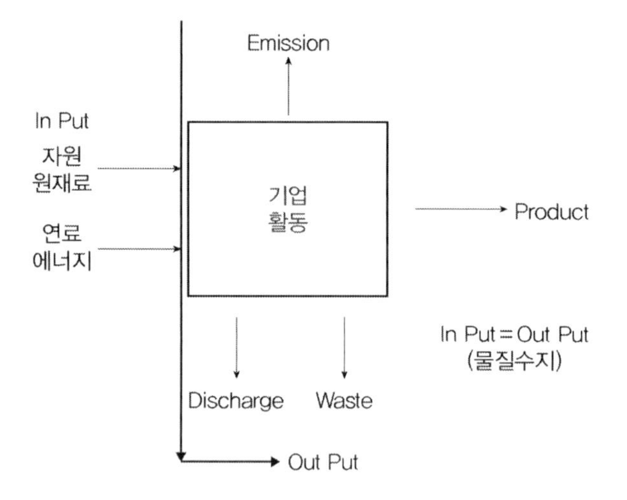

[그림 2]
생산활동의 물질수지

특히 건설산업은 인류 생존의 기틀을 마련하고, 복지를 증진시키는 산업행위이지만 환경 파괴를 일차적으로 담당하는 업종이기 때문에 건설행위에서의 환경 측면 분석을 통한 환경 관리는 무엇보다도 중요한 요인으로 작용할 수 있다.

[그림 3]
생산활동의 환경요소

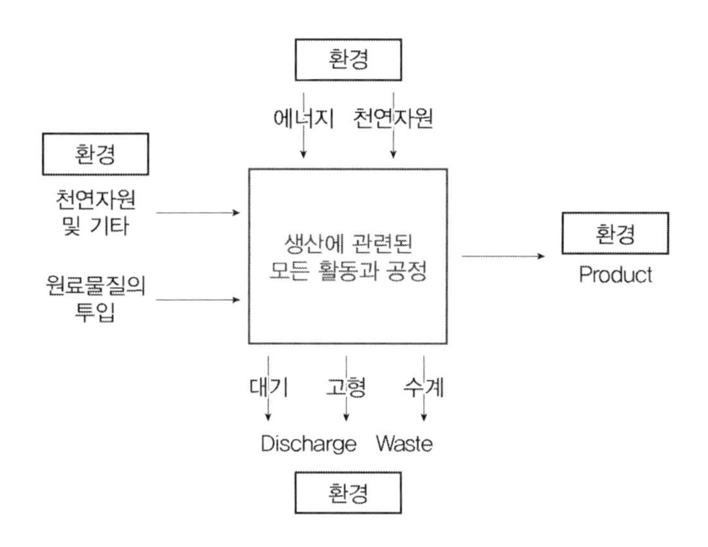

환경 관리의 목표는 오염의 원인을 사전에 예방하는 것이다. 즉, 환경 변화 이전에 환경에 미칠 수 있는 영향들을 제거하는 것으로, 활동에 투입되는 자원의 정량화를 통해 활동 결과물의 물질수지를 파악하는 균형적 체계화로 구조적 해결 방법을 모색하는 것이다. 이러한 접근 방법이 LCA(Life Cycle Assessment)의 개념이다.

[그림 4]
환경 LCA

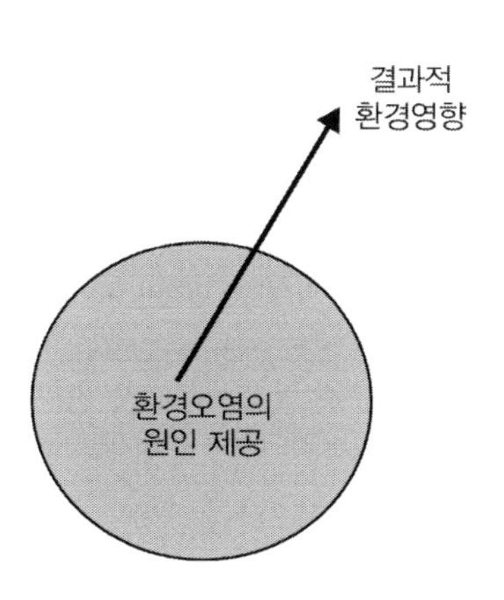

1.2 국제 환경 경영 체계의 시작

환경 경영 체계는 세계적으로 적용할 수 있는 환경 관리로 국제표준화를 BCSD[1]에서 1991년 6월 ISO/IEC에 요청하였고, ISO/IEC[2]는 환경을 연구하는 환경전략자문그룹(Strategic Advisory Group on Environment : SAGE)을 설립, 1992년 1월에 환경 경영 건의문을 유엔환경개발회의(United Nations Conference on Environment and Development : UNCED)에 상정하였다. 1992년 10월 환경 경영 국제규격 제정을 위한 기술위원회(Technical Committee)를 설립, 1993년 1월 ISO14000s 규격 제정을 위한 ISO/TC207이 창설되었다.

ISO/TC207은 1993년 6월 1차 총회를 시작으로 환경 경영체제(ISO14001) · 환경감사(ISO14010 Series) · 환경라벨링(ISO14020 Series) · 환경성과평가(ISO14030 Series) 및 전 과정 평가(ISO14040) 등의 환경 경영 시리즈를 개발하여 규격을 발표하였다.

ISO는 전 세계에 보급하기 위한 환경 경영 규격들을 1999년 6월 ISO/TC207 서울총회에서 개발 현황과 적용 현황을 공표하면서 가정 먼저 제정된 환경경영체제 ISO14001s의 세계적 적용을 시작하였다.

[표 1] **ISO의 초기 규격 체계**

NO	규격 번호	제목
1	ISO 1000	SI Units and Recommendations for the Use of Their Multiples and of Certain Other Units Third Edition; Amendment 1: 11-01-1998
2	ISO 2000	Rubber, Raw Natural-Specification Fifth Edition
3	ISO 3000	Sodium Tripolyphosphate for Industrial Use-Estimation of Tripolyphosphate Content-Tris (Ethylenediamine) Cobalt(III) Chloride Gravimetric Method First Edition

1) BCSD(Business Council for Sustainable Development) : 리우회의(UNCED)의 사무총장인 모리스 스트롱(Maurice Strong)의 요청과 스위스의 기업가 슈미트하이니가 중심이 되어 1990년 조직한 세계 경제인 회의로 27개국 48명의 경제인이 참가하고 있다. 다만 구소련, 동구, 중국에는 비즈니스 부문이 없고 계획경제체제를 시장경제체제로 이행시키는 데 따른 복잡한 문제가 많아 참여시키지 못하고 있다.

2) ISO/IEC : ISO/International Electro-technical Commission.

[표 1] ISO의 초기 규격 체계(계속)

NO	규격 번호	제목
4	ISO 4000	Passenger Car Tires and Rims–Part 1: Tires (Metric Series) Sixth Edition
5	ISO 5000	Continuous Hot–Dip Aluminium/Silicon–Coated Cold–Reduced Carbon Steel Sheet of Commercial and Drawing Qualities Second Edition
6	ISO 6000	Round–Headed Cabbage–Storage in the Open First Edition
7	ISO 7000	Graphical Symbols for Use on Equipment–Index and Synopsis Second Edition
8	ISO 8001	Cinematography–Underexposed Motion–Picture Film Requiring Forced Development–Designation Method First Edition
9	ISO 9000	Quality management and quality assurance standards
10	ISO 12000	Plastics/Rubber–Polymer Dispersions and Rubber Lattices (Natural and Synthetic)–Definitions and Review of Test Methods First Edition
11	ISO 13000	Plastics Polytetrafluoroethylene (PTFE) Semi–Finished Products
12	ISO 14001	Environmental Management Systems–Specification with Guidance for use

1.3 환경 가치와 환경마크

부지 및 시설물에 대한 환경 측면 평가는 현재 및 과거활동의 결과로서 환경에 끼친 문제를 객관적으로 파악하여 오염의 처리·기업의 인수/합병·은행대출 및 보험료 산정 등 환경 관련 Risk에 대한 책임 문제를 명확히 하는 수단이다.

이것은 기업재산을 평가하는 데 환경오염 처리비용이 반영된다는 것을 의미하는 것으로 환경오염도에 따라 부지 및 시설물의 가격은 오염을 처리하는 데 소요되는 비용만큼 재산의 가치가 하락한다는 것이다.

환경에 대한 관심이 높아지면서 제품을 구매할 때 전통적인 구매의사 결정 요소에 제품의 환경성을 고려하고 있다. 즉, 소비자는 환경친화적 제품을 구매한다는 것으로 이러한 구매행위는 기업의 환경 관리를 유도하는 압력으로 작용된다.

그러나 소비자의 환경친화적 제품구매 의사도 정보의 부족과 인식의 결여로 인해 환경성을 판단하기 어려운 것도 있기 때문에 나온 것이 환경마크 제도이다.

국제표준화기구(ISO)에서는 환경마크와 관련하여 TC207/SC3 (Technical Committee Sub-Committees3)에서 제품의 환경적 우수성에 대한 주장을 다루는 국제규격을 제정하고 있다.

환경마크제도는 소비자에게 환경친화상품에 대한 이해를 돕고 선택의 폭을 줄여줌으로써 제조업자들의 시장경쟁력에 인센티브를 제공하기 위해 마련된 제도이다. 그러나 각 나라마다 상이한 환경마크 제도를 사용하고 있기에 그 국제적 사용성을 규정하기 위해 ISO 및 국제열대목재기구 등은 환경마크제도의 상호인정을 위한 국제환경마크제도를 추진했다.

[그림 5]
세계 주요 국가의 환경마크

환경마크 제도는 국제무역에서 상당한 영향을 미칠 수 있는데, 직접적인 환경무역규제의 소프트한 대안으로서 국제적으로 권장되는 방법이기는 하지만 국제무역이 왜곡될 가능성을 배제할 수는 없다. 그 이유는 환경마크 대상 제품의 선정과 환경마크 부여 기준 및 환경마크제도에 대한 정보 제공 및 운영 절차가 선진국들의 자국 편견주의에 편중하여 국가이기주의가 개입될 여지가 많고, 환경마크의 취득에 드는 비용이 선진국의 주관 단체에 귀속될 확률이 높기 때문이다. 이럴 경우 환경마크제도가 또 다른 비관세무역장벽이 될 수 있고, 제한적 국제사업관행과 유사한 무역 효과를 가져올 수 있다.

[표 2] **주요 국가의 환경마크제도 시행**

국가명	제도명	시행 연도
독일	Blue Angel	1978
캐나다	Environmental Choice Program	1989
북유럽	Nordic Swan Label	1989
일본	Eco Mark Program	1989
뉴질랜드	Environmental Choice New Zealand	1990
스웨덴	Green consumerism and Ecolabelling	1990
미국	Green Seal	1991
유럽연합	European Union Eco-label	1992
대만	Green Mark Program	1992
중국(홍콩)	Green Label	1995

ISO에서는 환경마크제도에 앞서 환경라벨링제도를 3가지 형태로 추진하였다.

Type 1은 우리나라의 환경마크제도에 해당되는 것으로 1999년 4월에 국제규격으로 발간되어 각 국가별로 독자적으로 운영되고 있는데, 각 제품군의 일정 비율(20~30%)에 대해서만 인증을 부여하고 있기에 이것은 국제교역에서 상호인증이 이루어지지 않아 무역장벽으로 활용될 가능성이 가장 높다.

[Type 1]
- 우리나라의 환경마크제도에 해당
- 1999년 4월에 국제규격으로 발간
- 각 국가별로 독자적으로 운영
- 제품군의 일정 비율(20~30%)에 대해서만 인증
- 국제교역에서 상호 인증이 이루어지지 않음

Type2는 자기선언 환경성 주장과 관련된 것으로 국내의 인증에 대한 표시 및 광고에 관한 공정거래지침과 유사하다.

[Type 2]
- 자기선언 환경성 주장과 관련된 것
- 표시 및 광고에 관한 공정거래지침과 유사

Type 3는 정량적 환경성 선언방법으로서 자원 및 에너지의 사용, 오염배출 등 제품의 환경 관련 정보를 일정한 양식에 의해 표시함으로써 소비자들이 구체적인 환경 정보를 알 수 있도록 한다. Type 3에 의한 정량적 환경성적 표시제도는 Type 1과 같은 수준의 무역장벽으로는 작용되지는 않겠지만 소비자들이 환경친화적 제품을 판단할 수 있는 수단으로는 이용도가 높다.

[Type 3]
- 정량적 환경성 선언 방법
- 자원과 에너지의 사용, 오염배출 등 제품의 환경 관련 정보를 일정한 양식에 의해 표시
- 소비자들이 구체적인 환경 정보를 알 수 있도록 함
- 우리나라 환경부의 환경성적 표시제도에 해당

[표 3] ISO14020's Eco-Label 비교

구분	Type I Eco-Label	Type II Eco-Label	Type III Eco-Label
ISO 규격	ISO14024	ISO14021	ISO14025
규격화 시기	1999. 04	1999. 09	2000. 03
국내 적용	환경표지(마크)제도	환경성 자기주장제도	환경성적 표지제도
법적 근거	환경기술개발 및 지원에 관한 법률	표시·광고의 공정화에 관한 법률	환경기술개발 및 지원에 관한 법률
시행 기관	환경마크협회	공정거래위원회	환경부

1.4 EMS 인증과 환경 경영

생산조직의 환경 경영 시스템(EMS)인증은 사업장이 환경 관리를 실시할 수 있는 경영체제를 구축하였다는 것을 인증하는 것이지 그 사업장의 환경성과를 평가하여 환경친화적인 사업장임을 보증하는 것은 아니다.

EMS 인증제도가 시행된 후 관련 당사자들과 환경관련 단체들은 인증을 획득한 기업의 환경성과를 어떻게 파악하고 비교할 것인지를 환경 측면 분석 방법을 통해 업무영역에 따른 환경친화도를 판단할 수 있는 방법을 요구하고 있다.

[그림 6]
환경 측면 분석 모델

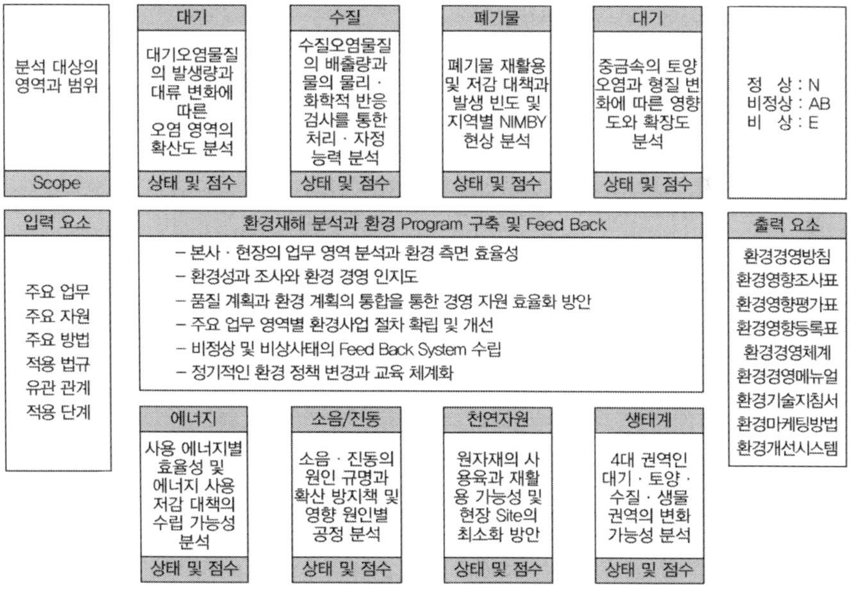

분석 대상의 영역과 범위
Scope

대기
대기오염물질의 발생량과 대류 변화에 따른 오염 영역의 확산도 분석
상태 및 점수

수질
수질오염물질의 배출량과 물의 물리 · 화학적 반응 검사를 통한 처리 · 자정 능력 분석
상태 및 점수

폐기물
폐기물 재활용 및 저감 대책과 발생 빈도 및 지역별 NIMBY 현상 분석
상태 및 점수

대기
중금속의 토양 오염과 형질 변화에 따른 영향도와 확장도 분석
상태 및 점수

정 상 : N
비정상 : AB
비 상 : E

입력 요소
주요 업무
주요 자원
주요 방법
적용 법규
유관 관계
적용 단계

환경재해 분석과 환경 Program 구축 및 Feed Back
- 본사 · 현장의 업무 영역 분석과 환경 측면 효율성
- 환경성과 조사와 환경 경영 인지도
- 품질 계획과 환경 계획의 통합을 통한 경영 자원 효율화 방안
- 주요 업무 영역별 환경사업 절차 확립 및 개선
- 비정상 및 비상사태의 Feed Back System 수립
- 정기적인 환경 정책 변경과 교육 체계화

출력 요소
환경경영방침
환경영향조사표
환경영향평가표
환경영향등록표
환경경영체계
환경경영메뉴얼
환경기술지침서
환경마케팅방법
환경개선시스템

에너지
사용 에너지별 효율성 및 에너지 사용 저감 대책의 수립 가능성 분석
상태 및 점수

소음/진동
소음 · 진동의 원인 규명과 확산 방지책 및 영향 원인별 공정 분석
상태 및 점수

천연자원
원자재의 사용육과 재활용 가능성 및 현장 Site의 최소화 방안
상태 및 점수

생태계
4대 권역인 대기 · 토양 · 수질 · 생물 권역의 변화 가능성 분석
상태 및 점수

1.5 건설기업 환경 관리 추진 과제

건설에서의 환경 유해 행위는 시공 과정에서뿐만 아니라 자원의

조달 과정·운영 과정 및 폐기 과정에서도 관리자의 문제 해결 능력에 따라 환경 영향의 범위는 크게 달라질 수 있다.

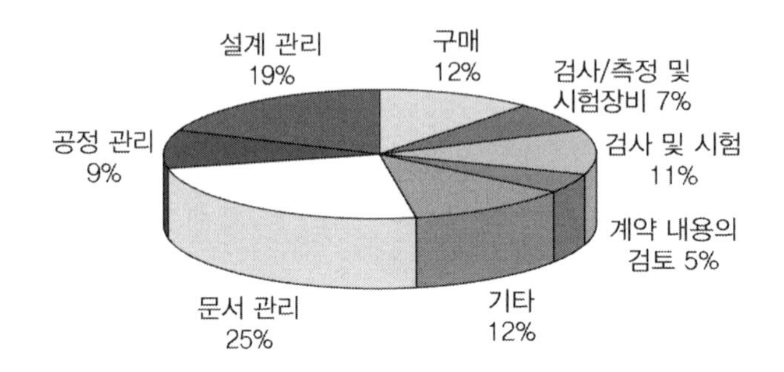

[그림 7]
건설업의 업무 영역에 따른 환경 영향도

따라서 기업은 국제적 환경요구 조건의 이해 차이에 대해 차별적으로 환경 관리 적용 및 실행 방안을 정량화할 수 있는 시스템을 정립하여야 하고, 건설 분야의 종사자는 환경 측면의 현실적 분석 방향을 모색하여 최상의 환경 영향 인자를 돌출하고 제거할 수 있는 방법론을 설정할 수 있는 능력을 배양해야 한다.

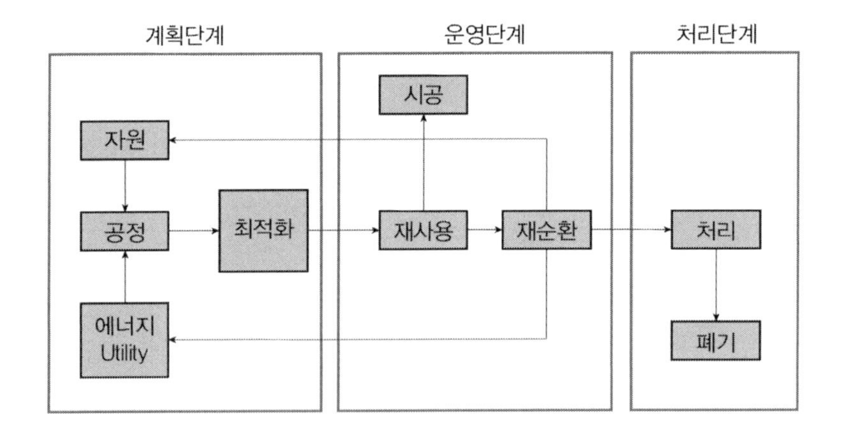

[그림 8]
환경 경영 조사 3단계

다음과 같은 몇 가지 질문의 해결점을 인식하면서 환경 관리 전략을 수립해가는 것이 중요하다고 판단된다.

첫째, 국제적으로 관심 현안이 되고 있는 환경정책에 대응할 수 있는 국내 건설기업의 환경 경영 전략 유형의 정량화는 가능한가?

둘째, 건설기업의 환경 관리 전략에 따른 실천 프로그램을 수립할 수 있고, 자원의 환경 측면을 정량화할 수 있는가?

셋째, 건설업의 환경 문제가 사회 전반의 생활 수준과 고객 만족에 어떤 영향을 미치며 마케팅 차원에서 어떤 도움을 줄 수 있는가?

넷째, 환경 관리가 기업 활동에 주는 효과는 무엇이고, 수익적 경영 측면과 어떠한 연결 관계를 갖고 있는가?

다섯째, 건설업의 특성상 생산제품의 다양성과 시·공간적 제약 여건에 따른 유형화된 환경 측면 분석이 가능한가?

여섯째, 기업 구성원의 환경 의식과 지적 능력의 차이가 기업 생산성에 미치는 영향이 어떠한가?

주요 건설자재의 환경친화적 특성

- 생산 과정에서 환경오염 발생 요인 최소화
- 생산 원재료의 50% 이상 재활용재 사용
- 폐기물의 감소 효과
- 상품의 품질이 동일 재품 종류 대비 우수
- 시공이 수월하며, 2차 재활용이 용이
- 유해물질의 함유량 최소화
- 재품의 사용 주기가 장기
- 약품이나 열화 및 부식에 대한 저항성
- 천연자원 사용률 최소화

chapter 02

건설기업의 환경 관리

건설기업의 환경 경영 목적 실현은 환경에 대한 이론 분석과 정책 수립을 기반으로 한 후 추진 방안을 기술적·관리적·공학적 활동을 포함한 운영기술 시스템을 수립하는 것에서 시작된다.

2.1 환경 경영 기술 5R

환경 관리는 전략 유형과 목표 및 세부 목표의 설정 단계, 환경오염의 인식 단계 및 자원별 투입 요소에 따른 오염원 추적 방법 등을 추진모형(Research Model)과 추진명제(Research Proposition) 그리고 실현 가능한 환경 측면 인식 시스템 모형으로 기술적 접근 방법(Technique Approach)과 질적 접근 방법(Qualitative Approach)을 정립한다.

건설기업의 환경 관리 추진은 5R 실천운동을 예로 들 수 있는데, 5R이란 재사용(Reuse, 저공해 원재료 사용), 재활용(Recycling, 발생 폐기물 재활용 극대화), 감량화(Reduction, 시공공정 중 발생할 수 있는 오염물질 최소화), 수리(Repair, 에너지 절약), 재배치(Redesign, 시공 공정의 현실성 유지)등이다.

상기의 과정이 환경 측면 분석의 초기 단계로 환경 측면이란 환경에 심각한 영향을 줄 수 있는 요소인자가 무엇인지 판단하기 위해 조직이 스스로 통제할 수 있는 활동과 제품 및 서비스의 환경 영향 측면을 식별하는 것으로, 이 고려사항들은 기업의 활동과 제품 생산 그리고 서비스 행위에 포함된 과거·현재·미래에 잠재적으로 영향을 미칠 수 있는 지속적인 활동을 의미한다.

잠재적 영향이란 생애주기 차원에서 상품의 전체 Life Cycle에 포함되는 제품의 재구성, 작업과 시설의 재배치, 시공과정에서 발생할 수 있는 작업 제한요인의 감량화, 자원 사용의 효율화에 필요한 재사용과 재활용 등의 사전 준비를 말하고, 이를 통해 식별한 환경 측면의 중요도를 관리할 대상을 선정하기 위한 활동인 환경 측면 분석과 환경 영향 평가를 수행한다.

[그림 9]
자원과 생산의 환경 경영 기술 5R

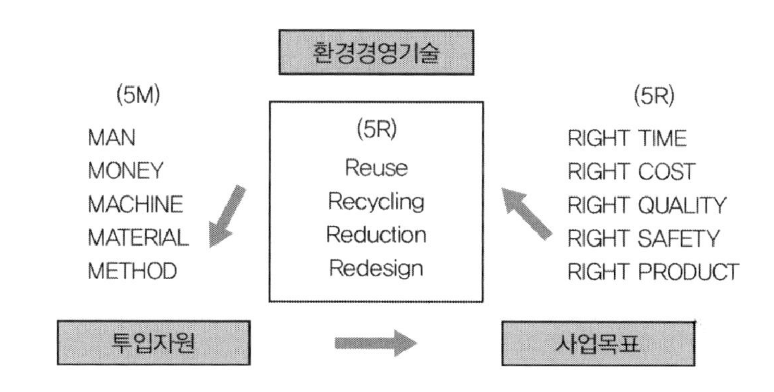

2.2 환경 전 과정 평가

환경 영향 평가는 환경 관리를 실시하기 위해 환경에 중요한 영향을 미치는 활동들을 찾아내고, 해결방안을 수립하는 것으로 평가는 자원획득에서부터 시공·운영·사용 및 폐기과정에 이르기까지 제품의 전 과정에 관련된 환경 영향을 파악하고 평가하는 전 과정 평가를 수행해야 하는데, 전 과정 평가는 다음 사항을 고려한다.

- 시공의 전 과정을 소단위 업무 단계로 구분 분석하고, 시공 방법을 환경친화적으로 개선하기 위한 기회요인을 파악한다.

• 시공업계, 정부 또는 비정부기구의 의사 결정(Decision Making)요인을 정량적으로 분석한 후 위험요인을 식별한다.
• 전략적 성공성과 시공의 우선순위를 결정하고, 시공공정의 분석을 통해 설계에 반영한다.
• 환경 검사의 측정 기법을 포함한 관련 환경성과 검증을 위한 지표를 만든다.
• 생산된 시공물의 판매를 위한 마케팅 환경을 점검한다.
• 기업의 환경친화성 경영 이념을 공표하고, 그 운영의 실천성을 검증하기 위한 환경마크 제도 또는 환경친화적 제품으로의 상품성을 선언한다.

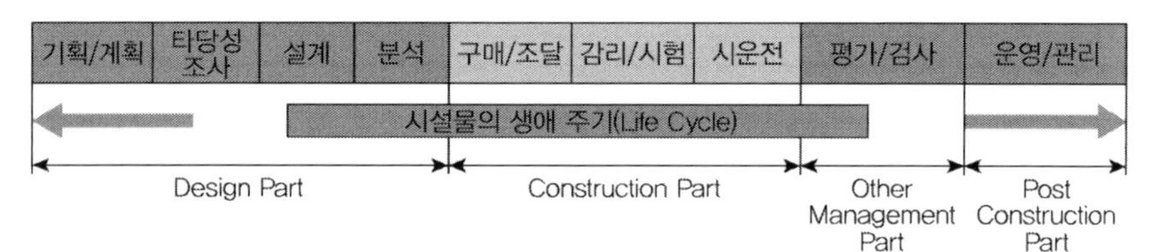

[그림 10] **건설사업의 생애주기 전 과정 평가 업무 영역**

건설 분야에서의 환경유해행위는 시공과정에서뿐만 아니라 자원의 선정 단계인 설계에서부터 운영과정 및 폐기 과정에까지 관리자의 운영정책에 따라 환경 영향의 범위를 달리할 수 있기 때문에 환경관리체제의 구축이라는 기본 이념을 근간으로 환경 관리 책임자 및 담당자들이 새로운 환경관리체제에 대한 이해를 돕고, ISO 기본요건의 이행 방법 그리고 관련 자료와 실행에 대한 기본 방향을 제시하면서 환경 관리에 대한 접근이 용이하도록 한다.

2.2.1 환경 관리 추진 4단계

건설사업에서의 환경 관리 전략은 환경 관리 방침과 기본목표 및 공정운영시스템의 효과적 설정과 분석을 위한 환경 영향 평가 방법을 4단계의 기본 원칙에 근거하여 수행하는데, 여기에는 국제환경 경영 시스템(ISO14001) 기본 요건과 부속서 및 환경 성과 평가(Environmental

Performance Assessment : EPA) 등 신뢰성이 확보된 자료를 참고하여 풀어나가면서 환경 측면 분석과 환경 영향 평가는 환경 보증 체계(Environmental Assurance : EA)와 환경 감사 체계(Environmental Auditing : EA)를 수반한다.

환경 관리 시스템 4단계의 기본원칙은 에드워드 데밍[1]의 PDCA Cycle(Plan → Do → Check → Action)과 같은 맥락에서 관리 흐름을 이해할 수 있는데, 환경 관리는 건설사업의 수행에서 조직단체의 활동이 환경에 미치는 영향을 이해하고, 방침을 규정하며, EMS에 대한 세부 추진 계획을 수립하는 것으로 다음과 같다.

1) 1단계 원칙 – 계획(Plan)

기업의 환경 경영 의지를 환경정책에서 확고히 하고, 각 구성조직의 환경 관리 이행 방법을 책정하며 환경 경영의 세부 달성목표를 설정한다.

2) 2단계 원칙 – 시행과 운영(Do)

환경 경영 관리의 효과적인 실행을 위하여, 기업이 세부 환경 관리 운영 방침의 실행과 환경 목표 및 세부 목표를 달성하는 데 필요한 능력과 지원체제를 개발하고, 실행 프로그램의 이행을 통하여 운영의 현실화를 실행한다.

3) 3단계 원칙 – 검토 및 시정조치(Check)

기업이 수행하는 환경 관리의 성과를 측정하고, 점검 및 평가의 과정을 거치면서 각 행위들의 장단점을 분석하여 시정행위의 수행 가능성을 판단한다.

---

1) W. 에드워즈 데밍 : 1900년 출생, 물리학 박사로 미국정부의 벨 연구소에서 통계적 품질 관리(SQC)의 대가 슈워트와 함께 근무하며 품질 관리의 중요성을 역설, 그 후 일본을 방문하여 품질 관리에 대한 강연에서 PDCA Cycle이라는 체계적인 접근 방법을 산업계에 강조하였고, 이것은 일본이 품질로 세계시장을 석권하는 계기가 되었다.

4) 4단계 원칙 – 검토 및 개선 (Action)

기업운영의 책임자는 점진적인 환경 영향 축소 및 개선이라는 목적에 근거하여 환경관리체제를 검토하고 수행의 효율성을 증진시킨다.

상기의 4단계 원칙에 준하여 대내외적인 환경변화에 대응하고, 조직구성원의 환경 의식을 개선하며, 조직의 환경활동을 효과적으로 돌출하기 위하여 지속적이고 유동적이며 실증적인 운영 체계인 EMS의 가장 효율적인 방안을 수행하기 위하여 다음과 같은 절차에 따라 수행한다.

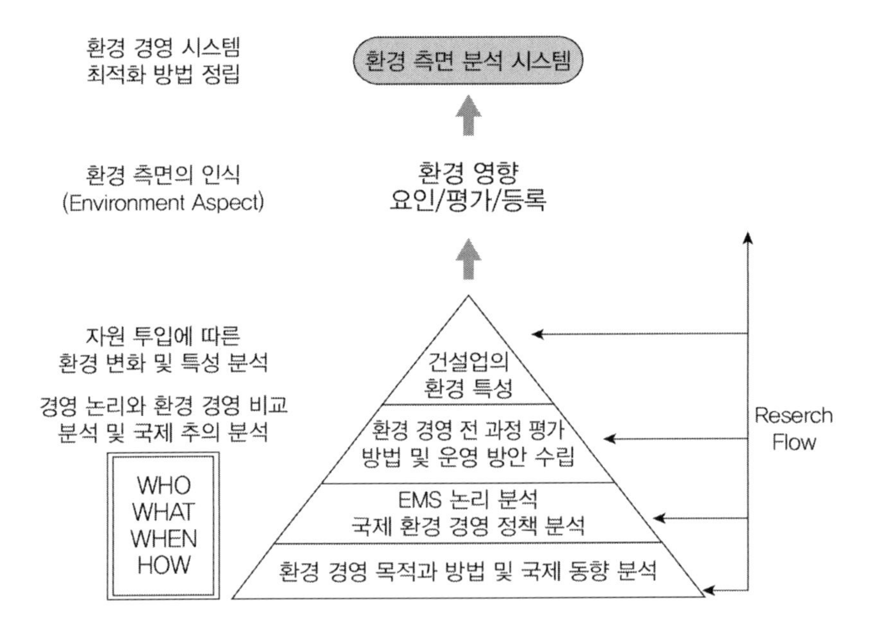

[그림 11]
환경 경영 시스템 인식 절차

환경 경영 시스템 인식 절차의 주요 내용과 방법은 설명하면 다음과 같다.

- 기본 방향을 설정하고, 수행하고자 하는 환경 관리의 세부 내용을 확정한다.
- 환경 경영과 관련된 국내외 추진 방법을 분석하여 건설사업에서의 환경

영향 측면 분석 방법의 이론을 정립한다.

- 건설기업의 경영학적 특성과 투입자원의 변화에 따른 환경 측면의 인식기법을 선택한다.
- 건설기업의 경영학적 운영 논리를 정리하고, 환경정책과 관련된 국내외적 변화 방향과 추위를 분석한다.
- 자원 투입에 따른 환경 측면 분석 방법을 모델로 제시하고, 환경 영향 평가 시스템 순서도를 작성한다.
- 환경 측면과 관련된 자료의 수집은 국제환경 경영 규정과 환경협약 및 환경과 관련된 국내외의 서적을 참고하고, 환경 관련 환경 측면 분석 예측 모델에 관련된 자료를 수집한다.
- 앞서 수집한 자료들을 분석하여 EMS 운영 시스템의 중요 요소인 환경 측면 인식과 모니터링 방법 및 환경 영향 평가(Environmental Impact Assessment : EIA) 세부사항인 환경요인-영향 조사, 환경 영향 평가 및 환경 영향 등록부의 작성 근거를 제시하고, 운영 체계를 수립한다.

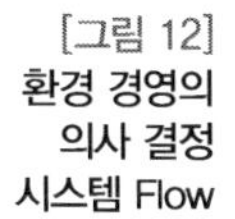
[그림 12]
환경 경영의 의사 결정 시스템 Flow

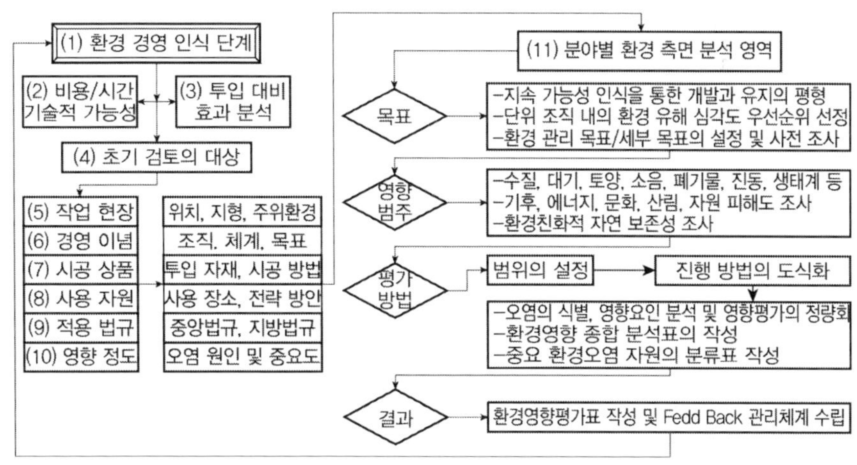

chapter 03

국내의 환경 기준

3.1 환경 영향의 기준

환경 영향에 대한 기준은 다양하게 해석할 수 있는데, 좁은 의미에서는 생활환경과 생산활동에 영향을 받는 구역을 의미하고, 넓은 의미에서는 지구와 우주를 포함한 지속 가능한 생존적 의미에서의 환경이다.

정책적 분류에 의한 환경은 대기환경(Atmosphere)·수계환경(수질환경, Hydrospheres)·지계환경(토양환경, Lithosphere) 및 생물계환경(생태계환경, Biosphere)으로 나누어진다.

대기환경은 지구를 둘러쌓고 있는 모든 입상자나 가스 상태의 매체로 질소·산소·메탄·탄산가스 등이고, 수계환경은 지표수·지하수·호수·강·해양 등 지구에 존재하는 물에 대한 영향을 의미하며, 지계환경이란 흙·모래·자갈·돌·암반·광물·용암 등 무생물계의 물질에 대한 영향을 의미하고, 생물계환경이란 동물·식물·미생물 등 인간을 포함하여 생존해 있는 모든 생명체에 대한 환경을 의미한다.

[표 4] **정책적 분류에 의한 환경**

<table>
<tr><td rowspan="8">환경
(Environment)</td><td rowspan="2">자연환경(Natural Environment)</td><td>생물환경(Biosphere)</td></tr>
<tr><td>무생물환경(Non-Biosphere)</td></tr>
<tr><td rowspan="6">생활환경(Living Environment)</td><td>대기(Atmosphere)</td></tr>
<tr><td>수질(Water)</td></tr>
<tr><td>폐기물(Waste)</td></tr>
<tr><td>소음(Noise)</td></tr>
<tr><td>진동(Vibration)</td></tr>
<tr><td>냄새(Disodor)</td></tr>
</table>

UNEP[1]에서 환경 영향 평가 개념의 환경은 다음 3가지 기준으로 서술하고 있다.

첫째 : 환경에 크게 영향을 줄 수 있는 행위요인을 결정하기 전에 충분한 환경 측면을 고려한다.
둘째 : 각종 의사 결정(Decision Making) 과정에서 행위 및 자원에 대한 적합한 절차를 정한다.
셋째 : 행위와 관련된 단체·협회·지역 간의 충분한 정보 교환 및 협력이 필요하다.

즉, 초기 단계에서 환경 영향 범위와 측면을 분석하고, 계획 과정에서 법률과 제도적 한계를 인식하며, 실행 과정에서 내부적으로는 영향 평가 요건과 방법 설정 및 환경 측면 정보 인식(자원의 성질인식)을 통해 외부적으로 정보검증을 공중의견 수렴을 통해 수행함으로써, 자원별 환경 측면 판단 여부와 평가서 작성 그리고 환경 영향의 통보 및 환경 영향 평가 절차 수립 등의 시스템 수립 절차를 요구하고 있다.

[표 5] UNEP 환경 구성 요소

환경 (Environment)		
환경 (Environment)	자연환경 (Natural Environment)	대기(Atmosphere), 대양(Oceans), 물(Water), 암석(Lithosphere), 생태(Terrestrial Biota)
	인간환경 (Man & the Environment)	인구(Population) 주거(Human Settlement), 건강(Human Health) 생물(Bioproductive System) 산업(Industry), 에너지(Energy) 운송(Transport), 관광(Tourism) 환경교육 및 홍보 (Environment Education & Public Awareness) 평화와 안전 (Peace, Security and the Environment)

1) UNEP : Goals and Principles of Environmental Impect Assessment & Decision 14/25 of the Government Council of UNEP of 17, June 1987.

3.2 환경 기준

3.2.1 대기환경 기준

대기환경 기준은 대기오염에 의한 피해로부터 생태계를 보호하기 위해 제정되었는데, 인간의 인체와 동식물에 영향을 유발할 수 있는 발생량을 기준으로 하여 장단기 기준치를 설정하였다.

영국은 1956년 청정공기법(Clean Air Act)을 제정하면서 연기배출량의 규제를 시작으로 1990년 대기오염과 폐기물 및 기타 환경오염 문제를 포함하는 환경보호법(Environmental Protection Act)으로 확대 적용하였다.

미국은 1963년 청정공기법의 제정을 시작으로 1997년 오존과 PM10(입경 10μm 이하의 입상자 물질) 및 PM2.5(입경 2.5μm 이하의 입상자 물질)를 환경 기준에 추가하였다.

일본은 1967년 공해대책 기본법의 제정을 시작으로 1971년 환경청을 발족하여 환경규제기준을 강화하고 있다.

유럽은 1980년 SO_2와 입자상 물질에 대한 기준을 처음 제정한 후 Pb, NO_2, SO_2, O_3 등으로 규제기준을 확대해가고 있다.

한국은 1971년 공해방지법 제정을 시작으로 1983년에 SO_2를 포함한 6개 대기오염물질(SO_2 · NO_2 · O_3 · CO · 탄화수소 · 부유먼지)에 대한 대기환경 기준을 설정하였고, 1990년 납 배출기준을 추가하면서 미세먼지 배출기준을 강화하였다.

대기환경에 대한 국제적 추세는 정책의 강화와 규제물질의 확대 및 기준의 세분화에 따라 계속적이고 지속가능한 개발규제라는 의제의 적용과 감시가 확대되고 있기 때문에 세계적인 생산과 개발 및 무역에 대한 중요한 장벽으로서의 입지가 확대될 것으로 예상된다.

3.2.2 소음환경 기준

건설에서의 소음환경 기준은 건설현장·사업장 혹은 공장 및 도로에서 발생하는 소음의 규제를 통해 조용한 사회 환경을 조성하는 수단으로서의 의미를 갖는다.

소음 규제는 소음 배출 허용 기준 시설에 속하는 지역을 차별적으로 구분하고, 소음 발생 시간대별로 보정치를 각각 설정하여 적용하는데, 일반적으로 보정치를 가감한 평가치가 50dB(A) 이하가 되도록 정하고 있다.

[표 6] **지역 및 시간대별 생활환경소음 기준**

대상 지역		시간대별 소음(단위 : dB(A))		
		조석 (05:00~08:00, 18:00~22:00)	주간 (08:00~18:00)	심야 (22:00~05:00)
A	확성기 옥외설치	70	80	60
	옥내 → 옥외	50	55	45
	공장 및 사업장	50	55	45
	건설 공사장	65	70	55
	기타지역	70	80	60
B	옥내 → 옥외	60	65	55
	공장 및 사업장	60	65	55
	건설 공사장	70	75	55

A지역은 주거지역이나 녹지지역 혹은 준 도시지역 중에서 취락지구·운동 휴양지구·자연환경 보전지역 및 기타 지역 안에 학교나 병원 혹은 공공 도서관지역을 포함하고 있는 지역이고, B지역은 A지역이 아닌 곳에서의 확성기를 옥외에 설치했을 경우를 말한다.

소음의 측정 방법과 평가 단위는 소음·진동 공정시험방법에서 정하는 바에 따르고, 대상 지역의 구분은 국토이용관리법(단, 도시지역의 경우에는 도시계획법)에 의하여 구분된다.

3.2.3 수질환경 기준

국내의 수질환경 기준은 수역과 항목으로 분류하여 설정하는데, 수역은 하천과 호소 및 지하수로 구분하고, 항목은 생활환경 기준인 pH(수소이온농도)·BOD(생물화학적 산소요구량)·COD(화학적 산소요구량)·SS(부유물질량)·DO(용존산소량)·대장균군수·총질소·총인 등 8개 항목과 사람의 건강 보호 기준인 Cd·As·CN·Hg·유기인·Pb·6가 크롬·PCB·음이온 및 계면활성제 등 9개 항목으로 구분하고 있다.

[표 7] **하천 수질환경 기준**

구분	등급	이용 목적별 적용 대상	기준				
			pH	BOD (mg/ℓ)	SS (mg/ℓ)	DO (mg/ℓ)	대장균군 수 (MPN/100mℓ)
생활환경	Ⅰ	상수원수 1급 자연환경보전	6.5~8.5	1 이하	25	7.5 이상	50 이하
	Ⅱ	상수원수 2급 수산용수 1급 수계용수	6.5~8.5	3 이하	25	5 이상	1,000 이하
	Ⅲ	상수원수 3급 수산용수 2급 공업용수 1급	6.5~8.5	6 이하	25	5 이상	5,000 이하
	Ⅳ	공업용수 2급 농업용수	6.0~8.5	8 이하	100	2 이상	–
	Ⅴ	공업용수 3급 생활환경보전	6.0~8.5	10 이하	쓰레기 등이 없을 것	2 이상	–
사람의 건강 보호	전 수역	• 카드뮴(Cd) : 0.01mg/ℓ 이하 • 비소(As) : 0.05mg/ℓ 이하 • 시안(CN), 수은(Hg), 유기인 : 검출되어서는 안 됨 • 폴리크로리네이티드비페닐(PCB) : 검출되어서는 안 됨 • 납(Pb) : 0.1mg/ℓ 이하 • 6가크롬(Cr+6) : 0.05mg/ℓ 이하 • 음이온계면활성제(ABS) : 0.5mg/ℓ 이하					

[표 8] 호수 수질환경 기준

구분	등급	이용 목적별 적용 대상	기준						
			pH	COD (mg/ℓ)	SS (mg/ℓ)	DO (mg/)	대장균군 수 (MPN/100mℓ)	총인 (T-P) (mg/ℓ)	총질소 (T-N) (mg/ℓ)
생활환경	Ⅰ	상수원수 1급 자연환경보전	6.5~8.5	1 이하	1 이하	7.5 이상	50 이하	0.01 이하	0.2 이하
	Ⅱ	상수원수 2급 수산용수 1급 수계용수	6.5~8.5	3 이하	5 이하	5 이상	1,000 이하	0.03 이하	0.4 이하
	Ⅲ	상수원수 3급 수산용수 2급 공업용수 1급	6.5~8.5	6 이하	15 이하	5 이상	5,000 이하	0.05 이하	0.6 이하
	Ⅳ	공업용수 2급 농업용수	6.0~8.5	8 이하	15 이하	2 이상	–	0.1 이하	1.0 이하
	Ⅴ	공업용수 3급 자연환경보전	6.0~8.5	10 이하	쓰레기 등이 떠 있지 아니할 것	2 이상	–	0.15 이하	1.5 이하
사람의 건강보호	전 수역	• 카드뮴(Cd) : 0.01mg/ℓ 이하 • 비소(As) : 0.05mg/ℓ 이하 • 시안(CN), 수은(Hg), 유기인 : 검출되어서는 안 됨 • 폴리크로리네이티드비페닐(PCB) : 검출되어서는 안 됨 • 납(Pb) : 0.1mg/ℓ 이하 • 6가크롬(Cr+6) : 0.05mg/ℓ 이하 • 음이온계면활성제(ABS) : 0.5mg/ℓ 이하							

[표 9] 지하수 수질환경 기준(mg/ℓ)

항목 및 이용 목적		생활용수	농업용수	공업용수
일반 오염 물질	pH	5.8~8.5	6.0~8.5	5.0~9.0
	COD	6 이하	8 이하	10 이하
	대장균군수	5,000 이하(MPN/100mℓ)	–	–
	질산성질소	20 이하	20 이하	40 이하
	염소이온	250 이하	250 이하	500 이하
특정 유해 물질	카드륨	0.01 이하	0.01 이하	0.02 이하
	비소	0.05 이하	0.05 이하	0.1 이하
	시안	불검출	불검출	0.2 이하
	수은	불검출	불검출	불검출
	유기인	불검출	불검출	0.2 이하
	페놀	0.005 이하	0.005 이하	0.01 이하
	납	0.1 이하	0.1 이하	0.2 이하
	6가크롬	0.05 이하	0.05 이하	0.1 이하
	트리클로로 에틸렌	0.03 이하	0.03 이하	0.06 이하
	테트라클로로 에틸렌	0.01 이하	0.01 이하	0.02 이하

생활용수란 가정용 및 가정용에 준하는 목적으로 이용되는 농업용수·공업용수 이외의 모든 용수를 포함하고, 농업용수란 농작물의 재배 및 경작을 목적으로 이용되는 경우에 한하며, 공업용수란 수질환경보전법 제2조제5호의 규정에 의한 폐수배출시설을 설치한 사업장에서 사업 목적으로 이용되는 경우에 한한다.

3.2.4 토양환경 기준

1995년 1월 제정된 토양환경보전법에서 토양오염지역의 구분을 오염도가 높아 정화대책이 필요한 토양오염대책기준과 토양의 오염을 방지하기 위해 예방조치가 필요한 토양오염우려기준으로 구분하였다.

[표 10] **국내의 토양오염 기준**

항목	토양오염 우려 기준(mg/kg)		토양오염 대책 기준(mg/kg)	
	가) 지역	나) 지역	가) 지역	나) 지역
카드뮴				
구리	1.5	12	4	30
비소	50	200	125	500
수은	6	20	15	40
납	4	16	10	40
6가크롬	100	400	300	1,000
유기인화합물	4	12	10	30
PCB	10	30	–	–
시안	–	12	–	30
페놀	2	120	5	300
유류	4	20	10	50
벤젠·톨루엔	–	80	–	200
에틸벤젠	–	2,000	–	5,000
크실렌(BTEX)	–	2,000	–	5,000

토양오염물질 선정은 수질오염과의 관련성을 고려하여 수질환경

보전법에서 정한 특정유해물질인 구리·납·비소·수은·시안화물·유기인·6가크롬·카드뮴·페놀류·PCB·TCE·PCE 등 12종 물질 중 TCE와 PCE를 제외한 10종과, 토양오염의 분포면적이 가장 많은 광물에너지제조 및 저장시설물 등에서 유류오염을 규제하기 위해 설정된 유류성분(BTEX) 및 석유계총탄화수소(TPH)를 포함하여 12종으로 규정하고 있다.

가)지역은 지적법 제5조제1항의 규정에 의한 전·답·과수원·목장용지·임야·학교용지·하천·수도용지·공원·체육용지(수목·잔디식생지에 한한다)·유원지·종교용지 및 사적지 등을 의미하고, 나)지역은 지적법 제5조제1항의 규정에 의한 공장용지·도로·철도용지 및 잡종지를 의미한다.

그러나 토양오염 유발시설이 설치된 경우나 유류에 의한 토양오염사고가 발생한 경우 또는 기타 토양오염사고가 발생했던 지역에는 지목 구분에 관계없이 나)지역의 토양오염 우려 기준 및 대책 기준을 적용한다.

chapter 04

환경 경영의 실행 시스템

4.1 ISO 국제환경 경영 시리즈 요구 조건

4.1.1 도입배경과 의의

국제표준화기구(International Standardization for Organization: ISO) 규격의 초창기 목적은 주로 전기·전자·기계 등 광공업 분야의 형상·치수·구조 및 시험 검사방법 등을 규정하거나 군사장비·자동차·유화 등의 제품품질을 인증하기 위해 설정된 국제규격이다.

ISO14001(기존규격) 환경 경영 시스템의 목적은 '지속 가능한 개발'이다. '지속 가능한 개발'이란 환경오염예방의 필요성이 국제적인 이슈로 대두되면서 환경 경영에 대한 국제적 표준화의 요구가 높아지자 ISO는 기업의 환경 관리 체계와 환경성과 등을 평가하여 인증하는 '환경 경영국제규격제도(ISO14001s)' 표준화작업을 진행하였고, ISO14001s를 통해 기업 활동 전반에 걸친 환경실태를 평가하고 점검하여 객관적 환경친화적 생산행위를 유도하게 되었다.

이들 평가는 단순히 환경 법규나 관련 기준을 만족시키는 차원을 넘어 기업이 설정한 환경 방침 및 환경 목표의 적정성과 우수성, 적절한 환경 관리 조직과 청정 생산, 환경친화적 제품개발 등을 포함하는 포괄적인 환경 관리의 실시 여부를 대상으로 삼는다.

ISO14001s는 환경 경영에 관한 국제적 표준규격일 뿐 국가 차원의 직접적인 무역 규제 수단으로 활용되지는 않지만, 민간 차원에서 특정 기업이 이 규격에 따라 인정받은 업체만을 대상으로 상거래를 하려 할 때 간접적인 무역 제한 효과를 초래할 가능성은 배제할 수 없고, 무역과 연계를 전제로 한 각종 국제환경협약과 ISO14001s의 인증제도가 상호 결합될 경우에는 환경 문제가 기업 활동에 미치는 파장은 커질 수도 있다.

4.1.2 ISO14001s(KS A 14001) 국제환경 경영 시스템 요건

환경 경영 체계 요구 조건(Environmental Management System Requirements)의 업무영역별 적용 가능성은 다음과 같다(EMS 수행과 ISO14001 요건의 적용 범위 기준).

1) 환경 방침 · 계획

4.1 General Requirements(일반 요구 조건)

기업은 환경 경영을 수행하고 유지하기 위해서는 환경 경영 방침을 설정하여야 한다.

4.2 Environmental Policy(환경정책)

기업의 최고 경영자는 환경 경영의 수행의지를 환경정책으로 공표하여야 한다.

4.3 Planning(계획)

환경 관리를 위한 경영과 운영 과정을 계획하고 조직한다.

4.3.1 Environmental Aspects(환경 전망)

기업은 생산활동 중에 발생할 수 있는 중요한 환경유해요인을 예측하고, 유해요인의 방지 방안을 설정하며, 사용 정보가 최신 자료임을 보장해야 한다.

4.3.2 Legal and Other Requirements(법규 및 요건)

기업의 경영 활동에 적용되는 환경 관련 법규와 요건을 분석하고 확인해야 한다.

4.3.3 Objectives and Targets(목표 및 중점사항)

기업은 환경 경영의 목표와 세부사항을 수립하고, 운영 방법을 설정하여, 중점 관리 대상에 대한 이해관계자들의 견해를 분석하여야 한다.

4.3.4 Environmental Management Programmed(환경 경영조직)

환경 목표의 효과적인 달성을 위하여 책임소재를 명확히 하고, 일정 계획을 수립하여, 운영의 현실성을 조직 체계를 통하여 보여줄 수 있어야 한다.

2) 실행 및 운영

4.4 Implementation and Operation(이행 및 운영)

계획을 이행하고, 이행사항을 점검하며, 관계 조직 간의 의사소통 과정을 문서로 남겨두어야 한다.

4.4.1 Structure and Responsibility(조직 및 책임)

기업은 단위조직의 역할과 책임 및 권한을 명시하고, 환경 경영에 필요한 자원의 공급 체계를 확립한다.

4.4.2 Training, Awareness and Competence(교육·인식 및 자격)

경영자는 조직원의 환경교육 필요성을 인정하고, 실무담당자의 교육을 받을 권리를 보장하여야 한다.

4.4.3 Communication(의사소통)

기업의 경영조직 내에서 각 부서와 계층 간의 의사소통과 외부 이해관계자와의 의견 접수·전달·해결 방법 등을 명시하여야 한다.

4.4.4 Environmental Management System Documentation(환경 경영 문서)

기업의 경영에서 발생하는 모든 업무에 대하여 문서화하고, 모든 문서에 대한 운영 방법·유지 방법 및 추적 가능성을 명시한다.

4.4.5 Document Control(운영 관리)

기업의 환경 경영 운영 투명성을 보장하기 위하여 모든 문서에 대하여 관리 절차를 수립하고 코드번호 체계를 부여하고 유지한다.

4.4.6 Operational Control(조직 관리)

기업의 환경 방침·목표 및 세부 목표가 조직의 운영에 활용되고 있음을 보장하여야 한다.

4.4.7 Emergency Preparedness and Response(비상사태 대비 및 책임)

기업은 사고나 비상사태의 발생 가능성을 예견하고, 비상사태 대비 조직을 결성하여 대처 능력을 정기적으로 점검하여야 한다.

3) 점검 및 시정조치

4.5 Checking and Corrective Action(점검 및 시정 활동)

기업의 생산활동 중에 환경적 부적합 사항이 발견될 때는 이의 시정 및 유지 관리에 대한 필수조항을 절차로 유지하여야 한다.

4.5.1 Monitoring and Measurement(감시 및 측정)

기업의 단위조직은 환경에 영향을 미칠 수 있는 작업 활동의 주요 특성을 감시하고, 측정한다.

4.5.2 Non Conformance and Corrective and Preventive Action(부적합 시정·예방)

기업은 환경유해요인이 발생할 시 환경 영향을 완화시키기 위한 시정조치를 수행하고, 잠재적인 부적합 사항의 발생 원인을 제거하며, 책임자를 선정하여야 한다.

4.5.3 Records(기록)

기업의 단위조직은 환경 경영에서 발생하는 모든 사항들을 기록으로 보존하고, 모든 기록은 회사에서 규정하는 기간에 따라 보존기 간을 차별화하여 정할 수 있으며, 이 규정의 적법성을 검증하고, 증명할 수 있는 점검 체계를 수립하여야 한다.

4) 경영자 검토

4.5.4 Environmental Management System Audit(환경 경영 성과 결산)

기업 내 단위조직의 환경 경영 성과를 정기적인 감사 추진 계획 및 절차에 따라 관리하며, 감사 대상이 환경 방침과의 적합성 및 적절성이 보장되고, 이해관계자의 관심도 및 정보 전달 체계의 점검 기능을 수행하여야 한다.

4.6 Management Review(경영자 검토)

기업의 최고 경영자는 지속적으로 환경 경영 조직의 운영 상태를 점검하고, 환경 경영 정보의 적절성을 확인하며, 문서화 상태를 유지하여야 한다.

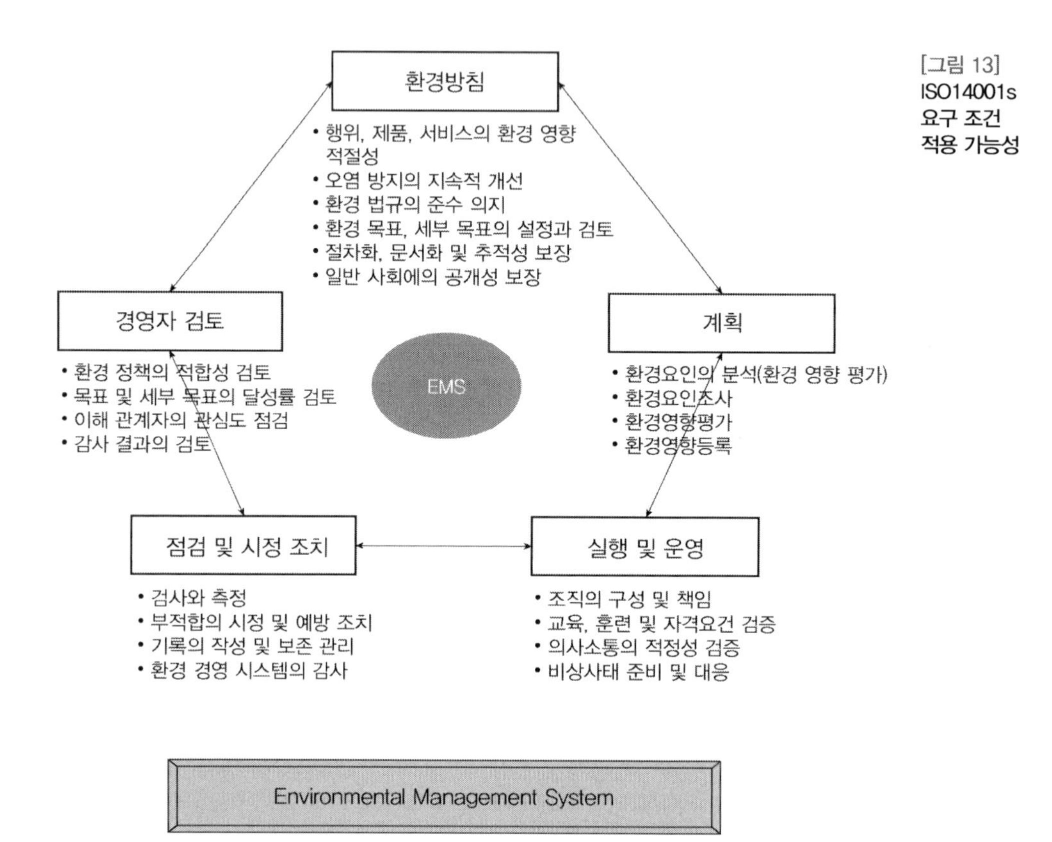

[그림 13] ISO14001s 요구 조건 적용 가능성

4.1.3 ISO14000s 조직과 구성내용

ISO14000s의 내용을 생산하는 조직은 ISO/TC207[1]로 각 주제별로 6개의 분과위원회(SC : Sub-Committee)와 17개의 작업반(Working Group : WG)으로 구성되어 있고, 각 분과에서 개발하는 ISO14000s 내용은 다음과 같다.

1) TC : Technical Committee(기술위원회)로 ISO/TC는 국제표준화기구의 기술위원회를 말한다.

1) SC1-환경경영체제(Environmental Management System : EMS)

환경 경영을 실천하기 위해서 조직의 환경 관리 활동을 체계화하는 데 필요한 내용들을 정리하고 규정한다.

2) SC2-환경심사(Environmental Auditing : EA)

환경심사에 대한 일반원칙과 절차 및 환경심사원의 자격요건에 관한 내용을 포괄적으로 규정한다.

3) SC3-환경라벨링(Environmental Labelling : EL)

환경라벨링에서는 기업이 공급하는 제품의 환경성에 대한 사항을 다루고 있고, 여기에는 제3자 인증을 위한 환경마크 부착에 따른 지침 및 절차 등에 대한 규정과 기업이 자사제품의 환경성을 스스로 주장하는 데 대한 일반적인 지참과 원칙에 대한 규정 등을 포함한다.

4) SC4-환경성과평가(Environmental Performance Evaluation : EPE)

조직 활동의 환경 성과에 대한 평가 기준을 설정하고자 하는 것으로, 주요내용은 조직의 환경성과를 측정하고 평가하는 절차 및 환경성과를 대내외에 공포하는 방법 등을 포함한다.

5) SC5-전 과정 평가(Life Cycle Assessment : LCA)

전 과정 평가는 어떤 제품을 생산하는 공정 및 활동의 전 과정에 걸쳐서 투입되고 배출되는 자원 및 에너지양을 정량화하고, 이들이 환경에 미치는 영향을 평가하며, 궁극적으로는 지속적인 환경성과의 개선방안을 모색하려는 체계적인 환경 영향 평가의 방법 등을 규정한다.

6) SC6–용어 정의

환경 경영 시스템에서 주로 활용하는 용어들의 정의를 서술함으로써 환경담당자와 관계자들이 환경 경영 시스템의 이해를 돕기 위한 것이다.

4.2 건설기업의 환경 경영

4.2.1 건설기업의 환경 관리

건설사업의 업무 영역은 크게 중화학 분야인 플랜트공사, 사업 및 업무영역 분야인 개발사업공사, 주거공간의 확보를 위한 주택건축공사 그리고 국가기간산업 및 무역·해운·운송 분야인 토목공사로 분류할 수 있다.

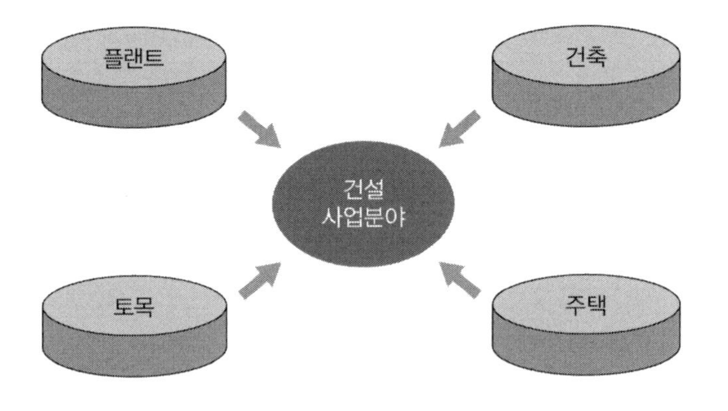

[그림 14] 건설사업의 업무 영역

환경 관리를 보다 효율적으로 논의하기 위해서는 ISO 시리즈인 환경 경영 시스템 요건을 검토하는 것이 선행되어야 하는데, 그 이유는 건설사업 수행이 가져오는 환경오염 범위와 영향크기 그리고 환경 관리의 우선순위를 분석하는 과정에서 ISO 환경 경영 시스템 시리즈가 환경 관리 이념을 가장 잘 반영하고 있을 뿐만 아니라 대부분의 기업에게 환경 경영은 곧 ISO시리즈의 인증을 받는 것에서부터 시작한다는 등식이 성립할 만큼 환경 경영의 도입에 실제적인 영향력을 미치고 있기 때문이다.

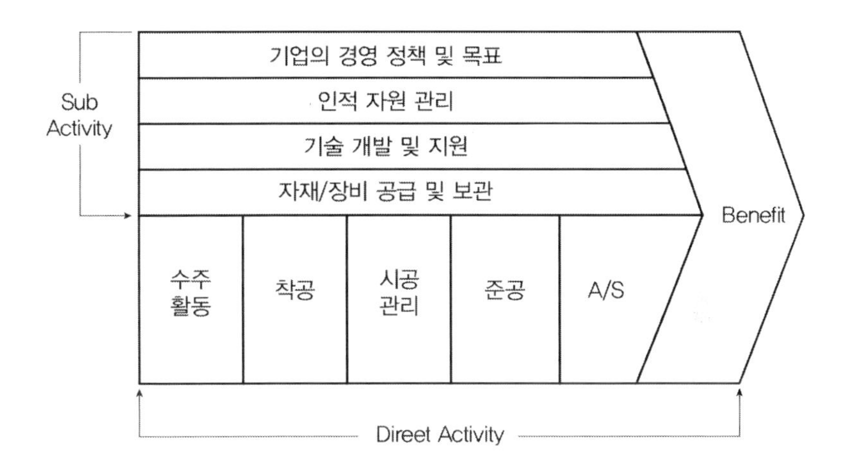

[그림 15] **건설업의 사업 구조**

환경 경영 시스템은 환경경영체제(EMS)와 전 과정 평가(LCA) 및 환경 측면 분석(EI)을 핵심적인 내용으로 포함하고 있고, 이중 환경 측면 분석 방법이 환경 경영의 효과를 검증하고 달성하는 데 가장 중요한 기틀이 되는 것이다.

4.2.2 건설기업의 환경 영향

건설기업의 사업수행에서 나타나는 환경 영향은 대부분의 프로젝트가 천연자원 활용도가 높고, 업무수행이 자연지반고의 변화를 포함하고 있기 때문에 타 산업에 비해 상대적으로 크게 나타난다. 또한 건설사업은 지구 환경의 인위적 변화를 통해 인간이 살아가는 생활공간과 삶의 영역을 구축하는 산업이면서 자연재해로부터 생활환경의 안정성을 보장하려는 사업이기 때문에 오염의 발생 가능성과 2차 오염에 따른 지속적 오염의 확산도가 높은 사업영역이다.

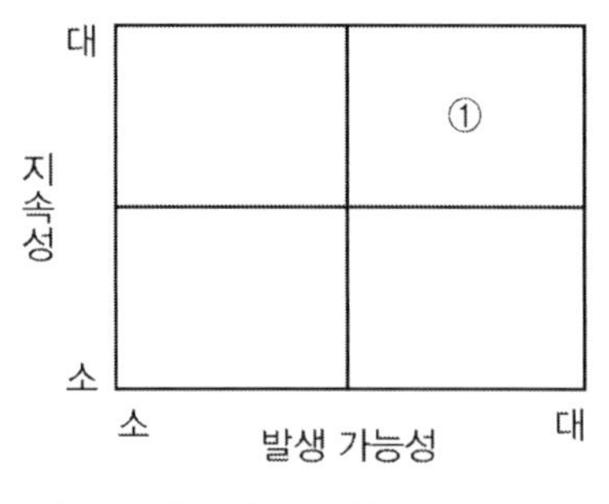

[그림 16] **오염 발생 가능성 및 지속성**

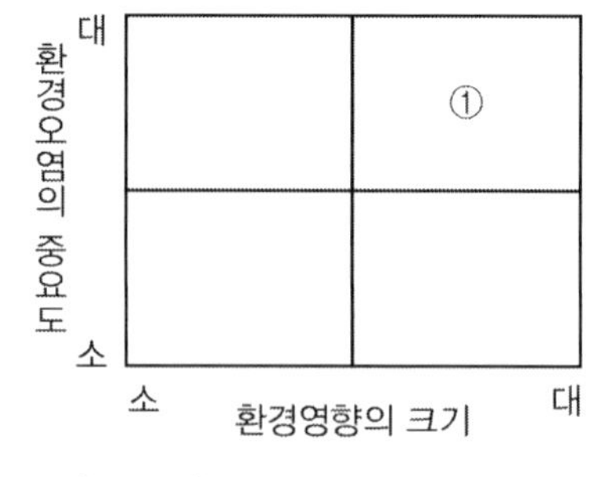

[그림 17] **환경 영향 크기와 중요도**

건설사업에서 환경 경영과 환경 저감 대책의 수행 우선순위는 투입비용 대비 환경 저감 효과가 높은 분야를 먼저 선정하여 수행하고, 투입비용과 개선 효과와의 비교에서 비용 투입은 높지만 환경 개선 효과를 크게 볼 수 있는 업무 영역을 차선책으로 수행하는 것이 바람직하다.

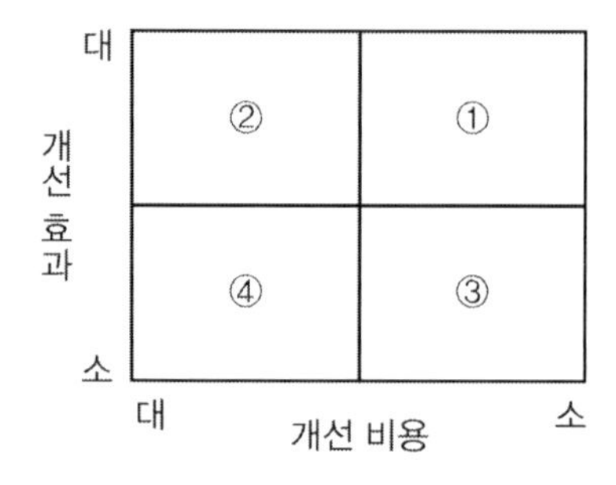

[그림 18] **건설기업의 환경 목표 실행 우선순위**

4.2.3 건설기업의 환경 관리 이점

건설기업의 사업 수행 경쟁력은 고품질·비가격·디자인 경쟁력으로 구분할 수 있는데, 이의 수행을 위해서는 자원 조합의 적정성을 통한 정밀 시공과 가격 경쟁력을 결정하는 정부정책·시공비·환율·시장 접근 비용 및 해외공사 가격정책 그리고 주위 여건과의 조화를 이룰 수 있는 공정 체계를 설정하는 것이다.

이중 환율과 시장 접근 비용 및 정부정책은 일반적으로 모든 기업에 동등하게 적용됨으로 가격 경쟁력을 높이는 데 한계가 있지만, 시공비는 각 기업이 소유하고 있는 기술력과 기술 인력의 조건에 따라 차이가 발생하므로 기업 경쟁력을 결정하는 데 중요한 요소가 될 수 있다.

시공비는 각종 시공에 투입되는 자원요소의 가격과 관리 방법, 조세제도 그리고 환경 관리 및 처리 비용에 의해 결정된다고 할 수 있기 때문에 오늘날과 같이 시공 기술이 고도로 향상되고, 기술 정보의 교류가 활발한 상황에서는 시공 기술의 향상만으로는 경쟁사 대비 생산효율화를 통한 제품생산 단가를 낮춘다는 것은 쉬운 일이 아니다. 또한 기술 수준이나 인적 자원이 비슷한 기업 간에 시공비를 낮추기 위해 많이 적용하고 있는 수단이 손실 비용 절감 방안이고, 손실 비용 절감을 위한 활동 중에서 환경 비용을 줄이는 활동은 비용 절감 및 경쟁력 향상에 효과가 클 수 있다.

우리가 생각할 수 있는 환경 비용은 각종 건설폐기물 처리비, 환경오염 방지 시설 설치와 해체 비용, 원상 복구비, 각종 환경오염물질 처리 비용, 에너지 사용 비용, 정부 및 이해관계자의 환경 관련 민원 등 요구사항 대응 비용 등이다. 이러한 환경 비용이 높은 기업은 상대적으로 가격 경쟁력이 떨어질 수 있어 기업의 지속적 생존에 위험요소가 된다.

많은 건설기업들이 환경 비용이라 불리는 시공 과정의 손실을 줄이기 위해 노력을 하고 있고, 그 바탕에는 환경 경영체제의 구축과 운영이라는 방법론을 사용하고 있는데, 선도적인 환경 관리를 실천하는 기업들은 기업 활동의 모든 부분에서 환경 비용의 감소를 통해 기업의 내외적인 비용의 절감과 기업이미지 개선을 통한 경쟁력을 강화시키고 있다.

비가격 경쟁력은 기업의 차별화 능력에 달려 있다. 수직적 시공차별화는 시공요건의 다양성을, 수평적 시공차별화는 품질의 다변화를 의미하며 이것은 끊임없이 변화하는 시장 수요에 얼마나 잘 적응할 수 있는가와 지속적으로 혁신할 수 있는 기업의 환경 관리 능력에 달려 있다.

환경이 비가격 경쟁력에 미치는 영향은 환경친화적인 회사의 제품을 구매하고자 하는 고객의 욕구에서 비롯된다. 이러한 욕구는 환경친화적 경영 논리에 입각하여 건설행위를 수행하는 회사의 제품에 관심을 갖거나 환경오염을 유발한 회사의 시공행위에 대한 안티행위나 불매운동 등으로 표현되는데, 이러한 환경을 매개체로 한 비가격 경쟁력을 확보하기 위해서는 환경친화적 경영이 필수적이다.

환경 경영은 시공의 전 과정에서 발생하는 환경 영향을 사전에 파악하여 관리함으로써 환경친화적인 시공행위를 수행할 수 있고, 기업의 이미지에 친환경을 매개체로 하여 고객으로 하여금 접근할 수 있는 통로를 제공하는 것이다.

상기와 같이 기업의 환경에 대한 인식 및 대응방향이 경쟁력을 향상시키는 데 중요한 역할을 한다는 것을 인식하고, 건설기업도 환경경영을 통해 환경을 매개체로 하는 장벽에 적극적으로 대응하여야 한다.

환경 경영은 공공기관 및 지역사회와 우호적인 유대관계를 유지할 수 있게 하고, 투자자가 제시하는 기준을 만족시킬 수 있으며, 보다 많은 외부자본을 활용할 수 있게 한다. 또한 저비용으로 기업 경영과 관련한 보험계약을 체결할 수 있고, 조직의 이미지 제고를 통해 시장점유율을 높일 수 있으며, 원재료의 납품자 인증 기준을 구축 운영함으로써 자원 수급에 대한 위험요소를 줄일 수 있어 원가 관리의 개선에도 도움이 되고, 배상책임이 수반되는 사고를 감소시킬 수 있다.

환경업무에 신중을 기하고 있음을 입증하는 것은 투입 자원과 에너지의 효율적 사용성을 보증하는 것이고, 인허가와 관련된 사업의 수행도 수월하게 해주며, 개발과 관련된 환경 문제의 해결 방안을 공유함으로써 정부단체와의 이해관계를 개선시킬 수 있다.

환경 경영을 통한 이해관계자와의 신뢰 구축 과정은 환경 방침의 설정과 환경 목표 및 세부 목표를 실현하기 위한 경영자의 결의가 존재하고, 시정조치보다는 예방조치에 중점을 두는 경영 논리와 합리적인 조치의 실행과 법규 준수의 증거를 제공함으로써 지속적인 환경개선을 위한 경영 과정을 반영하고 있음을 입증시키는 것이다.

4.3 환경 경영 시스템(EMS)의 적용

4.3.1 환경 경영 체계의 5단계 고리

환경 경영체제는 ISO14001s의 핵심내용으로 기업의 경제적 목적과 환경 성과의 개선을 동시에 달성하기 위한 환경 경영의 구체적인 실천 수단이라 할 수 있다. 환경 경영체제란 기업이 환경 비전을 추구하기 위해 방침과 목표, 경영 자원의 배분 및 책임과 의무, 표준화 및 문서화, 그리고 개선 과정이 구체화되어 있는 경영체제를 말한다.

즉, 기존의 경영체제로는 경제적 목적과 환경성을 동시에 추구할 수 없기에 환경 경영체제라는 새로운 경영체제가 필요한 것으로 환경 경영체제의 구축은 5단계의 고리형태(혹은 나선형 구조)로 진행되는데, 각 단계별 과제와 내용을 구체적으로 살펴보면 다음과 같다.

[그림 19]
환경 경영체계의 5단계 고리형태 (Feedback System)

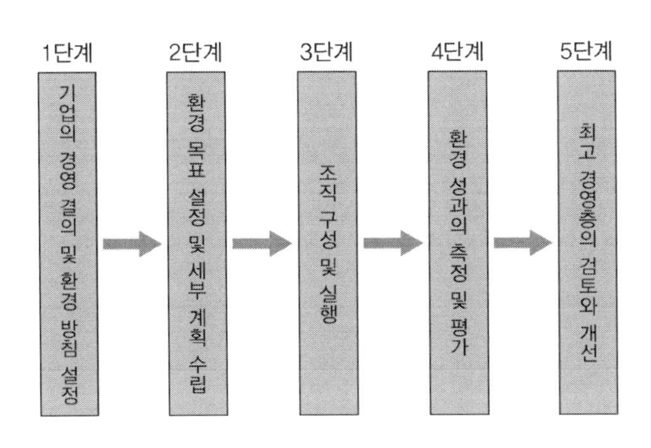

1) 1단계 : 경영 결의 및 환경 방침 설정

환경 경영체제 구축의 첫 번째 단계는 조직의 활동과 제품 및 서비스의 환경 성과를 증진시키기 위해 환경 경영체제를 구축한다는 내용의 결의를 하는 것으로 조직의 최고 경영자이다. 최고 경영자의 강력한 의지와 리더십이 없이는 성공적인 환경 경영체제의 구축은 기대하기 어렵기 때문에 이 과정이 단순한 요식행위로 끝나서는 안 된다.

최고 경영자의 결의 후 현재 생산활동의 환경 측면을 정확히 파악하기 위해 초기 환경성 검토를 수행하게 되고, 초기 환경성 검토에서 잠재적으로 발생 가능한 오염요인 및 비상 상태를 포함하며 전반적인 운용 상태를 검토하게 되며, 이를 근거로 환경 방침이 결정되는데, 환경 방침은 전체 조직구성원이 따라야 할 방향과 행동양식을 주 내용으로 한다.

2) 2단계 : 환경 목표 설정 및 세부 계획 수립

환경 방침을 달성하기 위한 목표를 설정하기 위해서는 현재의 활동에서 발생하는 환경 측면과 그 환경 영향을 규명해야 하고, 관련된 환경 법규를 파악해야 한다. 환경 측면이란 환경과 관련된 기업 경영의 모든 행위요인이며, 환경 영향은 환경 측면이 환경에 미칠 모든 영향을 의미한다. 이러한 작업을 반영하여 목표를 설정하고, 목표 달성을 위한 공정 및 일정 계획, 자원 배분 및 책임과 권한을 명시하는 환경 경영 세부 계획을 수립하게 된다.

3) 3단계 : 조직 구성 및 실행

수립된 목표와 환경 경영 추진 계획을 조직 체계의 구성과 자원의 활용을 통해 실천하는데, 이 과정에서는 기업의 경영 방침을 기본지침으로 하여 운영조직들 간의 조화를 통해 조직 구성원들의 교육훈련에 많은 비중을 두어 이행 성과를 높이는 것이다.

4) 4단계 : 환경 성과의 측정 및 평가

환경 경영 결과 시정이나 개선이 요구되는 활동을 파악하기 위해 분석하고 평가하는 과정으로 평가의 기준은 계획 단계에서 설정된 목표와 세부 계획에 얼마나 근접한 결과를 얻었는가를 판단하고, 이 과정에서 적절한 환경성과지표가 규명되어야 한다. 즉, 측정과 평가 단계에서 내부 감사자나 조직이 선정한 외부 감사자에 의해 감사가 시행되는데, 감사자는 객관적이고 공정한 입장에 감사를 해야 하고, 환경에 대한 지식과 절차 및 운영방법에 대한 포괄적인 기술능력을 포함한 적절한 교육을 이수한 전문가 이어야 한다.

5) 5단계 : 최고 경영층의 검토와 개선

조직의 경영층이 일정한 간격을 두고 환경 경영체제의 지속적 적합성 및 효과성을 확보하기 위해 환경 경영체제를 검토하는데, 감사 결과로써 도출된 사항이나 결론 그리고 권고사항은 문서화하고, 필요한 시정 및 예방조치가 이루어져야 한다.

4.3.2 기업의 환경 방침

환경 방침은 기업경영의 전 과정에 걸쳐 발생할 수 있는 유해환경 요인을 억제하고 제한할 목적으로 조직의 전반적인 방향을 규정하고 활동원칙을 설정하며 운영에서 요구되는 환경책임과 환경성과 수준에 관한 기준을 설정하는 것으로 기업의 모든 환경활동을 수행하는 지표가 된다.

환경 방침은 통상 기업의 최고 경영자가 설정하고, 경영자는 환경 경영의 실행을 위한 환경 방침 수립과 수정을 위한 정보를 제공할 책임이 있기 때문에 다음 사항을 충족하는 조직의 환경 방침을 수립하여야 한다.

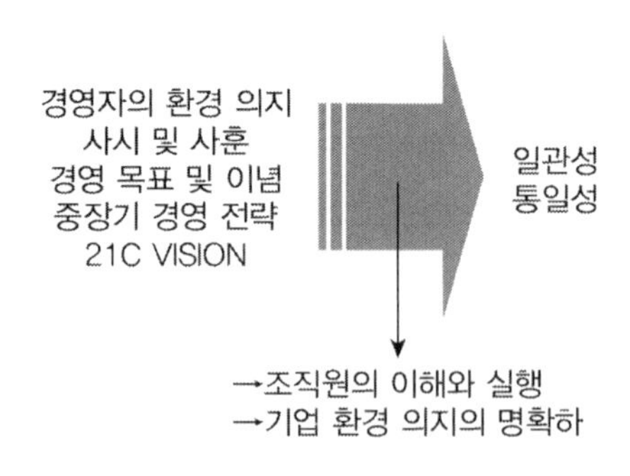

[그림 20]
환경 방침 설정의 기본 원칙

첫째 : 기업의 활동과 제품 또는 서비스의 성격과 규모에 적절해야 한다.
환경 방침은 기업의 특성을 반영하고 독창적이어야 하며, 기업에 직접적으로 관련이 있는 주요 환경 측면을 어떻게 관리할 것인가를 표현하여야 한다.

둘째 : 기업 활동에 대하여 지속적인 개선과 오염 방지에 대한 의지를 포함해야 한다.
환경 방침에는 환경에 대한 지속적인 개선과 오염 방지에 대한 의지를 명백하게 기술하고, '지속적인 개선 및 오염 방지'라는 용어가 환경 방침에 포함되어야 한다. 지속적 개선은 환경성과를 향상시키고 변화하는 여건에 대응할 수 있도록 환경 경영체제를 개선 발전시킬 수 있는 과정이고, 오염 방지는 환경오염을 막고 감소시키며 통제하는 활동을 의미하며, 환경오염물질이 발생한 후 방지시설을 이용하여 처리하는 것보다는 환경오염물질의 발생을 원천적으로 예방하는 활동에 중점을 두는 것이다.

셋째 : 관련된 환경 법규와 규제, 조직이 스스로 정한 기타요건을 준수하겠다는 결의를 포함해야 한다.
기업의 활동에 적용되는 환경 법률 및 규정이 기업이 설정한 활동에 포함되는 모든 요건을 준수하겠다는 것을 기술하는 것으로 법규준수는 환경 법률 및 규정 등을 준수하는 것을 의미한다.

넷째 : 환경 목표 및 세부 목표를 설정하고 검토하는 기본 틀을 제공해야 한다.
환경 방침에 기술된 지속적 개선 및 오염 방지에 대한 의지를 달성하기 위해 환경 목표 및 세부 목표, 환경 경영 프로그램과 같은 실행 수단을 갖추어야 한다.

다섯째 : 기업의 모든 환경활동과정이 문서화되어 시행되고 유지되며 모든 조직구성원에게 이해시켜야 한다.

환경 방침은 문서화하여 모든 구성원에게 전달하고 숙지하여야 하며, 교육 등을 통해 방법론적으로 전달한다.

여섯째 : 일반 대중이 알 수 있어야 한다.

일반 대중이 요청할 경우 환경 방침을 알릴 수 있는 절차가 있어야 하고, 기업은 환경 방침 수립 후 주요 이해관계자에게 환경 방침을 배포하는 것이 효과적이다.

[그림 21]
환경 방침의 수립 절차

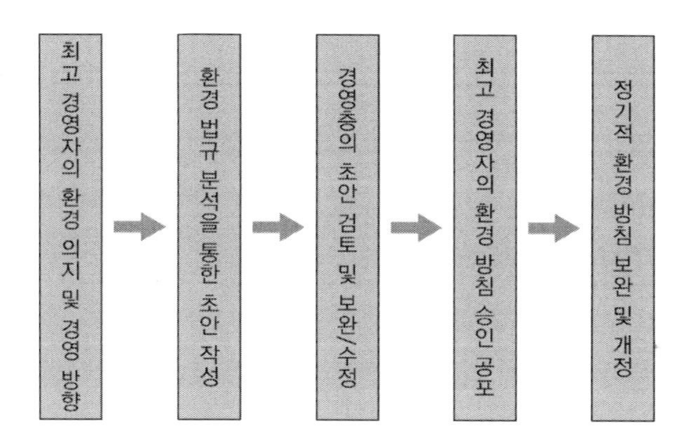

환경 방침은 명확히 표현되는 것이 중요하기 때문에 다음의 SMART 요구 조건이 포함되어야 한다.

- S(Specific) : 특징적이고 구체적이어야 한다.
- M(Measurable) : 측정이 가능한 것이어야 한다.
- A(Agree) : 조직원으로부터 동의를 받을 수 있는 수준이어야 한다.
- R(Reasonable) : 합리적이어야 한다.
- T(Time-bound) : 시간과 기간의 개념이 고려되어야 한다.

4.3.3 환경 법규의 관리 절차

건설기업은 생산활동에서 환경 측면에 적용되는 법규와 기타요건을 파악하고 활용할 수 있는 절차를 유지해야 한다. 이를 위해서는 법규 담당자를 임명하여 시공 과정뿐만 아니라 유지 관리 단계에서 완공된 구조물이 사용되는 동안 법규나 규제가 강화될 수 있다는 것을 염두에 두고 적용성을 확대할 필요가 있다.

기업에서 파악하여야 할 법규와 기타 요건의 종류 및 범위는 법규 입수에서부터 변경 과정을 추적하여 최신성을 유지할 수 있도록 환경 관리 실행 과정을 법규등록부로 문서화하여 수립된 활용 절차에 따라 실행하여야 한다.

일반적으로 법규등록부는 기업에 필요한 법규만 요약하여 전 직원에게 배포하는 법규등록부와 환경 법규관리자가 항상 변화하는 법규를 입수하고 개정해야 하는 법규등록부로 이원화하여 사내 전자매체를 통해 관리하는 것이 바람직하다.

지방자치단체의 조례 같은 경우에는 실제 그 지역에서 현업에 종사하는 사람이 변경 정보를 보다 효과적으로 입수할 수 있기 때문에 이러한 경우를 대비하여 법규 변경 정보가 법규 관리 담당자에게 통보될 수 있는 절차를 수립하는 것 또한 필요하다.

국내 환경 관련 기관들은 점진적으로 환경 관리가 미흡한 기업에 대해 지속적인 환경 개선 요구를 종용하는 추세로 변해가고 있고, 지정폐기물을 배출하는 사업장의 경우 환경전문가가 아니면 업무 수행에 어려움이 발생할 수도 있기 때문에 환경 관련 사항들을 환경 측면과 관련시켜 리스트를 만드는 것이 좋다.

4.4.4 환경 목표 및 세부 목표

기업의 환경 경영은 환경 방침을 충족시킬 수 있는 환경 목표 및 세부 목표의 수립에서 추진되는데, 환경 목표는 환경 방침에서 규정한 환경 성과를 달성하기 위한 목표로 환경 검토 결과로 파악된 환경 측면과 그에 따른 환경 영향을 고려하여 작성하고, 정해진 기간 내에 환경 목표를 달성하기 위한 세부 목표를 구체적이고 측정 가능한 것으로 수립한다.

환경 목표와 세부 목표는 기업의 전반적인 활동에 광범위하게 적용될 수 있도록 작업 현장이나 작업 활동의 직접·간접적 측면과 정상·비정상적인 운영으로 발생할 수 있는 초기 환경 영향 평가를 포함하여야 한다.

[그림 22]
환경 목표 및 세부 목표

환경 목표	세부 목표
비산먼지의 발생 최소화	–비산먼지 1.0mg/Sm³ 이하 –비산먼지 전파 최소화 –법적 규제치 이하로 준수
건설소음 발생 최소화	(아래 표 참조)
폐기물 발생 최소화	–폐기물 발생량 5% 감소 –현장 폐기물 분리수거 –폐기물의 위탁처리(처리업체 선정) –정기점검의 실시
재활용의 증대	–재활용의 활성화 (토사 90%, 폐콘크리트 50%, 아스콘 50%) –개, 오리, 닭 등 가축사육(음식쓰레기 절감)
수질오염 방지	–오탁방지망 설치 –수중 작업의 최소화 –생활오수의 정화처리 –우천 대비 토사유출 방지책 설치
지역사회 환경 보전 활동 참여	–지역 비상사태시 구조활동 및 복구 지원 –자연보호활동 전개 –보호표지판 및 프랭카드 설치
에너지 및 자원 전략 생활화	
환경 경영 시스템의 생활화	–지속적인 교육훈련의 실시

구분	조석	주간	심야
규제 지역	63dB	68dB	53dB
일반 지역	68dB	73dB	53dB

특정 지역	BOD 제거율 65%
기타 지역	BOD 제거율 50%

초기 환경 영향 평가를 통해 중요한 환경 측면을 결정하고, 결과를 분석하여 개선 대상 환경 측면의 우선순위를 설정하며, 환경 영향을 범주별로 구분하여 개선 활동에 의해 환경에 미치는 효과를 파악한다.

환경 측면의 우선순위 결정은 배출되는 오염물질의 양과 심각성 및 정상·비정상·비상 상태에서의 환경 영향이 고려되는데, 이것은 환경 관련 법령의 요구사항과 지역주민, 이해관계자의 요구사항, 기업의 장기사업 계획(현장의 신/증설 계획·이전/폐쇄 등의 투자 계획·신기술 개발 계획 등)과 정부의 환경정책 변화의 예측 및 관련 유사 기업의 사례 등 관련 정보를 수집 분석하여 SMART하게 결정한다.

4.3.5 환경 관리 조직구조와 운영 체계

효과적인 환경 관리를 위해서는 조직구성원의 역할과 책임 및 권한이 문서화되고, 자원을 제공해야 하는데, 자원은 인적·전문화된 공법과 기술·재정자원 등이 포함된다.

인적·물적 및 재정적 자원이란 기업이 환경 또는 환경적으로 관련이 있는 활동에 투입되는 비용뿐만 아니라 이익까지 추적할 수 있는 시스템을 기반으로 역할·책임·권한을 정해두어 환경과 관련된 활동의 비용과 이익을 추적하는 경영과정을 말한다.

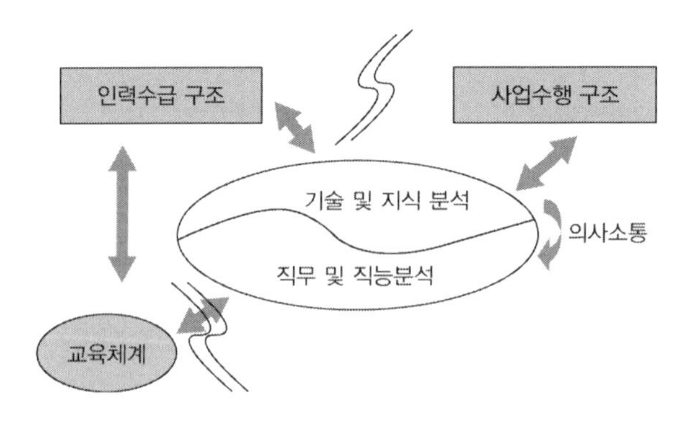

[그림 23]
환경 경영 조직 구조와 운영 체계

환경 경영은 기업의 조직원 전체가 동참할 때 성공적으로 수행될 수 있고, 환경 관리의 전반적인 책임은 충분한 권한과 능력 및 자원을 갖춘 조직에게 주어져야 하며, 최고 경영자는 관련 조직의 업무를 명확하게 규정하여 EMS의 효과적인 실행과 환경 성과를 보장해야 한다.

4.3.6 환경 교육과 훈련

기업은 소속 조직원들의 작업 활동이 환경에 미치는 영향을 분석할 수 있는 인지능력을 조사한 후 환경 관련 업무를 수행할 수 있도록 적절한 교육과 훈련의 기회를 제공해야 한다. 특히 자연환경에 영향을 직접적으로 일으킬 수 있는 현장 업무를 수행하는 조직원들을 중심으로 환경 교육과 적절한 훈련을 통해 경험을 갖춘 능력 있는 작업자로 육성하여야 한다.

현업의 직원들은 자신에게 주어진 업무에 대한 기술적 지식을 기반으로 효율적이고 신뢰할 수 있는 방식으로 환경 관리를 수행할 수 있는 작업 방법과 기술 습득에 대한 노력이 필요하고, 작업 중 발생할 수 있는 환경 영향에 대한 대응능력도 필요하다.

기업은 현장의 작업자가 환경 친화적 작업을 수행할 수 있는 지식과 기술을 보유하고 있음을 입증할 수 있는 방법을 보장해야 하는데, 지식과 기술 및 훈련과 관련하여 검토해야 할 사항들은 다음과 같다.

- 환경 관리에 대한 교육과 훈련의 필요성을 파악하는 방법
- 작업별 기능요소에 대한 차별적인 환경기술 교육과 훈련 필요성 분석 방법
- 환경 관리와 관련된 교육과 훈련을 개발하고 검토하며 교정하는 방안
- 교육과 훈련 결과의 전달 방법과 문서화를 통한 추적 체계

환경 관리를 실행하기 위해 요구되는 조직원의 업무 수행 능력과

현재의 업무수행능력을 비교를 통해 교육필요성을 파악하는 것은 '교육필요성=요구되는 업무 수행 능력+현재의 업무 수행 능력'으로 파악할 수 있다.

교육 필요성 파악으로 돌출된 필요교육은 교육 주관 부서에서 취합한 후 조직 업무 수행에 지장을 주지 않는 범위에서 교육 주기를 결정한다. 교육 내용은 환경 경영체제를 효율적으로 운영하기 위해 환경 방침과 목표 및 세부 목표, 중요한 환경 측면 인식 방법 및 환경관리 추진 계획, 비상사태 대비 및 대응 등 일반교육과정과 환경 관리의 운영 실무·환경 감사·환경마크 및 환경성과 전 과정 평가, 비상사태 대응 계획과 개발, 실무 감사 및 분석 등 전문교육과정으로 나눌 수 있다.

교육의 실시 초기에는 외부 전문강사를 활용하여 교육을 실시하고, 조직 내부 적임자를 내부강사로 지정하여 지속적인 교육과 관리를 수행하는 것이 효과적이다. 교육방법은 사내교육과 사외교육으로 구분하여 사내교육은 전체교육과 단위본부 혹은 부서별 교육으로 세분화할 수 있고, 사외교육은 국내외 파견교육과 연수교육으로 구분할 수 있다.

교육을 이수한 후 반드시 교육 효과를 평가하고, 평가 결과를 통해 기업의 환경 경영에서 합리적인 인사이동으로 교육대상자의 교육 참여도를 높일 수 있어야 한다. 일반적으로 국제환경규정에서는 환경에 중요한 영향을 미치는 업무를 수행하는 인원에 대하여 자격을 부여할 것을 요구하고 있는데, 이의 배경은 직원의 능력이 업무의 질에 미치는 영향이 크고 업무의 질이 주로 직원의 기술과 기능적 우수함에 의해 결정되는 경우가 많기 때문으로 자격 부여는 지정된 감사전문요원 외에도 일반적인 교정요원, 환경검사요원이 이에 해당한다.

4.3.7 관계자 의사소통

환경 관리의 의사소통 대상은 기업 활동과 관련된 내외부 이해관계자로 발주처, 협력기관, 사업장 주변의 주민과 유동인구 그리고 기업내부 조직원 등이고, 이중 가장 중요한 의사소통 대상은 기업 내부 조직원이라 할 수 있는데, 환경 경영의 효과를 극대화하기 위해서는 먼저 기업 내부 조직원 상호 간의 의사소통에서 시작되기 때문이다.

모든 일의 성공은 자신의 주변을 견고하게 한 이후에 가능하다는 이야기가 있듯 조직 내부의 적절한 정보를 적기에 관계자에게 제공하는 것이 기업의 의지를 환기시킬 뿐만 아니라 기업의 노력을 일반 고객들에게도 부각시킬 수 있는 가장 좋은 방법이기 때문이다.

내부 의사소통은 기업의 조직원에게 환경 관련 활동과 운영 방법을 주지시키는 것으로 교육과 훈련 주제 등과 밀접한 관계가 있고, 환경정책과 문제 해결은 적절한 양의 정보가 적기에 해당 근로자에게 제공되는 것이 중요한데, 환경 정보는 시간의 흐름과 밀접한 관계가 있기 때문이다.

외부 의사소통은 기업 활동과 밀접한 관계가 있는 외부 이해관계자 식별을 시작으로 환경과 관련된 외부 이해관계자로부터 나온 정보와 요구사항 등에 대한 접수 및 회신 체계를 규정하고, 정보와 요구사항은 중요도에 따라 처리절차를 수립하여 해결한 후 그 결과를 문서로 기록하고, 필요에 따라 외부에 공개한다.

기업이 환경 관리와 관련된 활동을 대내외에 알리는 이유는 환경에 대한 경영자의 결의를 기반으로 조직의 활동과 제품 및 서비스와 관련된 환경 측면에 대한 관심과 질의를 처리하여 환경 방침과 환경 목표 및 세부 목표를 통해 환경 경영 프로그램에 대한 인식을 고취시키기 위해서다. 의사소통 및 보고 방법에는 다음의 사항들이 포함되어야 한다.

- 환경과 관련된 의견들을 수렴하고 분석하며 대응하기 위한 절차
- 기업의 환경 방침 및 환경 성과를 전달하는 방법
- 환경 관리 감사와 검토의 결과를 해당직원에게 전달하는 방법
- 환경 방침을 고객 및 이해관계자에게 전달하는 방법
- 환경 성과의 지속적인 개선을 위한 내부 의사 전달 및 결정 방식의 적법성

건설업의 이해관계자 범위는 광범위하고, 불특정하며 다자간 얽혀있는 관계로 의사소통은 이해관계자로 부터 접수된 의견의 문서화와 회신으로 이해할 필요가 있다. 의사소통은 반드시 문서화된 기록의 형태가 될 필요는 없지만 "문서로 남겨야 한다."라고 국제환경 경영 시스템은 요구하고 있다.

4.3.8 문서화

환경 관리(EMS)의 운영 체계는 문서화함으로써 조직원의 인식을 고취시키고 환경 경영체제와 환경 성과에 대한 평가가 쉬워지는데, KS A/ISO14001 부속서 규정에 의하면 환경 관리의 문서화는 매뉴얼 형태가 아니어도 된다고 규정되어 있다. 즉, 환경관리체제가 하나의 독립된 매뉴얼 형태가 아니어도 된다는 것으로 이것은 환경 관리만을 위한 문서가 아닌 기업의 규모와 복잡성에 따라 기존의 기타 경영관련 문서와 통합하는 것도 가능하다는 의미로 해석된다.

일반적으로 환경 관리 문서는 크게 두 가지 주요 기능이 포함되어야 하는데, 첫째는 환경관리체제가 ISO14001 국제규격에서 요구하고 있는 환경 관리 요구 조건의 이행에 대해 효율적·효과적으로 이행되고 있다는 사실을 입증하는 문서이면서 증거를 제공하는 기능으로 국제적 활용성을 보장할 수 있어야 하는 것이고, 둘째는 환경 경영의 형식적 문서화를 강조하기보다는 기업의 실정을 감안하여 탄력적인 해석과 사용성이 보장되어야 한다는 것이다.

환경문서는 세 가지 형태로 유지할 수 있는데, ① 모든 절차를 하나의 문서로 작성하여 문서를 사용하는 사용자의 입장에서의 간편성을 주는 일체형으로 소규모 기업에 적합하고, ② 매뉴얼에는 환경 관리 시스템의 운영 방침만 기술하고 구체적인 업무 절차는 절차서나 지침서 또는 기술서 등 하위 문서로 규정하여 사용하는 방침형으로 기업의 규모가 크고 업무 수행 조직이 많은 기업에 적합하며, ③ 대부분의 절차를 매뉴얼에서 규정하고 세부 추진 과정이나 대외비 성격의 문서를 하위 절차로 규정하여 활용하는 혼합형 등으로 나눌 수 있다.

4.3.9 환경 측면

환경 측면이란 사업을 위해 수행하는 모든 활동들 중 환경에 심각한 영향을 미치거나 미칠 수 있는 것이 무엇인지 판단하기 위하여 스스로 통제할 수 있고, 영향을 미칠 수 있는 활동(Activity)과 제품(Product) 또는 서비스(Service)의 환경 영향을 식별하는 과정과 그 결과를 의미한다. 즉, 기업의 활동에 의해 발생할 수 있는 환경 영향을 인식하고, 환경 영향 요인을 감소시킬 수 있는 방법론을 사업의 초기 단계에 준비할 수 있는 방향을 제시하는 환경 영향 평가의 초기 단계이다.

환경 측면은 기업의 활동과 제품 및 서비스 행위에 투입되는 자원과 공법이 환경과 상호작용 하여 현재 그리고 잠재적 미래의 환경에 긍정 또는 부정적 영향을 미칠 수 있음을 판단하는 지속적인 활동을 의미한다.

환경 측면의 분석을 통해 환경 영향의 중요도를 평가하고 관리하여야 할 대상을 선정하여 집중관리를 실행하는 것이 환경 영향 평가로 환경에 중요한 영향을 미치는 활동들을 찾아내고 활동의 개선 및 문제점의 해결 방안을 수립하는 모든 환경활동은 환경 측면의 분석에서 시작된다.

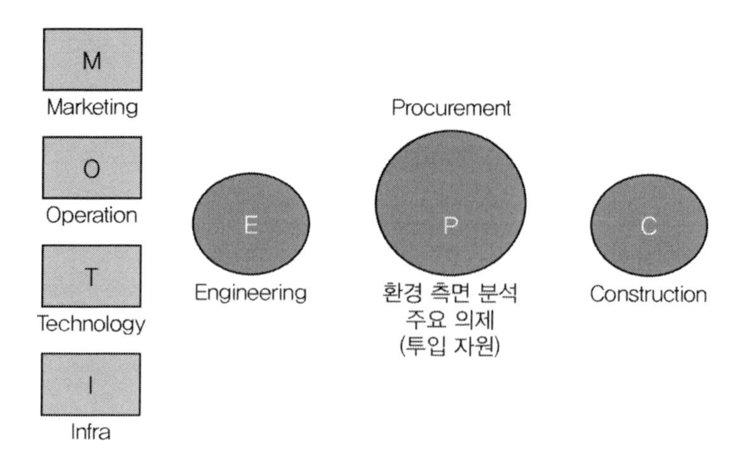

[그림 24]
환경 측면과 환경 영향

환경 측면 파악은 먼저 기업의 사업구조와 사업영역 및 행위 결과로 발생하는 상품의 생애주기를 이해하는 것에서 시작되는데, 이것은 지속 가능한 개선의 주목표를 찾는 과정으로 조직의 활동과 제품 및 서비스가 환경의 어떤 측면에서 환경유해요인을 발생시키는지 예측하는 과정이다. 또한 사업장 소재지와 관련하여 특별한 환경조건을 고려할 필요가 있는데, 이를 구역별 환경 관리 다양화라 한다.

환경 영향 평가는 환경 측면의 결과로 환경에 발생하는 변화를 판단하는 것으로 환경 측면과 환경 영향은 일종의 인과관계를 갖고 있다고 볼 수 있다. 환경 영향 평가를 위한 환경 측면 파악 단계는 기업 활동과 제품 및 서비스의 범위를 가급적 광범위하게 하고, 충분히 이해할 수 있을 정도로 단위규모를 구분하며, 투입 자원과 공법의 환경 친화성과 대체 가능성을 판단한 후 행위 방향을 설정하는 것이다. 설정된 행위 방향과 관련하여 가능한 한 여러 환경 측면을 파악하고, 각 환경 측면과 관련된 실재적·잠재적·긍정적 그리고 부정적 환경 영향을 정량화한 후 조직과 지역의 특성에 따른 환경 관리 방안을 수립하는 것이다.

ISO14001s에서는 환경 측면 분석에 대한 요구사항을 다음과 같이 규정하고 있다.

ISO14001 환경 측면 요구사항

이 요구사항은 환경전문가가 아니면 환경 경영체제를 수립함에 있어서 요건을 충족시키기 어려운 독특한 규격이다. 환경 측면 이란 조직의 활동·제품 또는 서비스 중에 환경과 서로 작용하는 요소로써 환경 측면을 파악한다는 것은 조직의 활동·제품·서비스가 과거·현재 및 잠재적(미래)으로 환경에 영향(긍정 또는 부정적 영향)을 미칠 수 있음을 판단하는 지속적인 활동을 의미한다. 이 후 식별한 환경 측면의 중요도를 평가하여 관리하여야 할 대상을 선정하기 위한 활동을 하는데 이것을 환경 영향 평가라 한다. 즉, 환경 영향 평가는 환경 경영을 실시하기 위하여 환경에 중요한 영향을 미치는 활동·제품·서비스를 찾아내는 활동이다. 모든 개선활동은 문제점을 찾아낸 후 해결 방안을 수립하는 것이 업무 절차이고, 환경 경영체제 또한 일반적인 개선활동 업무 절차에 따라 운영되는 것이다.

chapter 05

건설기업의 환경 측면 분석

5.1 환경 측면 분석과 환경 영향 평가

5.1.1 활동과 제품 및 서비스

환경 측면을 파악하는 것은 기업의 활동과 제품 그리고 서비스에 관련된 모든 법규 및 그 밖의 규정 분석에서 시작되고, 파악된 법규 및 그 밖의 규정들은 수시로 변할 수 있는 것이기 때문에 환경관리체제 구축 시 환경 프로그램에 포함시켜 지속적인 관리를 하여야 한다.

환경 측면의 파악은 조직의 업무와 흐름도 작성을 통해 조직의 활동과 공정을 검토할 수 있도록 하고, 유사한 활동과 공정에 대하여 연결고리를 만드는 데 목적이 있다.

흐름도는 업무흐름도와 공정흐름도가 있는데, 업무흐름도는 조직을 구성하는 각 부서별 업무 규정에 따라 부서가 발생시키는 환경 측면의 다양성을 부서별 책임 업무 영역으로 상세히 작성하는 것이고, 공정흐름도는 각 공정의 단계별로 발생되는 환경 측면이 같은 자원일지라도 다르기 때문에 원료의 인수·저장·생산 단계·포장·처리 과정 및 폐기물 상태 등에서 나타나는 환경 영향의 차별성을 각 공정 단계별 자원의 활용 과정으로 작성하는 것이다.

5.1.2 물질수지 파악

어떤 자원이든 자원의 투입에 따른 결과적 영향은 물질수지이론과 맥락을 같이하는데, 물질수지란 한 공정에서 투입된 물질의 전체질량의 합계는 그 공정에서 배출된 전체량의 합계와 같다는 것으로 원재료·부재료·용수 및 에너지 등의 투입량 합계는 생산물·부산물·대기배출물질·수질배출물질·토양배출물질 및 폐기물의 합계와 같다는 것이다.

물질수지를 파악함으로써 얻을 수 있는 효과는 생산효율을 떨어뜨리는 원인 공정을 찾아낼 수 있어 생산성 향상에 기여할 수 있고, 환경 영향 평가 시 중요도를 평가하고, 정량적인 목표를 수립하는 데 활용할 수 있으며, 환경으로 배출되는 대기·수질·토양오염물질 및 폐기물 발생 원인과 발생량을 파악할 수 있다.

물질수지의 파악은 관리책임자가 개선을 위한 활동을 적극적으로 할 수 있도록 유도하는 것으로 공정의 구분은 시공 관련 책임을 소단위로 구분될 수 있도록 하는 것이 좋고, 자원의 분류는 원자재와 부자재로 구분한 후 공법과 관련된 사용성을 투입장비의 환경성과 연결하여 차별화 분석하는 것이 좋다.

건설현장에서 사용하는 자재와 공법 및 장비는 매우 다양하여 모든 투입자원의 환경 영향을 파악하고 관리하는 것은 현실적으로 불가능하기 때문에 초기에는 환경 영향이 크거나 사용량이 많은 물질을 중심으로 관리하고, 점차적으로 관리 대상을 확대해나가는 것이 좋다.

5.1.3 전 과정적 사고

전 과정적 사고란 주요 투입요소인 원재료와 부재료·시공공정·장비·공법 및 폐기 과정에서 발생하거나 발생할 수 있는 환경 측면을 공정과 업무가 수행되는 상태(정상 상태·비정상 상태·비상 상태 등)에 따라 구분하여 파악하는 것을 말한다.

정상 상태는 공정과 업무가 일상적이고 정상적으로 수행되고 있는 상태를 말하고, 비정상 상태는 작업을 중지하거나 휴무 후 작업 재개 등으로 정상적인 운영 조건을 벗어남으로써 환경에 미치는 영향이 다른 경우를 말하며, 비상 상태는 화재·폭발·붕괴 및 천재지변과 같은 자연재해 등 예상되지 않은 환경사고로 인해 파생되는 인명·재산 및 환경에 심각한 피해가 발생할 수 있는 상황들을 말한다.

또한 전 과정적 사고는 과거·현재·미래의 활동에 의해 발생하였거나 발생할 환경 측면을 예측하는 것으로, 현재는 환경관리체제의 구축시점에서부터 완료한 시점까지고 그 전후를 과거와 미래로 구분하는 것이 일반적이다.

과거의 환경 측면 파악은 쉽지 않으나 과거에는 있었으나 현재에는 없는 시설 등(저장시설·매립지·지하수 취수설비·유해공정 등)을 대상으로 직접 시료를 채취하여 오염 여부를 파악하거나 이해관계자와의 인터뷰를 통해 파악하고, 미래의 환경 측면 파악은 사업수행의 필요성에 의해 추가로 설치하거나 변경될 시설 변화가 환경에 미칠 수 있는 환경 측면을 파악하여 대처 방안을 수립하기 위함으로 현재는 환경 법령에 의해 규제되고 있지 않으나 가까운 미래에 규제가 예상되는 공정·설비·화학물질을 파악하는 것이다.

기업은 직접 발생시키는 환경 측면뿐만 아니라 관리 가능한 범위에서 간접적인 환경 측면도 파악할 필요가 있는데, 간접적인 환경 측면이란 협력회사·계약관계에 있는 운송회사·폐기물 처리업체 등 기업이 직접적으로 통제할 수 없는 부분에서 발생하는 환경 영향 등을 말한다.

환경관리체제를 구축하는 초기에는 회사와 직접적으로 관련이 있는 부분으로 한정된 환경 측면을 파악하고, 추후에 간접적인 환경 측면의 파악으로 확장하는 것이 바람직하다.

5.1.4 환경 영향 평가

환경 영향 평가는 파악된 환경 측면별로 관리 체계를 작성하는 것으로 환경요인-영향조사·환경 영향 평서·환경 영향 등록부로 구성된다. 환경 영향 평가는 건설 행위와 관련된 주요사항에 대한 평가의 세부평가 기준에 따라 점수를 부여하고 심각성(중요도)을 판단하는 것으로 중요성을 평가하기 위하여 다음과 같이 3단계 접근 방안을 제시한다.

1) 1단계 : 환경 중요성을 평가하기 위한 기준을 설정한다.

식별된 환경 측면(시공구조물·위치·자원·에너지 또는 공법) 중 책임자의 생각과 지식 및 경험에 따라 중요도의 기준이 달라질 수 있기 때문에 평가 기준의 설정이 필요하다. 즉, 같은 화학자재를 사용하더라도 시공담당자는 사람에게 줄 수 있는 유해성에 비중을 둘 것이지만 관리담당자는 자연생태계에 미치는 영향에 비중을 더 줄 수 있기 때문이다. 기준의 선택과 중요도의 판단범위는 다음과 같이 구분해볼 수 있다.

- 지역의 주변 환경에 미치는 영향
- 작업자의 건강과 안전에 미치는 영향
- 화학물 자체의 특성과 독성
- 법규·지방조례 및 기타 규정에 미치는 영향
- 천연자원 및 생태계에 미치는 영향
- 지구 환경에 미치는 영향(오존층의 파괴·기후변화 등)
- 작업의 효율에 미치는 영향
- 천연자원의 생산성에 미치는 영향

2) 2단계 : 환경 측면 평가 기준에 따라 식별된 환경 영향을 평가한다.

선정된 기준으로 환경 영향의 중요도를 평가하는 과정으로 발생시점에 따른 시간개념과 발생 빈도 그리고 확산영향의 직접적 혹은 간접적 위험도에 대한 평가를 포함한다. 평가의 중요도는 점수로 표시하는데, 활동의 종류·투입되는 주요자원의 용량·생산되는 제품·

주위 환경·이해관계자의 관심 등에 따라 평가자의 주관적 판단이 많은 작용할 수 있기 때문에 평가자는 시공과정에 대한 지식뿐만 아니라 환경 관리에 대한 많은 정보와 지식을 갖추고 있어야 한다.

3) 3단계 : 중요한 환경 영향을 등록한다.

환경 영향 등록의 결정은 환경 측면 분석 누락 사항의 검토와 환경 영향 평가 기법의 준수사항 그리고 결과의 합리성을 검증한 후 수행한다.

환경 영향 평가 결과 중요한 환경요인으로 파악된 항목은 환경 영향 등록부에 기록하고 중점적으로 관리하는데, 환경 영향 평가 등록부에 기록하여야 할 항목은 공정과 업무 명칭·분석 대상 자원·평가자와 검토자·환경 영향 평가 점수 및 등급·환경에 미치는 영향 그리고 발생 원인과 개선 방향 및 가능성 등이다. 환경 영향 평가 등록부에 등록된 환경 측면들은 환경관리체제에서 중점 관리 대상이 되고, 환경 목표 및 세부 목표를 선정하는 근거가 된다.

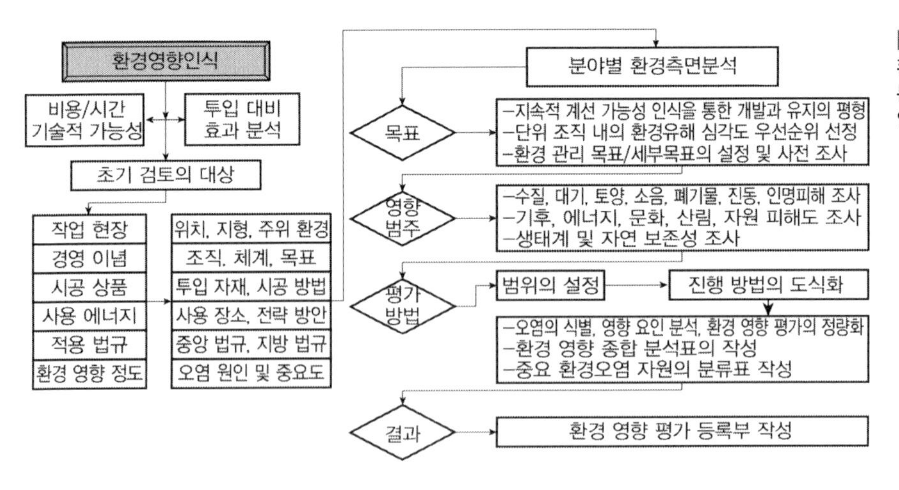

[그림 25]
환경 측면 분석과 환경 영향 평가 Flow

[표 11] **주요 대형 공사의 환경 영향 평가 대상**

구분	대상사업
도시개발 사업	택지개발사업(30만m^2 이상), 도시재개발사업, 학교·하수처리 시설 등 12개 사업
산업 및 공업단지 조성	국가 및 지방산업단지, 농공단지(15만m^2 이상) 조성사업 등 7개 사업
에너지자원 개발	에너지광업, 전원개발, 원자력·수력·화력 등 6개 사업
항만건설	어항시설, 항만시설 등 3개 사업
도로건설	도로신설(4km 이상), 도로확장(2차선 10km 이상) 등 2개 사업
수자원개발	댐(면적 200m^2 또는 용량 2,000만m^3 이상) 등 3개 사업
철도건설	철도(1km 이상), 삭도, 궤도(2km 이상) 건설사업 등 4개 사업
공항건설	비행장, 활주로(500m 이상), 기타(20만m^2 이상)
하천개발공사	하천공사(10km 이상)
매립 및 간척사업	공유수면(30m^2 이상), 개간(100만m^2 이상) 사업
관광단지개발	관광단지조성, 온천개발(30만m^2 이상) 등 6개 사업
체육 및 부대시설공사	체육시설(30만m^2 이상), 스키장(25만m^2 이상) 등 6개 사업
산간벽지개발	묘지조성(25만m^2 이상), 초지조성(30만m^2 이상) 등 3개 사업
특수지역개발	지역 평등 계획 및 중소기업육성에 관한 지방법에 의해 시행되는 사업
폐기물 처리시설	폐기물처리시설(매립:30만m^2 이상, 소각:100Ton/일 이상), 분뇨처리시설(100kℓ)
군사시설	군사시설(33만m^2 이상) 등 3개 사업
토석 및 광물채취	산림지역의 토석채취(10만m^2 이상) 등 4개 사업

5.1.5 전 과정 평가(LCA)

전 과정 평가란 1990년 국제환경독성학 및 화학협회에서 상접근법으로 정의를 내렸는데, 주요내용은 재고조사(Inventory),[1] 영향평가(Impact Assessment),[2] 향상평가(Improvement Assessment)[3]의 상호관계를 정량화하여 데이터베이스를 구축하는 것이고, 유럽에서 개최된 전 과정 평가 회의에서는 상기 요소에 동기(Initiation)와 전망(Scoping)을 추가하여 재고조사에 앞서 자원 사용의 동기와 전망을 먼저 평가하는 모델을 선정하였다.

---

1) 재고조사(Inventory) : 생산 공정 전 과정에 관련된 투입 및 배출원료의 정량화.
2) 영향평가(Impact Assessment) : 재고조사목록의 환경 영향 요인을 분류하고, 기술적 정량화 평가 단계.
3) 향상평가(Improvement Assessment) : 공정 전 과정에 사용된 자원의 환경적 부하를 줄이기 위한 단계.

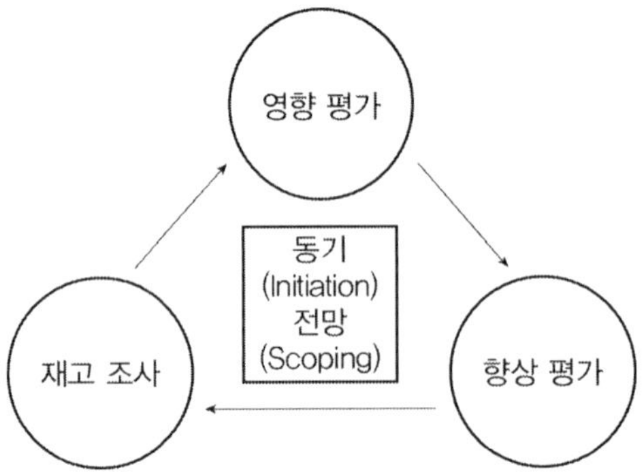

영향 평가

동기
(Initiation)
전망
(Scoping)

재고 조사

향상 평가

[그림 26]
상접근법 (Phase Approach) 모델

전 과정 평가의 상접근법적 모델은 물질수지 접근법으로도 설명되고 있는데, 투입 자원의 물적 구성인자를 인식하고, 제조 공정 분석을 통해 자원의 사용에 따라 발생하는 오염인자를 저감할 수 있는 방향을 강구하며, 사용 자원의 재사용과 재활용 극대화를 통해 폐기물의 최소화를 실현하는 것이 주요 목적이다.

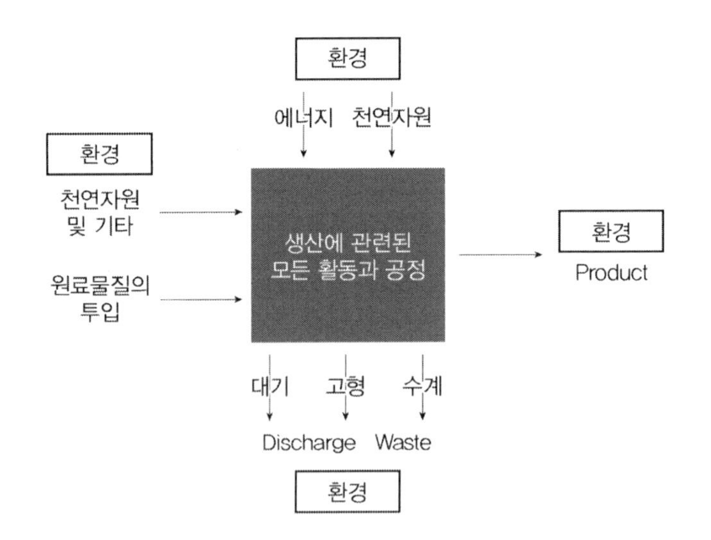

[그림 27]
전 과정 평가의 물질수지 기본 개념

즉, 지구 환경 차원에서 물질수지의 Eco-System 기본모델은 In-Put 자원의 총량은 Out-Put요소(생산품＋오염물질＋폐기물)의 총량과 같다는 개념에서 시작된다.

[그림 28]
Eco-System의 물질지수 기본 모델

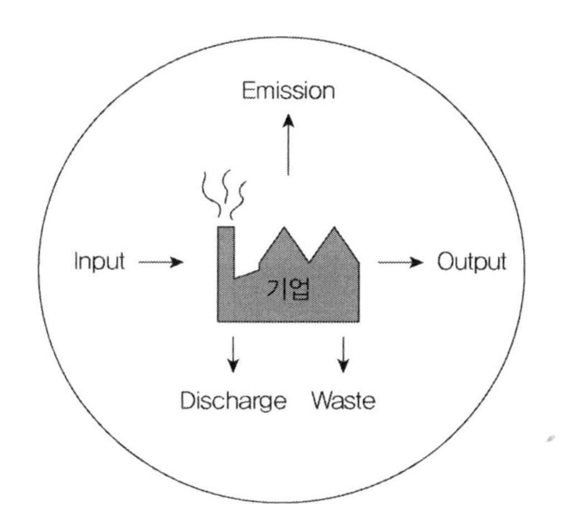

LCA 과정은 일회성을 가지면서 단계적으로 수행되는 것이 아니라 닫힌 사슬구조를 형성하면서 결과가 Feed Back되는 상호보완적인 수행 절차를 가지고 있다.

[그림 29]
전과정(LCA)에 걸친 물질수지 분석

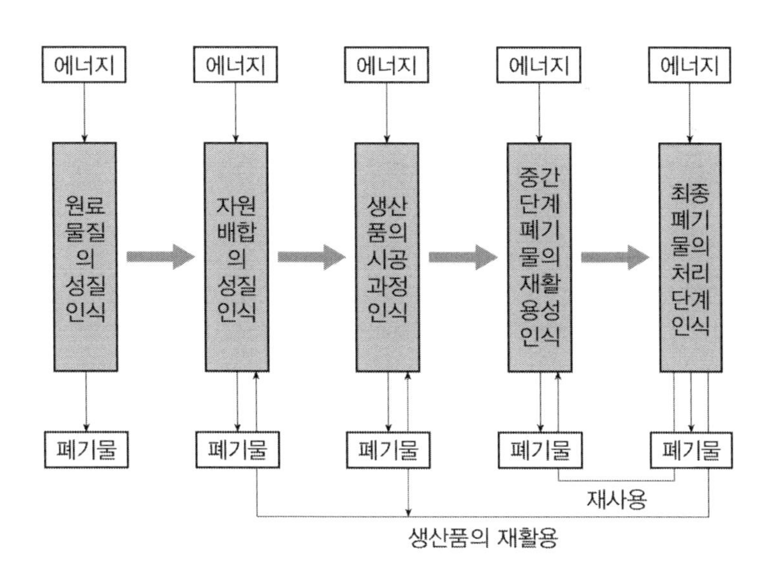

건설행위의 환경 측면에 대한 정성적·정량적 접근 방법에 대해 미 건축가협회(American Institute of Architects : AIA)는 환경자원지침(Environmental Resource Guide : ERG)에 따라 SCG(Scientific

Consulting Group)사에 의해 초기 단계의 환경 측면 분석 방법이 개발되었다. 연구의 주요 의제는 투입자재에서 발생하는 환경 문제를 용적·잠재독성·잠재적 환경피해정도를 환산하는 방식으로 수행되었고, 연구대상은 폐기물량과 상품 생산에 투입되는 용수 공급 및 배출량을 기준으로 분석되었다.

5.2 업무영역별 환경 측면

건설기업의 업무영역별 환경 측면은 분석자의 중요도 영역에 따라 본사업무 분야·시공공정 분야·투입자재 분야·건설기계 분야 등 4개 분야로 설정할 수 있다.

5.2.1 본사 업무 분야

연구(개발)/관리본부·건설본부(토목본부·건축본부·설계본부)·업무본부(국내·국외 포함)·유지관리본부 등

5.2.2 시공공정 분야

토공사·배수공사·구조물공사·기초공사·포장공사·가설공사·터널공사·전기설비공사 등

5.2.3 건설자재 분야

시멘트·골재·사용수·역청재료·콘크리트·금속재료·고분자재료·목재·도료·화약 등

5.2.4 건설기계 분야

굴삭(굴토)장비 · 적재장비 · 운반장비 · 다짐장비 · 천공장비 · 항타장비 · 발전기 · 포장장비 · 준설장비 등

5.3 오염요인별 환경 측면

5.3.1 대기오염

주요 대기오염요인은 가스오염인 NO_2(이산화질소), SO_2(이산화유황), H_2S(황화수소), NH_3(암모니아), CH_3OH(메탈로), CO(일산화탄소) 등과 입상자오염인 먼지(Dust), 분진(Particulate), 연기(Smoke) 등이다. 먼지는 토공 작업과 운송 과정에서 주로 발생하는 입자이고, 분진은 건설폐자재 등의 소각 행위에서 배출되는 액체 또는 고체 알갱이며, 연기는 화기 사용 공사 중 불완전연소로 생성되는 탄소성분의 미세입자이다.

5.3.2 수질오염

수질오염의 주요 원인은 용수 공급으로 인해 필연적으로 발생하는 건설폐수와 하상 및 하천공사에 의한 오염 그리고 생활용수 방출에 의한 오염 등으로 건설업에서의 수질오염 관리는 시공 행위로 인해 발생한 수질의 양과 오염도를 평가하고, 하천의 자정 능력을 판단함으로써 수질오염에 대한 중요도를 판단할 수 있다.

특히 건설사업에서 수질오염의 대부분은 토사 유출로 따른 탁수발생으로 오탁 방지망과 방지책 등으로 1차적 처리를 한 후 하천의 자정능력을 알아보는 것이다.

5.3.3 토양오염

토양은 생태계에서 환경보존과 관련하여 ① 홍수 방지, ② 수원 함양, ③ 수질 정화, ④ 토사 붕괴 방지, ⑤ 토양표면 침식 방지, ⑥ 지반침하 방지, ⑦ 오염물 정화, ⑧ 지표온도 및 습도변화 완화, ⑨ 토양생물의 보호, ⑩ 식생군의 보호 등의 중요한 기능을 수행한다.

①과 ②의 기능은 다양한 분야와 방면에서의 Case Study가 꾸준히 진행되고 있고, ③은 임업 분야의 지반환경 보존 차원에서 연구가 진행되며, ④ ⑤ ⑥은 토양오염 방지 차원보다는 지반안정화 차원에서의 기능으로 인식할 필요가 있다. ⑦은 토양오염으로 인한 피해대상 확대를 예방하는 사후처리 기능이고, ⑧은 토양표면의 부식층에 보이는 서리와 빙결현상 등이 온도변화의 폭을 좁히는 것이며, ⑨ ⑩은 식물 생산기능의 관점으로 분류되어 토양오염 방지가 식생군의 변화에 미치는 기능이다.

일반적으로 건설행위로 인한 토양오염의 주요원인들은 Cd(카드뮴)·Cu(구리)·Ni(니켈)·Pb(납)·Zn(아연) 등 중금속오염이다.

5.3.4 에너지오염

건설현장에서 환경에 영향을 주는 주요 에너지는 화석연료 제품으로 원유(Crude Oil)에서 생산된 휘발유·등유·경유와 천연가스·오일·타르 및 아스팔트 유제 등이 포함된다. 이중 석유류 제품은 거의 무색이고, 경량인 경질유(Light Oil)와 아스팔트 성분이 많이 포함된 중질류(Heavy Oil)로 구분하는데, 구성 물질은 대체로 98% 이상이 탄화수소(Hydrocarbon)로 구성되어 있고, 구체적인 구성 성분은 다음과 같다.

[표 12] **원유의 화학적 구성 성분비**

원소(Element)	구성비(%)
탄소(C)	82.2~87.1
수소(H)	11.7~14.7
황(S)	0.1~5.5
질소(N)	0.1~1.5
산소(O)	0.1~4.5

에너지의 사용에 따른 환경 측면 분석은 건설 분야에서 가장 많이 사용하면서 가장 환경 영향이 큰 것이 석유제품의 사용이므로 장비 효율에 따른 에너지 사용량과 그 구성요소를 정량화함으로써 에너지 소비에 따른 환경인자의 분석이 가능하고, 환경오염요인의 억제와 제어의 수단이 될 수 있다.

5.3.5 소음공해

소음의 음파는 음압의 변화에 따라 공기와 같은 매질을 통해 전달되는 압력파로 같은 위상(Phase)으로 운동하는 정현파의 경우 한 주기(Period)파장의 수직거리를 파장(Wave Length) λ으로 나타내고, 한 파장이 전파하는 소요 시간을 T로 나타내 이것을 단위시간당의 Cycle 수인 주파수(f)의 역수로 나타낸다.

$$T=\frac{1}{f}\text{(sec)},\quad f=\frac{1}{t=}\ \frac{C}{\lambda}$$

C는 음속이며, T는 섭씨온도(℃)이다.

소음공해의 특징은 축적성이 없고, 감각공해이며, 국소적이고, 다발적이다. 그러나 주위의 민원이 많은 반면 대책 후에 처리할 물질이 발생하지 않는다.

[표 13] **소음환경 기준**

지역 구분	적용 대상 지역	기준[단위 : Leq dB(A)]	
		06:00~22:00	22:00~06:00
일반 지역	'가' 지역	50	40
	'나' 지역	55	45
	'다' 지역	65	55
	'라' 지역	70	65
도로변 지역	'가' 및 '나' 지역	65	55
	'다' 지역	70	60
	'라' 지역	75	70

'가' 지역 : 녹지, 주거전용, 자연환경 보존지역 및 학교, 병원 주변 50m 이내 지역
'나' 지역 : 일반주거, 준주거지역, 준도시 지역 중 시설용지 외의 지구
'다' 지역 : 상업, 준공업지역
'라' 지역 : 일반공업, 전용공업지역, 도시지역 및 준도시 지역 중 시설용지지구

5.3.6 진동공해

진동이란 사람이나 건물에 피해를 주는 감각공해로 일반사람들이 받는 진동의 피해정도는 190Hz 범위의 저주파 진동이고, 진동레벨로서 60~80dB(대략 지진의 진도계로 1~3 정도)이다. 진동은 지반을 매개체로 전달되며, 공해로서의 진동은 인위적으로 발생시킨 진동을 말한다.

[표 14] **진동의 크기와 체감느낌**

진도계	지진의 명칭	가속도 레벨(dB)	피해정도
0	무감	55 이하	인체로 느끼지 못함
1	미진	60±5	미세느낌
2	경진	70±5	정확히 느낌
3	약진	80±5	창문, 미닫이가 흔들리고 진동음 발생
4	중진	90±5	기물이 넘어지고 물이 넘침
5	강진	100±5	가옥 벽이나 비석이 넘어짐
6	열진	105~110	가옥파괴 30% 이하
7	격진	110 이상	가옥파괴 30% 이상, 산사태 발생

건설업에서의 진동은 작업장 진동으로 탄성받침대를 사용하여 공

진주기를 저하시키거나 진동원의 위치를 주거지역과 가급적 멀리하고, 수진점 부근에 방지구를 파서 완충효과를 기대할 수 있다.

5.4 환경 측면 분석 모델

5.4.1 본사 분야

1) 연구/관리본부

[표 15] 기술/관리본부 환경 측면 분석 모델

기술연구소 기술개발부 환경정책부 기획/관리	대기	수질	폐기물	토양	
	1) 오염물질의 대류 변화에 따른 대기오염 확산도	2) 물리·화학적 변화와 처리·자정능력	폐기물발생 빈도와 지역별NIMBY 현상	3) 토양의 성질과 중금속함유·배출량	정상 : N 비정상 : AB 비상 : E
Scope	N	N	N	N	

입력요소	환경재해 분석과 환경 Program 구축 및 Feed Back	출력요소
신기술개발 경영 분석 검사 및 시험 법규 및 정책 환경 감사 A/S 분석	• 본사·현장의 업무영역 분석과 환경 측면 효율성 • 환경성과 조사와 환경 경영 인지도 • 품질 계획과 환경 계획의 통합을 통한 경영자원 효율화 방안 • 주요 업무영역별 환경사업 절차 확립 및 개선 • 비정상 및 비상사태의 Feed Back System 수립 • 정기적인 환경정책 변경과 교육 체계화	환경 경영방침 EMS 운영 체계 기업경영정책 마케팅정책 감사 체계 기술지침서

에너지	소음진동	천연자원	생태계
4) 기계의 가동효율과 정비도 및 생산성	5) 영향도별 공정분석과 저감 대책	자원의 재활용 가능성및사용률 확대방안	4대 권역 대기·토양 수질·생물
N	N	N	N

2) 건설본부

[표 16] **건설본부 환경 측면 분석 모델**

Scope	대기	수질	폐기물	토양	
토목본부 건축본부 기전본부 설계/지원본부	기계화 시공에 따른 가스 및 입상자 오염물질	수공사와 심정수질 관리 및 상수원 보호 정책	철거 및 구체폐기물의 재활용률 극대화방안	자재 관리와 오사공 방지및 굴착면적 최소화	정상 : N 비정상 : AB 비상 : E
	N	N	N	N	

입력요소	현장의 시공환경 분석과 공정의 최적화 방안 분석	출력요소
현장 주변 정보 설계도서 건설 관련 법규 현장 관계 기관 시공영역 물질수지	• 토질분석 · 토공운반거리 · 토취량 파악 • 기계화공사 · 살수방안 수립(대기/분진/소음진동) • 폐기물 최소화와 재활용 방안 • 환경사고 대비를 위한 비상사태 처리반 설치 • 장비조합의 최적화 및 가동효율 향상 • 공사현장의 최소화 및 최적화	현장분석표 공정검사표 일정분석표 자원수급계획서 환경관리계획서 법규점검표

에너지	소음진동	천연자원	생태계
기계가동 효율화 및 공사공정 적정성	기계공사의 시간관리 및 장비 운영추적	현장 Site 최소화 및 운반로 최적화	생태이동로 확보 및 동식물 생식도
N	N	N	N

3) 업무본부

[표 17] **업무본부 환경 측면 분석 모델**

Scope	대기	수질	폐기물	토양	
국내업무부 (건축 · 토목) 해외업무부 (남미 · 중동 · 아프리카 등)	지역 · 지구의 사용도 및 폐기물 소각 및 처리 관련 정보	공사용수 수급성과 지역적 특성	폐기물처리의 수월성 및 관련법규 및 처리업체	지질 및 지형도와 지역지반의 특성과 안정성	정상 : N 비정상 : AB 비상 : E
	N	N	N	N	

입력요소	발주 · 입찰 · 계약에 따른 수주정보의 타당성	출력요소
업무영역 발주자 정보 지역 특성 지역 법규 입찰 정보 지역환경 특성	• 개설예정 현장의 지형/특성 분석과 시공환경 • 시방서의 특기사항 분석과 환경적 장애요인 • 장비의 효율성/가동성/반출입성/오염 발생 영향도 • 현장주변 폐수처리장/소각장 등 유해환경시설 • 지역특성에 따른 환경 법규 특기사항	PQ 관련서류 적격심사서류 현설참가서 입찰내역서 사업분석표 주변환경분석표

에너지	소음진동	천연자원	생태계
전력 · 가스 · 유류의 인입 가능성	회사보유장비의 재령과 사용에 따른 소음도	현장사무실 위치정보와 자원 활용성	우회 및 이면부지 사용도 및 설치 가능성
N	N	N	N

4) 유지관리본부

[표 18] **유지관리본부 환경 측면 분석 모델**

	대기	수질	폐기물	토양	
A/S 부 하자보수부 환경지원부 자원지원부	보수방법에 따른 대기영향도 예측	보수방법에 따른 수질영향도 예측	A/S로 인해 발생하는 폐기물의 종류·유형분석	토공사의 최소화 방안과 지장물 위험도	정상 : N 비정상 : AB 비상 : E
Scope	N	N	N	N	

입력요소	주요 하자사례 내용 및 처리결과 분석	출력요소
A/S 관련 업무 하자 유형 분석 하자 관련 서류 협력업체 정보 시정조치 결과 하자 책임소재	• 하자의 원인규명(설계·시공·관리 등 결함요인) • 하자 유형별 재발 방지 대책 • 자재상 하자일 경우 환경 측면적 대안 자재 • 설계 단계에서의 하자방지 방안 • 협력업체별 하지빈도 조사와 대응방안 • 추가발생 폐기물의 처리과정 추적	하자원인분석표 하자분석보고서 하자처리보고서 하자비용보고서 법규분석표 환경관리 계획서

에너지	소음진동	천연자원	생태계
보수장비의 선정과 에너지 효율성	장비의 재령과 용량 및 효율성	주변자원의 가용성 및 추가훼손 예측	순간적 환경변화 최소화 방법
N	N	N	N

5.4.2 시공 분야

1) 토공사

[표 19] **토공사 환경 측면 분석 모델**

	대기	수질	폐기물	토양	
토공사	기계의 배기가스 및 입상자 오염물질	하천 및 지하수의 관리와 토사유출	지반의 사용이력에 준한 폐토사 처리	지질의 동질화 유지 및 유재의 유출	정상 : N 비정상 : AB 비상 : E
Scope	N	N	N	N	

입력요소	지형 변형 및 지반처리에 따른 환경적 유해요인	출력요소
자원인식 굴착공사 운반공사 적재공사 포설공사 다짐공사	• 굴삭장비의 가동에 따른 대기오염도 • 토사의 이동에 따른 토양·수질오염도 • 적재 및 포설에 따른 소음·진동·대기 영향 • 정지 및 다짐에 따른 진동 영향 • 지반 폐기물의 발생 방지 및 처리에 따른 비용 영향	지반사용이력서 토공 계획서 환경관리 계획서 토사재활용 계획 폐토사처리 계획

에너지	소음진동	천연자원	생태계
장비가동의 효율화와 휴지개수	적정장비의 선정 및 압입공사의 가압도	절토 토사량의 사용효율 극대화	생태공간의 파괴 최소화 및 이동로 확보
N	N	N	N

2) 배수공사

[표 20] **배수공사 환경 측면 분석 모델**

배수공사	대기	수질	폐기물	토양	정상 : N 비정상 : AB 비상 : E
	배수공사	공사폐수의 원수 오염가능도 및 가수로 최적화	목재 및 콘크리트 폐기물량 예측 및 재활용성	굴토공사의 최소화 및 오시공 방지책	
Scope	N	N	N	N	

입력요소	수자원의 환경 측면 분석 및 투입 자원의 환경성	출력요소
자원인식 수로공사 하천공사 항만공사 해안공사 호소공사	• 사용자원의 환경 측면 인식 (목재·레미콘·수축포/스티로폴·흄관/배수용 관류) • 사용기계의 가동성과 효율 (터파기 장비·양수기·펌프카·바이브레타 등) • 수로 및 맨홀시공의 현장생산과 기성품 사용의 환경적 효과	시공 계획서 환경관리 계획서 절토량 산정표 폐기물 처리 계획서 가수로 계획

에너지	소음진동	천연자원	생태계
기계가동의 최적화 및 자재이동 억제	장비의 가동 효율 및 자원 반출입 계획	수생태계 회손도 예측 및 복원 가능성	하천·해양공사의 가어도 설치 계획
N	N	N	N

3) 구조물공사

[표 21] **구조물공사 환경 측면 분석 모델**

구조물공사	대기	수질	폐기물	토양	정상 : N 비정상 : AB 비상 : E
	비산먼지 및 장비가동의 분진처리	철강 및 콘크리트 자재의 수질영향	사용자재의 잔재 재활용 방안	유류 및 폐콘크리트의 토양 영향	
Scope	N	N	N	N	

입력요소	수자원의 환경 측면 분석 및 투입 자원의 환경성	출력요소
자원인식 철골공사 조적공사 철근Con'c공사 강Box공사	• 구조물의 형상 및 목적 사용성의 인식 • 투입자재의 환경성 인식 (철강류·레미콘·거푸집(동바리)·말뚝류·몰탈 등) • 투입장비의 사용 효율성 인식 (크레인·믹서트럭·펌프카·발전기·햄머 등) • 벽돌과 블록의 사용성 및 폐자재의 처리 방안	시공계획서 환경관리 계획서 투입자원 선정표 자원수량 산출서 현장시공조감도

에너지	소음진동	천연자원	생태계
기계가동 효율 최적화 방안	항타·압입장비의 소음/진동 처리 방안	거푸집 자재의 재활용 극대화 방안	시공으로 인한 생태 단절 극복과 극소화
N	N	N	N

4) 기초공사

[표 22] **기초공사 환경 측면 분석 모델**

기초공사	대기	수질	폐기물	토양	정상 : N 비정상 : AB 비상 : E
	장비이동의 최적화 및 배기가스 저감책	지반개량에 따른 지하수 오염 영향도	지반개량 및 두부정리 폐자재 물량과 재활용 효율	지질의 동질성 유지 및 이질성 최소화 방안	
Scope	N	N	N	N	

입력요소	지반공사의 시공 방법 및 자원 환경성	출력요소
자원인식 파일기초공사 Con'c바닥공사 지반개량공사 압밀침하공사	• 지반의 성질 인식과 전리·절곡의 적절한 활용 • 투입자원의 환경 측면 인식 (파일·지반개량 자재·항타 및 천공장비·발전기) • 연약지반 개량공사의 환경적 동질화 방안 • 지장물도 분석과 위험요소 처리 방안	시공 계획서 환경관리 계획서 장비사용이력서 잔재의 재활용 계획서

에너지	소음진동	천연자원	생태계
항타 및 천공장비의 작업 효율성 확보	항타장비의 소음저감 및 진동차단 방안	지하수 오염의 확산 최소화 및 치환토사 처리 대책	
N	N	N	N

5) 포장공사

[표 23] **포장공사 환경 측면 분석 모델**

포장공사	대기	수질	폐기물	토양	정상 : N 비정상 : AB 비상 : E
	배기가스·열·아스콘열화 가스의 환경 영향	유재 및 콘크리트의 수자원유출 가능성	아스콘·콘크리트 및 블록 잔재 재활용성	아스콘 유재의 토양 유출 최소화 및 오염토 처리	
Scope	N	N	N	N	

입력요소	도로 마감공사의 시공성과 환경성	출력요소
자원인식 아스팔트포장 콘크리트포장 보도블럭포장 석재포장공사 우레탄 포장	• 노체와 노상의 주변 토사 활용 방안 • 보조기층의 폐자재(폐아스콘·폐콘크리트) 자원화 재활용 방안 • 투입자원의 환경성 분석 (아스콘·콘크리트·블록·포장장비·다짐장비 등) • 노상·노체의 살수대책과 비산먼지의 환경 측면	포장 계획서 환경관리 계획서 유제관리 계획서 노체·노상포장체 재활용 계획서 폐기물처리계획

에너지	소음진동	천연자원	생태계
포장장비의 가동 효율의 최적화 및 정비	다짐장비의 최적 선택 및 장비 부하 억제		산간도로 건설시 생태도로의 자연친화 시공
N	N	N	N

6) 가설공사

[표 24] **가설공사 환경 측면 분석 모델**

Scope	대기	수질	폐기물	토양	
가설공사	부지정지 토공사시 분진과 장비 배기가스	심정공사시 지하수 오염과 생활 폐수 처리	철거시 발생할 수 있는 폐기물의 최소화 방안	가설부지 원상복구에 따른 토양의 동질화 방안	정상 : N 비정상 : AB 비상 : E
	N	N	N	N	

입력요소	직접공사 지원시설의 설치에 따른 환경성	출력요소
자원인식 현장사무실 자재창고공사 가시설공사 가도공사 가수로공사	• 가시설 위치의 환경친화적 선정 방법(주기장 포함) • 인입 에너지 수급대책과 철거의 효율성 • 가설도로 및 가수로 설치의 생태적 영향도 • 사용자원의 환경성(현장설치자재 및 장비) • 자원창고의 주력 현장 근접성 조사 • 생활폐수와 잔반 및 분뇨의 자체 처리 가능성 • Green Site 운영의 현실성	가시설 계획서 환경관리 계획서 복구 계획서 폐기물 처리 계획서 소각로 계획서

에너지	소음진동	천연자원	생태계
절전에 중점을 둔 전력 활용방안 및 저감 대책	자원의 반출입에 따른 소음저감 계획		주변 자원 환경의 변화 최소화 및 복구 가능성
N	N	N	N

7) 터널공사

[표 25] **터널공사 환경 측면 분석 모델**

Scope	대기	수질	폐기물	토양	
터널공사	터널내부의 환기와 대기중 확산방지 대책	인입지하수의 배수방안 및 오염수 처리절차	버력의 자원화 및 콘크리트 잔재의 처리절차	굴토 면적의 최소화 및 보강삽입제의 환경동질화	정상 : N 비정상 : AB 비상 : E
	N	N	N	N	

입력요소	지하공간 공사의 환경성	출력요소
자원인식 굴토공사 숏크리트 발파공사 보강공사 수처리공사 유니트공사	• 굴토 노선 계획의 최적화로 오시공 방지 • 지하수 유입 및 처짐에 대한 환경 계획 • 투입자원의 환경성 분석 (TBM · NATM · 화약 · 레미콘 · 숏크리트 · 천공기 · 굴삭기 · 벨트콘베이어 · 덤프 등) • 굴토 및 버력 운반 장비의 효율적 관리 계획	터널시공 계획서 환경관리 계획서 버력재활용 계획 화약관리 계획서 지반관리 계획서 유니트공사 계획

에너지	소음진동	천연자원	생태계
TBM 장비의 가동 효율화와 장비조합의 최적계획	굴토진동의 외부유출 차단 및 발파공법의 적정화	지반변위에 따른 원지반 처짐 방지책	터널 입·출구의 생태이동로 설치방안
N	N	N	N

8) 전기·설비공사

[표 26] **전기·설비공사 환경 측면 분석 모델**

전기설비 공사	대기	수질	폐기물	토양	정상 : N 비정상 : AB 비상 : E
	가스 및 자재 반입에 따른 오염물질	오수와 우수의 관로 설치와 상수시설	포장용기 및 전선·플라스틱 폐기물 처리 방안	전선가닥 등 금속자재 방치로 인한 중금속 오염도	
Scope	N	N	N	N	

입력요소	전선·유리 및 플라스틱 공사의 환경성	출력요소
자원인식 배선공사 배관공사 등 공사 발전설비공사 절연설비공사	• 자재 반출입 계획 및 최적 물량 • 투입자원의 환경성 분석 (전선·등기구·파이프·콘센트류·덕트·테이프 등) • 가스·전기·수도 인입 공사의 환경 위해 가능성 분석 • 포장용기의 현장반입 억제성과 최소화 방안	시공 계획서 환경관리 계획서 폐기물처리 계획서 포장용기 재활용 계획서

에너지	소음진동	천연자원	생태계
절전·절수 자재의 활용과 저감 대책		수전시설의 위치 최적화	
N	N	N	N

5.4.3 주요 자재

1) 시멘트류

[표 27] **시멘트류 환경 측면 분석 모델**

시멘트류	대기	수질	폐기물	토양	정상 : N 비정상 : AB 비상 : E
	대기확산과 근거리 이동에 따른 환경 유발요인	수리시설공사의 공정의 오염가능성 및 최소화	경화시멘트의 재활용 및 처리방안	믹스경화토 및 토질 변화 유발	
Scope	N	N	N	N	

입력요소	시멘트 종류별 주성분 및 환경성	출력요소
자재 특성 인식 일반시멘트 혼합시멘트 특수시멘트	• 석회(Cao), 산화칼슘(Cao), 이산화규소(SiO_2), 산화알루미늄(Al_2O_3), 석고($CaSO_4$), 산화철(Fe_2O_3) 등의 배합비 • 수화열·풍화도·분말도·응결도 및 강도의 분석 • 시멘트의 종류별 사용성·입도분석 및 특성 인식 • 수송과 저장 및 혼화재료의 화학적 성질 분석	조달 계획서 성분 분석표 환경 조사서 시공 계획서 폐기물 처리 및 재활용 계획서

에너지	소음진동	천연자원	생태계
		석산의 개발과 산림자원 회손	지형의 변화와 동식물 생활환경 변화
N	N	N	N

2) 사용수

[표 28] **사용수 환경 측면 분석 모델**

Scope	대기	수질	폐기물	토양	
물		사용 중 발생할 수 있는 수자원의 2차 오염가능성	사용 후 발생한 오염수의 적정처리 방안	폐수의 토양유입으로 인한 2차오염가능성	정상 : N 비정상 : AB 비상 : E
	N	N	N	N	

입력요소	골재의 종류 및 이물질 함유정도	출력요소
수자원인식 하천수 지하수 수돗물 해수 슬러지수	• 사용수원별 수질분석 및 시공영향의 정도 • 혼합수에 포함된 유해물질의 시공물·수자원 영향 (기름유·산·유기불순물·혼탁재·염분 등) • 수생생태의 분석과 주변 환경과의 관계 • 양생수의 사용기준과 폐수 활용 가능성	수질 조사표 환경 조사서 정화처리 계획서 공정 계획서 생태조사표 수질관리 계획서

에너지	소음진동	천연자원	생태계
		상수원및지하수의오염가능성 및 방지책	수생 동식물의 오염도와 오염영향 예측
N	N	N	N

3) 골재

[표 29] **골재 환경 측면 분석 모델**

Scope	대기	수질	폐기물	토양	
골재류	생산·적재·보관·운반 시분진의대기확산도	불순물 및 염분저감 사용수의 처리방안	폐콘크리트 및골재의재활용 방안	토양의이질화에 따른영향도와 복원방법	정상 : N 비정상 : AB 비상 : E
	N	N	N	N	

입력요소	골재의 종류별 성분인식 및 환경성	출력요소
굵은골재 잔골재 천연골재 인공골재 보통골재 재활용골재 중량골재	• 생산방법에 따른 염분도 및 물리적 화학적 안정성 • 마모에 대한 저항성·중량감 및 내구성 • 함수량·비중·입도 및 단위중량 분석 • 실트·점토 및 유기 불순물 함유도 분석 • 골재생산지·생산방법 및 저장·운반방법 분석 • 사용수의 수급원과 불순물 영향도 분석	조달관리 계획서 성분 분석표 환경 조사서 공정 계획서 재활용 계획 현장생산 및 활용 계획서

에너지	소음진동	천연자원	생태계
	생산·적재·운반과정에서의기계사용영향분석	재활용율 극대화를 통한 천연자원 보호대책	
N	N	N	N

4) 역청재료

[표 30] **역청재료 환경 측면 분석 모델**

	대기	수질	폐기물	토양	
역청재료 (아스팔트)	화재의 유독가스 유출의 오염도(입상자·기체)	유제의 수면 부상에 의한 수변지역 오염	폐 아스팔트의 재활용 및 처리방안	사용지 주변의 2차 토양오염 가능성	정상 : N 비정상 : AB 비상 : E
Scope	N	N	N	N	

입력요소	역청재료의 성분인식 및 환경성	출력요소
자재특성인식 유화·컷백 고무류자재 플라스틱자재 세미블론 타르재품 역청혼합물	• 사용영역의 분석과 공정의 인식 (포장용·수리용·터널·철도·줄눈·방수 등) • 종류별 자재의 화학성분 및 환경적 유해성분 인식 (휘발성유분·안드라센유·페놀·나프탈린·벤젠 등) • 혼합물의 종류 및 배합에 따른 환경적 성질 (안정성·가요성·저항성·내구성·시공성·파단도)	조달관리계획서 공정 계획서 환경 조사서 활용 계획서 폐기물 처리 및 재활용 계획서

에너지	소음진동	천연자원	생태계
		사용수량 최적화로 소요량 저감책	운반·수송의 위험요인 분석과 계획도
N	N	N	N

5) 콘크리트

[표 31] **콘크리트 환경 측면 분석 모델**

	대기	수질	폐기물	토양	
콘크리트	배합과정에서의 입상자 대기물질 배출정도	사후 처리수의 사용과 2차수질오염의 가능성	잔재의 재활용과 처리량의 추정	생산현장의 2차 토양오염 가능성 분석	정상 : N 비정상 : AB 비상 : E
Scope	N	N	N	N	

입력요소	콘크리트 재료의 성분인식 및 환경성	출력요소
자재특성인식 철근Con'c 무근Con'c 염류함유 모르타 숏크리트	• 콘크리트의 생산·시공공정 분석과 자원이동 범위 • 자재별 물리화학적 배합도 분석을 통한 환경 영향 • 산류·염류·유류 및 알칼리 등의 함유도 • 물/시멘트 비에 따른 폐기물의 추가발생 가능성 • 양생방법에 따른 추가적 환경 영향 분석 (습윤양생[수중/담수/살수/막양생]·온도제어양생)	생산배합 계획서 환경 조사서 활용 계획서 조달 계획서 지역 조사서 Con 관리 계획서

에너지	소음진동	천연자원	생태계
		골재원에서의 생산을 통한 추가 훼손 방지책	
N	N	N	N

6) 금속재료

[표 32] **금속재료 환경 측면 분석 모델**

Scope	대기	수질	폐기물	토양	
금속재료		금속의 수중 부식에 따른 중금속 오염 영향 및 범위	가공잔재의 재활용 방안 및 원자재의 방치 억제	쇳가루의 토양 침투와 중금속 오염의 정도	정상 : N 비정상 : AB 비상 : E
Scope	N	N	N	N	

입력요소	금속재료의 성분인식 및 환경성	출력요소
자재특성인식 철금속 (강철/선철) 비철금속 (구리/아연/알루미늄/납/동/니켈)	• 생산 및 시공공정의 인식과 사용범위에 따른 측면 • 자재별 구성성분의 분석과 중금속 영향범위 (인·황·탄소·망간·규소·크롬·바나듐 등) • 금속방식법(부식방지법)에 따른 2차 오염요인 분석 (비금속도포[방청/아스팔트/모르터], 금속피막[아연/주석/니켈의 전기도금])	시공 계획서 환경 조사서 활용 계획서 가공 계획서 성분 분석표 금속관리 계획서

에너지	소음진동	천연자원	생태계
		사용자재의 수량 최적화에 따른 추가 구입 억제	
N	N	N	N

7) 고분자재료

[표 33] **고분자재료 환경 측면 분석 모델**

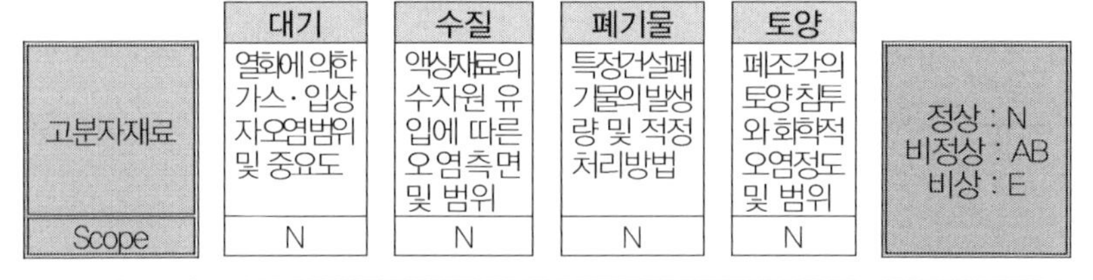

Scope	대기	수질	폐기물	토양	
고분자재료	열화에 의한 가스·입상자 오염범위 및 중요도	액상재료의 수자원 유입에 따른 오염측면 및 범위	특정건설폐기물의 발생량 및 적정 처리방법	폐조각의 토양침투와 화학적 오염정도 및 범위	정상 : N 비정상 : AB 비상 : E
Scope	N	N	N	N	

입력요소	고분자재료의 성분인식 및 환경성	출력요소
자재특성인식 합성수지 운모·석면 천연고무 방수재 방식재 접합재	• 시공공정의 인식 및 사용상의 중요도 분류 • 자재별 생산방식 및 사용 자원의 분석 • 환경적 중요 위해자재의 분류 및 집중 관리 대책 • 사용자재의 물리적·화학정 특성 및 변위 정도 • 유리·화학섬유 및 약품성 고무재료의 특수성	성분분석표 환경조사서 폐기물처리 및 재활용 계획서 가공 계획서 조달 계획서 재료관리계획서

에너지	소음진동	천연자원	생태계
		생고무의 생산에 따른 수목자원의 변화추위	생활환경의 변화에 따른 생태계 변화추위 예측
N	N	N	N

8) 목재

[표 34] **목재 환경 측면 분석 모델**

목재	대기	수질	폐기물	토양	
	톱밥의 대기 확산 가능성 예측		가공잔재의 수량예측 및 재활용 방안		정상 : N 비정상 : AB 비상 : E
Scope	N	N	N	N	

입력요소	목재의 성분인식 및 환경성	출력요소
자재특성인식 연재 (침엽수) 경재 (활엽수)	• 나무의 성분과 재질에 따른 사용성 및 특성 분석 • 생산 및 시공공정의 분석과 사용범위의 설정 • 목재의 일반적 성질(비중/함수율/체적변화)·역학적 성질(압축강도/인장강도/휨강도/전단강도/탄성계수 등)의 이해 • 목재의 가공위치 및 가공방법의 설정	조달 계획서 가공 계획서 환경 조사서 재활용 계획서 목재관리계획서

에너지	소음진동	천연자원	생태계
		생산지및생산 방 법 의 이해와 사용의 최적화	
N	N	N	N

9) 도료

[표 35] **도료 환경 측면 분석 모델**

도료	대기	수질	폐기물	토양	
	화기에 의한 유독가스의 방출가능성 및 확산정도	수원유출에 의한 수변 지역의 오염도 예측	포장용기와 폐재료의 수량예측및처리방안	토양 유출에 따른 오염토의 영향범위 및 대비책	정상 : N 비정상 : AB 비상 : E
Scope	N	N	N	N	

입력요소	목재의 성분인식 및 환경성	출력요소
페인트 (유성/수성/에나멜/특수) 바니시 (유성/휘발성 합성수지)	• 사용영역의 분석과 공정의 인식 • 생산원자재의 배합비 및 물리 · 화학적 특성 분석 (탄화수소/알콜류/케톤류/에스테르류/에테르류/아민류트리클로로에틸렌/염소/납/카드륨/6가크롬/안티몬 등) • 추가 혼합물의 종류와 배합에 따른 환경적 특성	자재성분분석표 도료관리계획서 환경 조사서 조달 계획서 폐처리 계획서 시공 계획서

에너지	소음진동	천연자원	생태계
			동·식·생물에줄수 있는 환경 변화와 변위 정도
N	N	N	N

10) 화약

[표 36] **화약 환경 측면 분석 모델**

Scope	대기	수질	폐기물	토양	
화약	비산먼지 및 연기의 발생량과 확산과 오염범위	수중폭파시 잔재로 인한 오염범위와 정도	폭파잔재 및 도화선/포장재의 위험폐기물 처리책	화약잔재에 의한 오염의 범위 및 정도의 예측	정상 : N 비정상 : AB 비상 : E
	N	N	N	N	

입력요소	화약의 성분인식 및 환경성	출력요소
화약 (흑색·무연) 폭약 (기폭·폭파) 기폭용품 (뇌관/도화선)	• 제조공정에 따른 화학적 성분과 특성 분석 (수은·질산염· 납·알코올·각종금속나트륨·니트로크리세린·암모늄·트리니트로톨루엔·탄산염 등) • 폭파위험 정도 및 2차 영향의 범위 및 피해 정도 • 수급·관리·운반·사용의 위치와 방법 및 계획 • 사용에 따른 열과 가스의 배출량 예측 및 중요성	화약관리계획서 환경 조사서 시공 계획서 화약처리계획서 복구 계획서 비상 계획서

에너지	소음진동	천연자원	생태계
폭파력의 효용성 극대화 방안	사용량의 적정화와 그에 따른 소음진동의 정도 예측	사용지역의 확대 가능성과 그에 따른 파괴정도	생활환경 변화 최소화방책 및 복구가능성 판단
N	N	N	N

5.4.4 건설기계

1) 굴삭(굴토)장비

[표 37] **굴삭(굴토)장비 환경 측면 분석 모델**

Scope	대기	수질	폐기물	토양	
굴삭(굴토)장비	장비가동에 따른 배기가스의량과 확산도	수상작업시 토사유출에 따른 수질혼탁도 및 확산	지장물의 파괴와 토지사용이력에 따른 폐기물	파괴된 지장물에서 유출된 오염물질에 의한 영향	정상 : N 비정상 : AB 비상 : E
	N	N	N	N	

입력요소	장비의 가동효율과 정비도 및 환경성	출력요소
불도저 파워셔블 백호우 스크레이퍼 TBM 지중연속벽	• 장비의 이력과 정비율의 분석을 통한 가동효율 • 연료소비율에 따른 최대출력분석 및 작업부하율 • 중요지장물(상하수관·가스관·전력선)의 파악 • 공사현장주변의 대지 및 지하공간 사용 현황 분석 • 장비조합과 시공 및 운영방법 점검 • 천연자원의 분포도 분석(하천·호수 및 수목)	장비효율산정표 장비가동계획서 장비 이력서 환경 조사서 수리 계획서 장비이동계획서

에너지	소음진동	천연자원	생태계
장비 불량에 따른 에너지의 과다사용량 분석	장비가동소음과 굴삭진동의 정량화 분석	굴삭면적의 최적화와 산림 훼손 정도	생태통로의 파괴로 인한 영향과 복구가능성
N	N	N	N

2) 적재장비

[표 38] **적재장비 환경 측면 분석 모델**

적재장비	대기	수질	폐기물	토양	
	토사의 이동과 입상자 분진의 산란도				정상 : N 비정상 : AB 비상 : E
Scope	N	N	N	N	

입력요소	장비의 가동효율과 정비도 및 환경성	출력요소
드레그라인 파워셔블 백호우 스크레이퍼 로우더	• 장비의 이력과 정비율의 분석을 통한 가동효율 • 연료소비율에 따른 최대출력분석 및 작업부하율 • 토질의 조건과 계절적 특성에 따른 풍속 및 풍향 • 골재의 종류(토사·암석)에 따른 환경 영향 조사 • 굴착 → 적재 → 상차와 굴착 → 상차의 환경 영향도 차이	환경 조사서 토질 분석표 장비효율분석표 장비가동계획서 장비 이력서 장비 선정표

에너지	소음진동	천연자원	생태계
정비불량에 따른 에너지의 과다사용량 분석	장비가동 및 상차 소음의 정량적 분석		
N	N	N	N

3) 운반장비

[표 39] **운반장비 환경 측면 분석 모델**

운반장비	대기	수질	폐기물	토양	
	장비이동과 입상자 분진의 발생도 및 최소화 방안			토양의 이질화에 따른 영향도 분석	정상 : N 비정상 : AB 비상 : E
Scope	N	N	N	N	

입력요소	장비의 가동효율과 정비도 및 환경성	출력요소
벨트콘베이어 불도저 덤프트럭 스크레이퍼	• 장비의 이력과 정비율의 분석을 통한 가동효율 • 연료소비율에 따른 최대출력분석 및 작업부하율 • 운반장비 및 운반로의 분석과 환경성 차이 • 운반로의 지질·지형적 특성과 주변환경 분석 • 사토장의 지정학적 특성 • 기계의 분해·조립에 따른 2차 환경적 오염요인	환경조사서 장비운영계획서 장비이력서 운반노선도 장비가동계획서 장비 선정표

에너지	소음진동	천연자원	생태계
정비불량과 과적에 따른 에너지의 과다 사용량 분석	장비 이동 소음과 진동량의 최적화 및 저감 대책	이동로의 현장 내 부배치 최대화 가능성	장비 이동에 따른 동·식물에 대한 영향도
N	N	N	N

4) 다짐장비

[표 40] **다짐장비 환경 측면 분석 모델**

Scope	대기	수질	폐기물	토양	
다짐장비	장비가동에 따른 배기가스의량과 확산도	함수량 조절 사용수의 수질분석과 2차영향정도			정상 : N 비정상 : AB 비상 : E
	N	N	N	N	

입력요소	장비의 가동효율과 정비도 및 환경성	출력요소
불도저 롤러 램머 바이브레터	• 장비의 이력과 정비율의 분석을 통한 가동효율 • 연료소비율에 따른 최대출력분석 및 작업부하율 • 토질분석과 환경성에 따른 다짐장비 선정효율 • 진동에 따른 주변 구조물과 생활환경 영향 분석 • 사용용수 분석과 2차적 토양오염 가능성	환경 조사서 장비 이력서 장비효율분석표 장비가동계획서 지질 조사서 장비 선정표

에너지	소음진동	천연자원	생태계
장비 불량에 따른 에너지의 과다사용량 분석	기계가동 소음과 진동다짐에 의한 영향도 분석		
N	N	N	N

5) 천공장비

[표 41] **천공장비 환경 측면 분석 모델**

Scope	대기	수질	폐기물	토양	
천공장비	암파쇄 분진의 발생량 및 대기 확산도 분석		발생버력 자원화에 따른 폐기물 0% 가능성		정상 : N 비정상 : AB 비상 : E
	N	N	N	N	

입력요소	장비의 가동효율과 정비도 및 환경성	출력요소
쁘레카 공기압드릴 로타리드릴 유압드릴	• 장비의 이력과 정비율의 분석을 통한 가동효율 • 연료소비율에 따른 최대출력분석 및 작업부하율 • 사용 장비의 사용연료에 따른 오염배출 정량화 • 천공 소음과 분진의 확산가능성 및 범위와 영향 • 과시공에 따른 추가오염 가능성 및 대처 방안	환경조사서 장비가동계획서 장비이력서 장비효율분석표 장비선정표 암반조사표

에너지	소음진동	천연자원	생태계
장비 불량에 따른 에너지의 과다사용량 분석	천공소음과 진동의 정량화 및 최소화 방안	파쇄면적의 최소화를 통한 천연자원 보존	
N	N	N	N

6) 항타장비

[표 42] 항타장비 환경 측면 분석 모델

Scope	대기	수질	폐기물	토양	
항타장비	디젤해머의 배기가스량 정량화및확산도 분석	지하수의오염방지책및 2차 오염가능성 분석		항타시 쇳조각의 지반 유입에 따른 토양 영향도	정상 : N 비정상 : AB 비상 : E
	N	N	N	N	

입력요소	장비의 가동효율과 정비도 및 환경성	출력요소
드롭해머 증기해머 디젤해머 진동항타기	• 장비의 이력과 정비율의 분석을 통한 가동효율 • 연료소비율에 따른 최대출력분석 및 작업부하율 • 연료사용량의 정량적 분석 및 배기가스 확산도 • 소음·진동의 크기 및 최소화 방안 • 지역사회 특성과 생활환경 • 장비의 조립·분해에 따른 2차 영향 분석	환경조사서 장비가동계획서 장비선정표 지질조사서 장비효율분석표 장비이력서

에너지	소음진동	천연자원	생태계
장비 불량에 따른 에너지의 과다사용량 분석	항타소음의 정량화와 최소화 방안		소음과 진동및 배기가스에 의한 주변환경 변화
N	N	N	N

7) 발전기

[표 43] 발전기 환경 측면 분석 모델

Scope	대기	수질	폐기물	토양	
발전기	유류사용에 의한발전배기가스의 정량화/최소화	냉각수의수질분석및사용량 최적화			정상 : N 비정상 : AB 비상 : E
	N	N	N	N	

입력요소	장비의 가동효율과 정비도 및 환경성	출력요소
전기발전기 유류발전기	• 장비의 이력과 정비율의 분석을 통한 가동효율 • 연료소비율에 따른 최대출력분석 및 작업부하율 • 발전 장비의 선정에 따른 효율성 분석	환경조사서 활용계획서 장비선정표 장비이력서 장비가동계획서

에너지	소음진동	천연자원	생태계
장비 불량에 따른 에너지의 과다사용량 분석	발전소음의 정량화를 통한 오염 영향 분석		
N	N	N	N

8) 포장장비

[표 44] **포장장비 환경 측면 분석 모델**

포장장비(아스팔트/콘크리트)	대기	수질	폐기물	토양	
	화학가스 및 발생열에 의한 대기영향도 분석		폐 포장재의 최소화 방안 및 재활용 가능성	포장기면 이외의 추가오염 가능성 및 확산도	정상 : N 비정상 : AB 비상 : E
Scope	N	N	N	N	

입력요소	장비의 가동효율과 정비도 및 환경성	출력요소
살포기 포설기 노면정리기	• 장비의 이력과 정비율의 분석을 통한 가동효율 • 연료소비율에 따른 최대출력분석 및 작업부하율 • 용량 및 중량 분석을 통한 장비부하율 • 아스팔트/콘크리트 전용 혹은 공용성 확인과 그에 따른 2차 환경성 인식(폐기물량·청소 및 정비의 효율) • 장비의 반출입 및 현장내 이동의 환경 부하성 예측	환경조사서 장비이력서 장비선정표 장비가동계획서 장비청소계획서 장비이동계획서

에너지	소음진동	천연자원	생태계
정비 불량에 따른 에너지의 과다사용량 분석	장비 가동 소음의 정량화 및 최소화 방안		
N	N	N	N

9) 준설장비

[표 45] **준설장비 환경 측면 분석 모델**

준설장비	대기	수질	폐기물	토양	
		수질의 혼탁 및 확산도 분석과 정화 방안	폐기물의 분리와 최소화 및 처리의 적법화 방안	하저 토양의 영향 및 추가오염 가능성	정상 : N 비정상 : AB 비상 : E
Scope	N	N	N	N	

입력요소	장비의 가동효율과 정비도 및 환경성	출력요소
그랩드레거 디퍼드레거 버켓드레거 펌프드레거	• 장비의 이력과 정비율의 분석을 통한 가동효율 • 연료소비율에 따른 최대출력분석 및 작업부하율 • 수질분석과 2차 환경적 영향 가능성 분석 • 해수에 의한 장비부식 가능성 및 사용성 • 하저의 저질환경 및 수생환경 변화 최소화 가능성 • 폐기물의 적정 처리방안 및 조립·분해 영향	환경조사서 수질조사서 장비이력서 장비선정표 장비가동계획서 장비효율분석표

에너지	소음진동	천연자원	생태계
정비 불량에 따른 에너지의 과다사용량 분석			수생동·식물의 환경 변화에 따른 영향도 분석
N	N	N	N

5.5 총론

환경 관리의 올바른 수행을 위해서는 먼저 기업구성원 전체의 환경인식과 이해를 통한 책임의식이 무엇보다 중요하다. 아무리 좋은 시스템을 수립하여도 실행과정에서의 철학적 책임의식이 결여된다면 운영상의 효과를 거둘 수 없을 뿐더러 형식적인 관리 체계로의 존재가치만이 남게 되고, 결과적으로는 환경 경영 시스템이 세계 환경과 국가 및 기업이익에 장애요소로의 환경 분담에 대한 손실적 요인으로 인식될 수밖에 없을 것이다.

그렇기에 도서의 집필을 시작하면서 먼저 관심을 갖고 분석하였던 것이 기업의 경영논리이고, 사회 환경이며, 정책과 환경에 대한 국내의 관심도와 의식 수준이었고, 국제적 환경 추위의 변화를 조사하는 것이었다.

본 도서에서는 기업의 사업 수행 과정에서 발생하거나 발생할 수 있는 환경오염 영향 및 기타 환경 측면을 예측하기 위하여 기업 경영의 운영 절차를 분석하고, 환경보호에 대한 국내 기업의 인지도와 경영 현실을 파악하며, 환경 관리 추진 과정에 대한 장단점을 분석하였다.

또한 경영상의 환경 영향 요인에 대한 국내외 경영동향 고찰을 통해 방법론적 절차를 분석모형으로 개발하여 새로운 환경 측면 인식 방법의 설정을 효과적이고, 시스템적으로 수행할 수 있는 환경 영향 측면 분석의 추진 방법을 제시하고자 노력하였다.

상기와 같은 이유와 목적 및 방법의 체계적 적립을 통해 서술하였던 결과를 요약하면 다음과 같다.

첫째, 환경 문제의 원인과 결과를 분석하고, 주요 자재의 환경인자 분석을 위한 기본적인 접근 방법을 전 과정 평가에 따른 물질지수 분석 방법임을 모델로 제시하면서 경영학적 측면에서의 환경 관리 접근 방법을 다루었다. 또한 세계 각국의 환경마크제도 운영실태 조사를 통해 환경친화적 특성을 갖는 그린마케팅 방향과 환경친화적 경영사고 전환 방향을 제시하였다.

둘째, 건설사업에 투입되는 주요건설자원의 환경 측면과 품질 및 환경성 평가 기준을 제시하고, 환경유해물질 함유기준을 분석함으로써 환경친화적이면서 품질 향상적인 자원의 특성과 건설폐기물의 재활용 기준요건 정립을 통해 환경 관리에 주요관심사항이 될 수 있는 투입자원의 환경성을 인식하였다.

셋째, 건설사업에서 환경 경영 시스템의 구축과 방법론적 절차의 수립을 위해 먼저 환경 관리에 필요한 ISO14001s의 요건을 분석하여 경영에 적용할 수 있는 모델을 제시하였고, 시스템 추진 및 운영방법을 업무 단계별로 구분하여 수행과정을 환경 방침, 환경 법규, 조직구조 및 교육과 훈련 등 운영프로그램으로 나누어 추진방향의 기초적 논리를 체계화하여 환경 목표의 설정방법을 제시하였다.

건설업에서의 환경 측면과 환경 측면을 분석하는 과정을 모델로 제시하여 환경 영향의 의미와 중요성을 제시함과 동시에 환경 관리 전 과정 평가(LCA)에 대한 의미를 분석하여 실행 모델을 제시할 수 있는 환경 측면 분석표 해석의 기술적 체계화를 유도하였다.

넷째, 건설사업에서의 오염요인별 환경 관리 영역을 구분하고, 오염 대상에 대한 기준을 정립하며, 업무영역과 투입공법 및 자원에 대한 환경 측면 분석방법을 주요공정 및 방법별로 제시하였다.

서적을 집필하면서 각 환경오염 측면 분석 대상의 오염 정도에 대한 의사 결정이 조사자나 분석자의 전공·기술·경력·경험 및 가치관에 따라 상이하게 나타날 수 있기 때문에 가급적이면 중간자적 입장에서 서술하고자 노력하였다. 또한 그동안의 환경오염 자료의 분석에서 알 수 있었던 중요환경 측면과 약 20년의 시공 및 품질과 환경 관련 감사 경력을 토대로 하여 환경 측면 분석 모델을 제시하고자 노력하였다.

본사 업무 분야의 환경 측면 분석은 사무관리자 입장에서 판단하였고, 시공공정 분야의 분석은 공법의 특성과 적용 대상에 따라 판단하였으며, 투입 자재 분야의 분석은 자재의 주요 구성요소 특성과 환경에 따른 변화 가능성 정도의 예측을 통해 판단하였고, 건설기계 분야의 분석은 장비의 가동 효율과 사용 에너지, 사용 기간 그리고 주요 사용 대상에 따라 판단하고자 노력하였다.

그러나 자료의 조사나 기존의 연구 실적과 경영 실태를 조사하면서 환경 측면 분석이란 도서의 의제에 대한 벽을 많이 느꼈는데, 대부분의 환경 관련 도서들이 경영학적 측면에서의 논리적 이론으로 치우치거나, 생물·화학·생태 등 집중적인 자연계열 요소 분석이나 보고서 형식이 대부분 이였기에 건설사업과 관련된 자료의 수집에 많은 부분에서 한계성을 보였다.

또한 동일한 문제라도 인식의 차이에 따라 다른 견해와 많은 의문점 및 문제 제기가 가능하기 때문에 환경 측면 분석 모델을 만들고 분석하는 과정에서 중간자의 입장으로의 지속 가능한 건설 환경이란 의사 결정에 많은 고민과 걱정이 함께했던 것도 사실이고, 다방면에 걸친 자료의 분석이 필요했지만 시간적 투자에 어려움이 있었다는 것 또한 부인할 수 없는 사실이다.

도서를 집필하고자 하는 초기에 사업 수행에서의 환경 측면 분석이란 의제를 선정한 후 집필하는 과정에서 여러 가지 의문점에 대한 해석의 정확성에 다음과 같은 아쉬움이 남는다.

첫째, 환경 측면에 대한 의사 결정이 제한적이란 것이다.

이것은 지속 가능한 개발을 전제로 한 통합된 의사 결정체제를 정립하는 것은 불가능하고, 분석자의 전공지식·경험·주요관심사·관점·가치관 및 직관성에 따라 같은 문제에 대해서도 의견을 달리할 수 있다는 것이다.

둘째, 정책이나 운영 프로그램 및 환경 평가 대상에 많은 누락이 있을 수 있다는 것이다.

이것은 세계적 환경 규제 추이와 국가적 환경정책 기준 및 생산기업의 환경 관리 활동들이 주변 여건의 변화에 따라 많은 동태성을 보이고, 환경 측면 분석에서도 평가대상의 완벽성을 추구하기가 불가능하다는 것이다.

셋째, 종합적으로 누적되는 환경 영향을 평가하기 힘들다는 것이다.

대부분의 환경 측면 분석은 인식이 가능한 과거시점에서 부터 현재 시점을 기준으로 하기 때문에 미래 환경에 대한 대비적 예측에 정량화가 어렵다는 것이다.

넷째, 현재 수행되고 있는 대부분의 환경 관리가 사후 환경 처리나 최소한의 환경 영향 저감 차원에서의 운영 시스템이란 것이다.

불가항력이나 극도의 비상사태(천재지변, 국가(지역)간의 분쟁 등)에서 발생하는 환경오염 영향은 사람이 관리할 수 없는 범주이고, 그로 인한 2차적 오염에 대한 영향의 범주도 정확히 예측할 수 없다는 것이다.

다섯째, 위해성에 대한 정밀분석과 오염의 추가 영역에 대한 분석 및 대비가 어렵다는 것이다.

이것은 예를 들어 유류가 지면에 유출되었을 경우 1차적 토양오염 이외에 수질이나 대기 및 생태계 그리고 미래 가치적 영향에 대한 여러 측면에서의 오염영역을 분석하거나 대비할 수 있는 방법이 현재로선 사실상 불가능하다는 것이다.

여섯째, 환경 정보가 너무 광대하고 포괄적이어서 필요한 정보의 해석과 적용이 어렵다는 것이다.

이것은 같은 유해물질이라도 사용 방법과 사용 지역 및 사용 대상에 따라 오염 측면 및 관리 기준이 다르기 때문에 정보의 적용 및 사용에 있어서 혼란을 야기하고, 지역적 편승에 따라 정확한 정보 관리에서도 어려움이 있다는 것이다.

일곱째, 환경 측면 분석의 기준과 검증 절차의 적정성을 증명할 수 없다는 것이다.

이것은 대부분의 환경 측면 분석은 일반적인 기준을 근거로 하여 사람이 판단하기 때문에 개인적인 지식이나 사견이 개입될 소지가 많아 같은 기준에 같은 결론을 돌출하기가 힘들다는 것이다.

저자 약력

한 민 철

청주대학교 건축공학과 교수

뉴질랜드 오클랜드공과대학 교환교수

건축품질시험기술사, 국제공인VE전문가(CVS)

한국건축시공학회 이사, 한국건설품질기술사회 이사

청주대학교 대학원 공학박사

청주대학교 건축공학과 졸업

김 종

(주)선엔지니어링종합건축사사무소 건설기술연구소 이사

청주대학교 건축공학과, 서원대학교 건축학과 겸임교수

청주대학교 대학원 공학박사

청주대학교 건축공학과 졸업

황 성 주

이화여자대학교 건축도시시스템공학과 교수

서울대학교 건축공학 박사(건설관리 전공)

서울대학교 건축공학 석사(건설관리 전공)

서울대학교 건축공학 학사

이준성

이화여자대학교 건축도시시스템공학과 교수
(미)위스콘신주립대학교 Ph.D. in Civil and Environmental Engineering
서울대학교 건축학 석사(건설관리 전공)
서울대학교 건축학 학사

손정욱

이화여자대학교 건축도시시스템공학과 교수
(미)워싱턴대학교 Ph.D. in Built Environment
(미)일리노이대학교 토목공학 석사
연세대학교 건축공학 학사

전진구

서경대학교 토목건축공학과 교수
한국건설VE연구원 부원장
파라과이 아순시온 국립대학교 자문교수
삼안 기술개발연구원 수석연구원
대우그룹 감사실 팀장

건설관리학 총서 집필진 명단

교재개발공동위원장	**김 옥 규**	충북대학교 건축공학과 교수
교재개발공동위원장	**김 우 영**	한국건설산업연구원 기술정책연구실
교재개발총괄간사	**강 상 혁**	인천대학교 건설환경공학부 교수

건설관리학 총서 1권 _ 계약 / 클레임 / 리스크 관리

Part I 계약 관리	**김 옥 규**	충북대학교 건축공학과 교수
	박 형 근	충북대학교 토목공학부 교수
	장 경 순	조달청 차장
Part II 클레임 관리	**조 영 준**	중부대학교 건축토목공학부 교수
Part III 리스크 관리	**이 민 재**	충남대학교 토목공학과 교수
	임 종 권	충남대학교 겸임교수, 승화기술정책연구소 사장
	안 상 목	인하대학교 겸임교수, 글로벌프로젝트솔루션 대표

건설관리학 총서 2권 _ 설계 / 정보 관리 & 가치공학 및 LCC

Part I 설계 관리	**김 홍 용**	삼우씨엠 지원사업부장
Part II 정보 관리	**진 상 윤**	성균관대학교 건설환경공학부/미래도시융합공학과 교수
	김 옥 규	충북대학교 건축공학과 교수
	정 운 성	충북대학교 건축공학과 교수
	김 태 완	인천대학교 도시건축학부 교수
	최 철 호	두올테크 창립자, 대표이사 의장
Part III 가치공학	**김 병 수**	경북대학교 토목공학과 교수
	현 창 택	서울시립대학교 건축공학과 교수
	전 재 열	단국대학교 건축공학과 교수
Part IV LCC	**김 용 수**	중앙대학교 건축공학과 교수

건설관리학 총서 3권 _ 공정 / 생산성 / 사업비 관리 & 경제성 분석

Part I 공정 관리	**최 재 현**	한국기술교육대학교 건축공학부 교수
	강 상 혁	인천대학교 건설환경공학부 교수
	신 호 철	(주)한국씨엠씨
Part II 생산성 관리	**손 창 백**	세명대학교 건축공학과 교수
Part III 사업비 관리	**박 희 성**	한밭대학교 건설환경공학과 교수
	이 동 훈	한밭대학교 건축공학과 교수
Part IV 경제성 분석	**정 근 채**	충북대학교 토목공학부 교수

건설관리학 총서 4권 _ 품질 / 안전 / 환경 관리

Part I 품질 관리	**한 민 철**	청주대학교 건축공학과 교수
	김 종	(주)선엔지니어링종합건축사사무소 건설기술연구소 이사
Part II 안전 관리	**황 성 주**	이화여자대학교 건축도시시스템공학과 교수
	이 준 성	이화여자대학교 건축도시시스템공학과 교수
	손 정 욱	이화여자대학교 건축도시시스템공학과 교수
Part III 환경 관리	**전 진 구**	서경대학교 토목건축공학과 교수

건설관리학 총서 4

품질 / 안전 / 환경 관리

초판발행 2019년 2월 18일
초판인쇄 2019년 2월 25일

저 자 한민철, 김 종, 황성주, 이준성, 손정욱, 전진구
펴 낸 이 김성배
펴 낸 곳 도서출판 씨아이알

책임편집 박영지
디 자 인 송성용, 윤미경
제작책임 김문갑

등록번호 제2-3285호
등 록 일 2001년 3월 19일
주 소 (04626) 서울특별시 중구 필동로8길 43(예장동 1-151)
전화번호 02-2275-8603(대표)
팩스번호 02-2265-9394
홈페이지 www.circom.co.kr

I S B N 979-11-5610-711-8 94540
979-11-5610-707-1 (세트)
정 가 17,000원

ⓒ 이 책의 내용을 저작권자의 허가 없이 무단 전재하거나 복제할 경우 저작권법에 의해 처벌받을 수 있습니다.